江苏省高等学校重点教材(编号：2021-1-045)
"十四五"高等教育课程思政改革系列教材

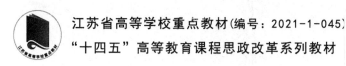

U0151238

橡胶材料学

RUBBER MATERIALS（第二版）

主编　贾红兵　王经逸

特配电子资源

微信扫码
◎ 配套资料
◎ 拓展阅读
◎ 互动交流

南京大学出版社

图书在版编目(CIP)数据

橡胶材料学 / 贾红兵,王经逸主编. —2版. —南
京:南京大学出版社,2022.12
ISBN 978-7-305-26320-0

Ⅰ.①橡… Ⅱ.①贾… ②王… Ⅲ.①橡胶加工—原
料 Ⅳ.①TQ330.3

中国版本图书馆 CIP 数据核字(2022)第 226422 号

出版发行 南京大学出版社
社　　址 南京市汉口路 22 号　　　　邮　编 210093
出版人 金鑫荣

书　名 橡胶材料学
主　编 贾红兵　王经逸
责任编辑 刘　飞　　　　　　　编辑热线　025-83592146

照　排 南京开卷文化传媒有限公司
印　刷 南京京新印刷有限公司
开　本 787 mm×1092 mm　1/16　印张 16　字数 395 千
版　次 2022 年 12 月第 2 版　2022 年 12 月第 1 次印刷
ISBN 978-7-305-26320-0
定　价 45.00 元

网　　址:http://www.njupco.com
官方微博:http://weibo.com/njupco
官方微信号:njupress
销售咨询热线:(025)83594756

第二版前言

橡胶材料是一种重要的战略物资材料,在国防和工业建设中扮演着重要的角色,具有广泛的应用前景。橡胶材料与其他多学科紧密交叉、相互渗透关联,是高分子材料科学与工程学科的一个重要组成部分,也是高等学校相关专业的一门重要专业课程。

本教材是在《橡胶材料学》(第一版)的基础上进一步修改而成的,本书修订时的指导思想未变,只对内容和出版形态进行了调整。全书对研究已经较为深入的橡胶材料及其配合体系、橡胶配方设计的方法和原理、橡胶的共混、橡胶的性能测试及橡胶的回收利用等内容进行了较为全面系统的介绍,以二维码的形式补充了一些前沿性的橡胶材料及其在国防和工业生产中的应用案例。

全书共十一章,其中第 1、3、5、6、7、11 章由南京理工大学贾红兵教授编写,第 2、4、8、9、10 章由黎明职业大学王经逸教授编写。南京理工大学林炎坤、叶名宇、付权圣、张旭敏、陈梦寒、徐颖淑、杨子凡、戴天一等学生协助校对。

本书涉及的内容较为广泛,已在编写过程中力图正确与准确,但限于编者的编写水平,书中的疏漏和错误在所难免,敬请读者批评指正。

编　者
2022 年 12 月

目　　录

第1章　生胶及其化学改性

延伸阅读

1.1　概　论

生胶是指一种高弹性聚合物材料,是制造橡胶制品的基础材料,一般情况下不含配合剂。生胶商品大多为块状和片状,少量为黏稠状液体或者粉末。工业上,习惯把生胶和硫化胶统称为橡胶。

根据不同角度,可以对橡胶进行多种分类:

(1) 按来源,可分为天然橡胶(NR)和合成橡胶(SR)。天然橡胶是指从植物中获得的橡胶。合成橡胶广义上指用化学方法合成的橡胶,主要是指经过乳液聚合和溶液聚合等方法制备得到的一类高弹性聚合物。合成橡胶是三大合成材料之一,其产量仅低于合成树脂和合成纤维。

(2) 按主链的结构,合成橡胶可以分为三类:① 不饱和碳链合成橡胶,大分子主链完全由碳原子组成,分子链上含有大量不饱和双键,通常由二烯类单体均聚或者共聚制备,如顺丁橡胶、丁苯橡胶和丁腈橡胶等;② 饱和碳链合成橡胶,大分子主链完全由碳原子组成,分子链上全部为饱和键,通常由烯类单体均聚或者共聚得到,如二元乙丙橡胶、氟橡胶和丙烯酸酯橡胶等;或分子链上含有极少量不饱和双键,由烯类单体和少量二烯类单体共聚得到,如三元乙丙橡胶、丁基橡胶等;③ 杂链合成橡胶,指主链含有除碳原子外的杂原子的合成橡胶,如聚氨酯橡胶、有机硅橡胶等。

(3) 按照橡胶的用量和价格,可以分为通用橡胶和特种橡胶。通用橡胶是指性能与天然橡胶相同或接近、物理机械性能和工艺加工性能较好,能广泛用于轮胎和其他橡胶制品的橡胶,主要包括丁苯橡胶、顺丁橡胶、聚异戊二烯橡胶、氯丁橡胶、乙丙橡胶和丁基橡胶等。特种橡胶指具有特殊性能,专供耐热、耐寒、耐化学腐蚀、耐溶剂和耐辐射等特殊制品使用的橡胶,主要包括硅橡胶、氟橡胶、聚氨酯橡胶和丙烯酸酯橡胶等。

主要橡胶品种及其结构单元如表 1-1 所示。

表 1-1　主要的橡胶品种

聚合物	符号	结构式
天然橡胶	NR	$\{CH_2\!-\!\underset{\underset{CH_3}{\displaystyle\mid}}{C}\!=\!CH\!-\!CH_2\}_n$

（续表）

聚合物	符号	结构式
丁苯橡胶	SBR	$\{CH-CH_2\}_x\{CH_2-CH=CH-CH_2\}_y\{CH_2-CH\}_z$ （苯环）（CH=CH_2）
顺丁橡胶	BR	$\{CH_2-CH=CH-CH_2\}_x\{CH_2-CH\}_y$ CH=CH_2
聚异戊二烯橡胶	IR	$\{CH_2-C=CH-CH_2\}_n$ CH_3
氯丁橡胶	CR	$\{CH_2-C=CH-CH_2\}_n$ Cl
丁腈橡胶	NBR	$\{CH_2-CH=CH-CH_2\}_x\{CH_2-CH\}_y\{CH_2-CH\}_z$ CH=CH_2 CN
乙丙橡胶	EPR	$\{CH_2-CH_2\}_x\{CH_2-CH\}_y$ CH_3
丁基橡胶	IIR	$\{C-CH_2\}_x\{CH_2-C=CH-CH_2\}_y$ ，$x \gg y$ （CH_3上下）
氟橡胶	FPM	$\{CH_2-CF_2\}_x\{CF_2-CF\}_y$ CF_3
聚丙烯酸酯橡胶	ACM	$\{CH_2-CH\}_x\{CH_2-CH\}_y$ COOR CN
氯醚橡胶	ECO	$\{CH_2-CH-O\}_x\{CH_2-CH_2-O\}_y$ CH_2Cl
聚硫橡胶	PSR	$\{CH_2-CH_2-S_x\}_n$

1.2 天然橡胶（NR）

天然橡胶是指从植物中获得的橡胶。地球上能进行生物合成橡胶的植物有 200 多种，但具有采集价值的只有几种，其中主要是巴西橡胶树（也称三叶橡胶树），其次是银菊、橡胶草和杜仲等。

 延伸阅读：天然橡胶的生物合成，请扫本章标题旁二维码浏览（P1）。

1.2.1　天然橡胶的化学结构

天然橡胶是由天然胶乳制造的,一般天然橡胶中含橡胶烃 92%～95%,非橡胶烃占 5%～8%。橡胶烃的大分子链主要是由顺式-1,4-聚异戊二烯构成的,其结构单元为异戊二烯。由三叶橡胶树收集到的橡胶中,顺式含量占 97% 以上,约有 2% 是以 3,4-聚合方式存在于大分子链中。分子链上存在着醛基和环氧基,其中,对于醛基数量的说法不一,一种说法是每条大分子链上平均有 9～35 个醛基,另一种说法是每条大分子链上平均有 1 个醛基。大分子链的两个末端上,一端为二甲基烯丙基,另一端为焦磷酸酯基,因此天然橡胶的分子式可写成:

$$\underset{H_3C}{\overset{H_3C}{>}}C=CH-CH_2-\left(CH_2-\underset{CH_3}{\overset{}{C}}=CH-CH_2\right)_{\!\!n}CH_2-\underset{CH_3}{\overset{}{C}}=CH-CH_2-O-\underset{\substack{\| \\ O^-}}{\overset{O}{P}}-O-\underset{\substack{\| \\ O^-}}{\overset{O}{P}}-O^-$$

由于端基、醛基、环氧基以及 3,4-聚合结构都很少,因此天然橡胶的结构式通常写成下式:

$$\left(CH_2-\underset{CH_3}{\overset{}{C}}=CH-CH_2\right)_{\!\!n}$$

非橡胶烃部分,主要的成分为蛋白质占 2%～3%,丙酮抽出物占 1.5%～4.5%,灰分占 0.2%～0.5%,水分占 0.3%～1.0%。

 延伸阅读:非橡胶烃部分主要成分介绍,请扫本章标题旁二维码浏览(P1)。

1.2.2　天然橡胶的质量控制及其应用

生胶是橡胶工业的主体原料,其质量对橡胶制品的性能有重要影响,所以使用的生胶必须合乎相关标准及相应等级的质量要求。使用者必须清楚所用橡胶的品种、等级及质量要求,橡胶的质量标准有不同层次和类型:比如国际标准(ISO)、美国材料学会标准(ASTM)、国家标准(GB)、我国化工专业标准(HG),还有企业标准等。现以国际标准化机构提出的标准天然橡胶规格及国产烟片胶、绉片胶的国家标准为例加以说明。

1. **标准天然橡胶**

国际标准 ISO 2000-2-3 规定了 5 个等级的国际标准胶,有 5L(绿带)、5(绿带)、10(褐带)、20(红带)和 50(黄带)。生胶的各个质量等级是以其最高杂质含量的数字定名的,并用特定的色带标识。国产标准天然橡胶的规格,按 GB/T 8081-1999 标准,有 CSR 5 号、CSR 10 号、CSR 20 号、CSR 50 号,共四个等级,分别与 ISO 2000 中的 5、10、20 和 50 相对应,国标中暂无 5L 这一浅色等级。

延伸阅读：天然橡胶 ISO 2000 的质量等级表，请扫本章标题旁二维码浏览(P1)。

2. 烟片、绉片

国际烟片胶的分级标准只限于使用凝固法，并经过严格的干燥和熏烟制成的胶片。烟片胶按外观质量从高到低分为 6 个等级：特 1 级烟片(RSS1X 号)、1 级烟片(RSS1 号)、2 级烟片(RSS2 号)、3 级烟片(RSS3 号)、4 级烟片(RSS4 号)和 5 级烟片(RSS5 号)。国产烟片按标准 GB/T 8089—2007 分类，分为 1 级烟片(No1 RSS)到 5 级烟片(No5 RSS)共五个等级，质量依次递减。

白色绉片分别为特 1 级(WC1X 号)、1 级(WC1 号)，浅色绉片胶分为特 1 级(PC1X 号)、1 级(PC1 号)、2 级(PC2 号)和 3 级(PC3 号)。国产绉片标准 GB/T 8089—2007，有六个等级：特 1 级白绉片、1 级白绉片、特 1 级浅色绉片、1 级浅色绉片、2 级浅色绉片和 3 级浅色绉片。

 延伸阅读：国产烟片、绉片胶的力学性能，请扫本章标题旁二维码浏览(P1)。

由于天然橡胶具有优良的物理机械性能、弹性和加工性能等综合性能，因此被广泛应用在轮胎、机械制品、胶粘剂、胶鞋和胶乳制品等方面。

1.3 不饱和碳链合成橡胶

不饱和碳链合成橡胶主要包括丁苯橡胶、聚丁二烯橡胶(顺丁橡胶)、聚异戊二烯橡胶、氯丁橡胶和丁腈橡胶等。

1.3.1 丁苯橡胶(SBR)

丁苯橡胶是 1929 年德国首先研制生产的，由丁二烯和苯乙烯共聚而成，其产量占合成橡胶一半以上，超过了天然橡胶，是第一大合成橡胶胶种。按聚合方法的不同，丁苯橡胶又可分为乳聚丁苯橡胶和溶聚丁苯橡胶两类。

1. 乳聚丁苯橡胶

乳聚丁苯橡胶中，丁二烯单元和苯乙烯单元呈无规分布，其中丁二烯单元以反式 1,4-结构为主，约占 65%～72%，顺式 1,4-结构占 12%～18%，1,2-结构约占 16%～18%；乳聚丁苯橡胶的微结构随聚合温度不同而稍有变化。数均分子量约 15 万～40 万，玻璃化温度 $-57\sim-52$ ℃。

乳聚丁苯橡胶具有良好的综合性能，其物理机械性能、加工性能和制品使用性能都与天然橡胶相近，可用来制作轮胎、胶带、胶鞋和电绝缘材料等。以乳聚丁苯橡胶为原材料制作的轮胎，具有较好的行车安全性，但其滚动阻力大，能耗偏高，因此国外乳聚丁苯橡胶的生产能力已不再扩展。

2. 溶聚丁苯橡胶

溶聚丁苯橡胶是采用阴离子活性溶液聚合得到的。溶聚丁苯橡胶中,1,2-结构的丁二烯单元含量,可分为低(8%~15%)、中(30%~50%)和高(50%~80%)三类,其玻璃化温度相应提高。

相较于乳聚丁苯橡胶,溶聚丁苯橡胶的滚动阻力小,抗湿滑性和耐磨性好,有利于汽车节能降耗和提高安全性,可以用来制备高抗湿滑性、低滚动阻力和综合性能优异的轮胎,因此近年来溶聚丁苯橡胶的生产能力不断增长。目前国际上牌号规格多达 80余种。

为了节约能源,人们正努力开发既能降低滚动阻力、减少污染,又能提高抗湿滑性及耐磨性和行驶安全的新型丁苯橡胶,以满足“绿色环保”轮胎的需求。目前主要有无规星型溶聚丁苯橡胶和苯乙烯-异戊二烯-丁二烯橡胶(SIBR)。

1.3.2　聚丁二烯橡胶(BR)

聚丁二烯橡胶可以采用乳液法或溶液法生产。按分子结构,可以分成顺式聚丁二烯、反式聚丁二烯和 1,2-聚丁二烯。1,2-聚丁二烯还可能是无规、全同、间同构型。除去呈现塑料性质的全同 1,2-聚丁二烯、间同 1,2-聚丁二烯和反式聚丁二烯外,剩余的聚丁二烯具有橡胶状弹性,其中顺式 1,4-聚丁二烯更是显示出高弹性,其玻璃化温度为 $-120\ ℃$,是重要的合成橡胶之一。

1. 乳聚丁二烯橡胶

乳聚丁二烯橡胶微结构为:14%的顺式 1,4-结构,60%的反式 1,4-结构,17%的1,2-结构,各单元无规分布。乳聚丁二烯橡胶的特点是加工和共混性能好,多与其他胶种并用,显示出优良的抗屈挠、耐磨和动态力学性能。

2. 高顺式 1,4-聚丁二烯橡胶

高顺式 1,4-聚丁二烯橡胶是在溶液体系中,以镍系[$Ni(naph)_2$-$AlEt_3$-$BF_3 \cdot O$-iBu_2]、钛系(TiI_4-$AlEt_3$)、钴系($CoCl_2$-$2py$-$AlEt_2Cl$)和稀土体系[$Ln(naph)_2$-$AlEt_2Cl$-$Al(iBu)_3$、$NdCl_3 \cdot 3iPrOH$-$EtAl_3$]为催化剂聚合得到的橡胶,其中顺式 1,4-结构含量为 92%~97%,玻璃化温度为 $-120\ ℃$,橡胶弹性佳,是合成橡胶中的第二大胶种,仅次于丁苯橡胶。

3. 低顺式 1,4-聚丁二烯橡胶

同样在溶液体系中,采用丁基锂/烷烃或环烷烃催化剂体系,经阴离子聚合,得到的是低顺式 1,4-聚丁二烯橡胶。低顺式 1,4-聚丁二烯橡胶含有 35%~40%的顺式 1,4-结构,45%~55%的反式 1,4-结构,数均分子量为 13 万~14 万,主要用于塑料改性和专用橡胶制品。

4. 中 1,2-聚丁二烯橡胶和高 1,2-聚丁二烯橡胶

采用丁基锂/烷烃或环烷烃体系,经阴离子溶液聚合可以制备 1,2-结构含量为35%~65%的中 1,2-聚丁二烯橡胶。中 1,2-聚丁二烯橡胶的特点是耐磨性优异,可以单独或与其他胶混用,制作轮胎胶面。

高 1,2-聚丁二烯橡胶含有大于 65%的 1,2-结构,其含量随 Ziegler 引发体系和丁基

锂体系而定,如钼系($MoCl_5 - R_3AlOC_2H_5$)/加氢汽油体系,1,2-结构可达 $84\% \sim 92\%$;钴系$[AlR_3 - H_2O - CoX(PR_3)]$体系,1,2-结构可大于 88%;丁基锂/烷烃/四氢呋喃体系,1,2-结构可大于 70%。高1,2-聚丁二烯的特点是生热少,抗湿滑性好,在轮胎胎面中具有良好的应用前景。

1.3.3 聚异戊二烯橡胶(IR)

聚异戊二烯橡胶以异戊二烯为单体合成,也称合成天然橡胶,具有顺式1,4-结构、反式1,4-结构、3,4-结构、1,2-结构等多种构型(如图1-1),后两种又有无规、全同和间同3种,但目前能合成的只有顺式1,4-结构、反式1,4-结构、3,4-结构这三种。

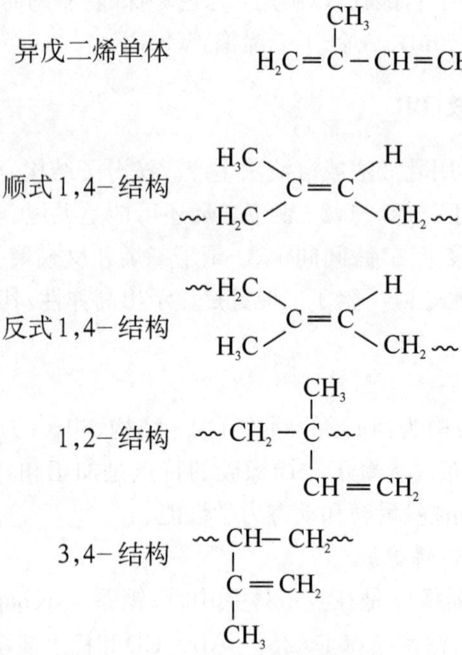

异戊二烯单体

$$H_2C = \underset{\underset{\displaystyle CH_3}{|}}{C} - CH = CH_2$$

图 1-1 异戊二烯的结合形式

目前有两类引发剂可使异戊二烯聚合成顺式1,4-聚异戊二烯,分别是锂或烷基锂体系和 Ziegler 引发体系。前一种体系采用烃类为溶剂,聚合物中含 94% 的顺式1,4-结构和 6% 的3,4-结构。后一个引发体系中,当 $TiCl_4/Al(C_2H_5)_3$ 摩尔比小于1时,产物结构与锂系相似,含 96% 的顺式1,4-结构;如果 Ti/Al 的比值大于1,则得反式1,4-结构。在 Ziegler 引发体系中,以芳烃为溶剂,产物中凝胶含量少;如果以脂肪烃作溶剂,则将产生 $20\% \sim 35\%$ 的凝胶,凝胶量与引发剂浓度无关,随转化率增加而略有升高,凝胶的形成速度往往与3,4-结构加成速度相同。其他引发体系,如 VCl_3/AlR_3、$AlCl_3/C_2H_5Br$、BF_3/C_5H_{12}、自由基氧化还原体系等,都容易形成反式1,4-聚异戊二烯,并伴有1,2-结构和3,4-结构的生成。

聚异戊二烯橡胶是一种综合性能最好的通用合成橡胶,具有优良的弹性、耐磨性、耐热性、抗撕裂及低温屈挠性。与天然橡胶相比,又具有生热小、抗龟裂的特点,且吸水性小,电性能及耐老化性能好,但其硫化速度较天然橡胶慢。此外,炼胶时易粘辊,成型时黏度大,而且价格较贵。一般可用作轮胎的胎面胶、胎体胶和胎侧胶,以及胶鞋、胶带、胶管、胶粘剂、工艺橡胶制品、浸渍橡胶制品及医疗、食品用橡胶制品等。

1.3.4　苯乙烯-异戊二烯-丁二烯橡胶(SIBR)

SIBR 是由苯乙烯、异戊二烯、丁二烯三元共聚而成的橡胶,是由 Goodyear 橡胶轮胎公司于 1990 年开始研究的一种集成橡胶,根据其分子链上结构单元的序列结构可以分为完全无规型和嵌段-无规型两种,其中嵌段-无规型可以进一步分为两段排列和三段排列,如 PB-(SIB 无规共聚)、PI-(SB 无规共聚)、PIB-(SIB 无规共聚)和 PIB-(SIB 无规共聚)-(SIB 无规共聚)等。各种结构在各嵌段中的含量影响着产物的性能:丁二烯/异戊二烯 1,2-结构和 3,4-结构含量低于 15%,产物具有良好的低温性能;1,2-结构和 3,4-结构在 70%~90%,则产物具有优异的抓着性能。

SIBR 既有顺丁橡胶(或天然橡胶)的链段,又有丁苯橡胶链段(或丁二烯、苯乙烯、异戊二烯三元共聚链段),因此集中了天然橡胶、丁苯橡胶及顺丁橡胶三种橡胶的优点而弥补了三个橡胶的缺点,即同时满足了轮胎胎面胶低温性能、抗湿滑性及安全性的要求。玻璃化温度与顺丁橡胶相近(−100 ℃左右),低温性能优异,即使在严寒地带的冬季仍可正常使用;0~30 ℃的力学损耗(tanδ)值与丁苯橡胶相近,说明轮胎可以在湿路面行驶,具有较好的抗湿滑性;60 ℃的 tanδ 值低于各种通用胶,制得的轮胎滚动摩擦阻力小,能量损耗少。

1.3.5　氯丁橡胶(CR)

氯丁橡胶是于 1931 年开发成功并实现商品化的橡胶品种,是以 2-氯-1,3 丁二烯为单体,采用氧化还原体系进行乳液聚合得到的。由于氯丁二烯聚合速度快,易于形成支链和交联结构,聚合时应加入调节剂控制分子量和结构。采用硫黄(或者秋兰姆)作为调节剂时,得到硫调型(G 型)氯丁橡胶;调节剂采用非硫黄时(如采用硫醇),得到非硫调型(W型)氯丁橡胶。硫调型和非硫调型的分子结构式分别如下:

$$\text{硫调型}\quad \underset{n}{(\!\!(} CH_2-\underset{\underset{Cl}{|}}{C}=CH-CH_2)\!\!)_n -S_x \quad x=2\sim6 \quad n=80\sim110$$

$$\text{非硫调型}\quad \underset{n}{(\!\!(} CH_2-\underset{\underset{Cl}{|}}{C}=CH-CH_2)\!\!)_n$$

氯丁橡胶具有优异的耐燃性,是通用橡胶中耐燃性最好的橡胶;有优良的耐油、耐溶剂和耐老化性能,其耐油性仅次于丁腈橡胶;有自补强性,是结晶型橡胶,生胶强度高,还具有良好的粘着性、耐水性和气密性,其耐水性是合成橡胶中最好的,气密性比天然橡胶大 5~6 倍。氯丁橡胶的缺点是电绝缘性较差,耐寒性不好,密度大,贮存稳定性差,贮存过程中易硬化变质。氯丁橡胶广泛用于各种橡胶制品,如耐热运输带、耐油、耐化学腐蚀胶管和容器衬里、胶辊和密封胶条等。

1.3.6　丁腈橡胶（NBR）

丁腈橡胶是丁二烯和丙烯腈的无规共聚物，通常采用高温（50 ℃）或低温（5 ℃）乳液聚合法制备，其结构式如下：

$$\left(CH_2-CH=CH-CH_2 \right)_x \left(CH_2-CH \right)_y \left(CH_2-CH \right)_z$$
$$\underset{\underset{CH_2}{\overset{\|}{CH}}}{\overset{|}{CN}}$$

分子链结构中，丁二烯单元以反式 1,4-结构为主，丙烯腈结合量在 18%～50%。根据丙烯腈结合量，丁腈橡胶可以分成 5 类：极高腈基含量（腈基高于 43%）、高腈基含量（腈基含量为 36%～42%）、中高腈基含量（腈基含量为 31%～35%）、中腈基含量（腈基含量为 25%～30%）和低腈基含量（腈基含量为 24% 以下）。

在分子链上引入腈基，使丁腈橡胶的耐油性和耐热性得到了提高，但是回弹性和介电性能下降。丁腈橡胶耐弱极性溶剂和油类，对芳烃、酮、酯稍有溶胀；比天然橡胶、丁苯橡胶耐热，在空气中 120 ℃ 下可长期使用，耐寒性较低；气密性好，仅次于丁基橡胶。

丁腈橡胶主要应用于耐油制品，如各种密封圈，还可以用作聚氯乙烯的长效增塑剂，提高抗冲性能，与酚醛树脂并用作结构胶粘剂等。

1.4　饱和碳链合成橡胶

这类橡胶主要包括乙丙橡胶、丁基橡胶及卤化丁基橡胶和氢化丁腈橡胶等。

1.4.1　乙丙橡胶（EPR）

乙烯与适量的丙烯采用钒-铝引发体系进行配位聚合，可形成弹性体，称作乙丙橡胶。二元乙丙橡胶是指仅由乙烯和丙烯共聚而成的橡胶，其结构如下：

$$\left(CH_2-CH_2 \right)_x \left(CH_2-CH \right)_y$$
$$\underset{CH_3}{\overset{|}{}}$$

EPR 主链上没有双键，具有优异的耐老化性能，但是不能像常见的二烯烃类橡胶采用硫黄来硫化，只能用过氧化物来交联，硫化较为困难。

为了提高二元乙丙橡胶的硫化性能，可以在体系中共聚少量的第三单体，常用的第三单体为非共轭二烯，通常是桥环结构，而且环中至少有一双键，如乙叉降冰片烯、亚甲基降冰片烯、双环戊二烯、己-1,4-二烯和环辛二烯等，结构分别如下所示：

CHCH₃　　　　CH₂　　　　　　　　　　　H₂C=CHCH₂CH=CHCH₃

ethylidine norbrnene　　nethylene norbornene　　dicyclopentadiene　　1,4-hexadiene　　cyclooctadiene

得到的乙丙橡胶称为三元乙丙橡胶(EPDM),其分子链上存在少量不饱和双键,可以采用硫黄进行交联。根据第三单体的不同,市面上最常见的三元乙丙橡胶有 E 型(第三单体为乙叉降冰片烯)、D 型(第三单体为双环戊二烯)和 H 型(第三单体为己 - 1 , 4 - 二烯),结构式分别如下所示:

$$\cdots(CH_2\!-\!CH_2)_x(CH_2\!-\!CH)_y(CH\!-\!CH)_z\cdots \qquad EPDM,E型$$

（乙叉降冰片烯结构）

$$\cdots(CH_2\!-\!CH_2)_x(CH_2\!-\!CH)_y(CH\!-\!CH)_z\cdots \qquad EPDM,D型$$

（双环戊二烯结构）

$$\cdots(CH_2\!-\!CH_2)_x(CH_2\!-\!CH)_y(CH_2\!-\!CH)_z\cdots \qquad EPDM,H型$$

（己-1,4-二烯结构）

乙丙橡胶中,乙烯和丙烯的含量对共聚物的性能具有较大的影响,一般含有 $60\%\sim70\%$ (摩尔百分比)乙烯的共聚物是较好的弹性体,例如,含 70% 乙烯的乙丙橡胶的玻璃化温度约为 $-58\ ℃$,有良好的弹性。随着乙烯含量的增加,生胶强度增大,弹性降低,结晶倾向增加。

三元乙丙橡胶中,第三单体约占单体总量的 3% ,有些特种胶可以含 11.4% 甚至更多。工业上对三元乙丙橡胶的不饱和度主要以碘值来表示,碘值范围为 $6\sim30\ g\ I_2/g$ 的三元乙丙橡胶才能保证一定的硫化速度。

虽然乙丙橡胶硫化速度慢、粘结性能较差,但具有耐老化、耐臭氧、耐化学品、比重小($0.86\sim0.87\ g/cm^3$)、电绝缘性能好等优点,广泛应用于需要耐老化、耐水、耐腐蚀和电气绝缘的领域,如防腐衬里、密封垫圈、电线、电缆及家用电器配件等。

1.4.2　丁基橡胶(IIR)

将异丁烯与少量异戊二烯在 $-100\ ℃$ 下的 $AlCl_3$ - $CHCl_3$ 体系中进行共聚,生成了不溶于 $CHCl_3$ 的丁基橡胶,并以细粉状沉析出来。丁基橡胶呈线形结构,两单元头尾连接,无规分布,异戊二烯以反式 1 , 4 -结构为主,结构式为:

$$\substack{CH_3 \\ | \\ \left(\begin{matrix} C-CH_2 \end{matrix}\right)_x \\ | \\ CH_3} \substack{CH_3 \\ | \\ \left(\begin{matrix} CH_2-C=CH-CH_2 \end{matrix}\right)_y} ,x\gg y$$

其中,异戊二烯单元残留的双键可供交联使用,因此习惯把异戊二烯单元含量称作不饱和度,一般在 0.6%~3.0%。

丁基橡胶的特点是气密性优异,是通用橡胶中气密性最好的橡胶,耐热老化,耐臭氧,适宜于制作内胎、胎侧、内衬、胶囊、气密层及胶管、密封胶等。但是硫化不能采用过氧化物体系,会导致分子链断链,而采用硫黄体系则硫化速度慢,与其他橡胶的相容性较差,自粘性和互粘性都不好,得到的硫化胶的弹性和强度都较差。

为了提高丁基橡胶的硫化速度,提高与其他橡胶的相容性,特别是与不饱和橡胶的相容性,改善自粘性和互粘性,工业界中对丁基橡胶进行卤化取代处理,包括氯化和溴化,分别得到氯化丁基橡胶(CIIR)和溴化丁基橡胶(BIIR)。其中,氯化的含氯量一般在 1.1%~1.3%,溴化的含溴量在 2%左右,卤化取代主要反应在异戊二烯链节双键的 α 位上,结构如下:

$$\substack{CH_3 \qquad CH_2Cl \qquad\qquad CH_3 \qquad\qquad\qquad CH_3 \qquad CH_2Br \qquad\qquad CH_3 \\ | \qquad\quad | \qquad\qquad\qquad | \qquad\qquad\qquad\qquad | \qquad\quad | \qquad\qquad\qquad | \\ -CH_2-C-CH_2-C=CH-CH_2-C- \qquad -CH_2-C-CH_2-C=CH-CH_2-C- \\ | \qquad\qquad\qquad\qquad\qquad\quad | \qquad\qquad\qquad\qquad | \qquad\qquad\qquad\qquad\qquad\quad | \\ CH_3 \qquad\qquad\qquad\qquad\quad CH_3 \qquad\qquad\qquad\quad CH_3 \qquad\qquad\qquad\qquad\qquad CH_3}$$

异丁烯与其他二烯烃的共聚物也称丁基橡胶,还可以制成三元胶,添加环戊二烯作第三单体进行共聚,可提高丁基橡胶的耐臭氧性能。

1.4.3　氢化丁腈橡胶(HNBR)

氢化丁腈橡胶是将乳液聚合得到的丁腈橡胶溶解在溶剂中,在一定的温度、压力和催化剂作用下,进行"选择性氢化"生成高度饱和的丁腈橡胶。一般氢化丁腈橡胶中氢化程度在 85%~88%,腈基含量在 17%~50%,门尼粘度在 50~100。目前商品化的 HNBR 主要有日本 Zeon 公司的 Zetpol 和拜耳公司 Therban 系列,其结构式如下所示:

$$\left(CH_2-CH_2-CH_2-CH_2\right)_k \substack{\left(CH_2-CH\right)_l \\ | \\ CN} \left(CH_2-CH=CH-CH_2\right)_m \substack{\left(CH-CH_2\right)_n \\ | \\ CH_2-CH_3}$$

HNBR 具有极好的应力-应变性能、耐磨性、低温性能和液体阻隔性能,其主要用于汽车工业中的同步调速带,也可以用于汽车的动力方向盘、空气调节系统和燃油系统、航空、油田及食品包装等领域。

1.4.4　聚丙烯酸酯橡胶(ACM)

聚丙烯酸酯橡胶是由丙烯酸酯、丙烯腈和少量第三单体共聚得到的一类饱和碳链极性橡胶,常用的丙烯酸酯单体为丙烯酸乙酯、丙烯酸丁酯和丙烯酸甲氧基乙基酯,结构如下:

$$+CH_2-CH\underset{\underset{COOR}{|}}{)_x}(CH_2-CH\underset{\underset{CN}{|}}{)_y$$

聚丙烯酸酯橡胶由于含有极性的丙烯酸酯基团和腈基,因此具有优异的耐油性能,特别是耐含氯、硫、磷化合物为主的极压剂,耐热性次于硅橡胶和氟橡胶,可耐 175～200 ℃的高温;缺点是强度和耐水性差,耐低温性能差。常用于自动传送、发动机垫片、动力转向装置。

乙烯-丙烯酸酯类橡胶(AEM)是由乙烯、甲基丙烯酸甲酯以及少量可供在聚合中作为硫化点的第三种羧基单体组成的三元共聚物,具有耐热性、耐油性和耐低温性能等优点,其结构式如下:

$$+CH_2-CH\underset{\underset{COOC_4H_9}{|}}{)_x}(CH_2-CH_2)_y$$

> **E**　**延伸阅读**:AEM 的产品牌号及其用途,请扫本章末尾的二维码浏览(P23)。

1.4.5　氟橡胶

氟橡胶是指一组分子链侧基含氟的弹性体,有 10 种,其中普遍使用的是偏氟乙烯与全氟丙烯或再加上四氟乙烯的共聚物。我国称这类胶为 26 型氟橡胶,杜邦公司称其为Viton型氟橡胶,结构如下:

26 - 41 型(Viton A)　　　$+CH_2-CF_2)_x(CF_2-CF\underset{\underset{CF_3}{|}}{)_y$

246 型(Viton B)　　　　$+CH_2-CF_2)_x(CF_2-CF\underset{\underset{CF_3}{|}}{)_y(CF_2-CF_2)_z$

氟橡胶的耐高温性能在现有的橡胶材料中是最高的,可在 250 ℃下长期工作,320 ℃下短期工作;其耐油性也是现有的橡胶材料中最好的;并具备最好的耐化学药品性及腐蚀介质性,可耐王水的腐蚀;具备离火自熄,有着良好的阻燃性;具备耐真空性(真空度可达 $1.33\times10^{-7}\sim1.33\times10^{-8}$ Pa)。但是,氟橡胶的弹性较差,耐低温性及耐水等极性物质性能不好。近年来杜邦公司开发的全氟醚橡胶改善了耐低温性能,Viton G 型橡胶改善了耐水性并适合在含醇的燃料中工作。

26 型氟橡胶一般用亲核试剂交联,例如 N,N′-双亚肉桂基- 1,6-己二胺,即 $3^{\#}$ 硫化剂,结构如下:

$$\bigcirc-CH=CH-CH=N(CH_2)_6N=CH-CH=CH-\bigcirc$$

配合剂中一般要用吸酸剂（常用氧化镁），填料常用中粒子热裂法炭黑（MT）、煤粉和无机填料等。加工过程需要二段硫化，目的在于除去低分子物质，进一步完善交联，提高抗压缩永久变形性能等。

1.5 杂链合成橡胶

这类橡胶主要包括聚氨酯橡胶、聚硫橡胶、氯醚橡胶和硅橡胶等。

1.5.1 聚氨酯橡胶

分子链中含有—NH—COO—结构的弹性体称为聚氨酯橡胶，其制备过程通常包含预聚、扩链及交联等过程（图1-2），根据其分子结构的不同，可以分为聚醚型和聚酯型聚氨酯橡胶；按加工方法可分为浇注型（CPU）、混炼型（MPU）和热塑型（TPU）聚氨酯橡胶。

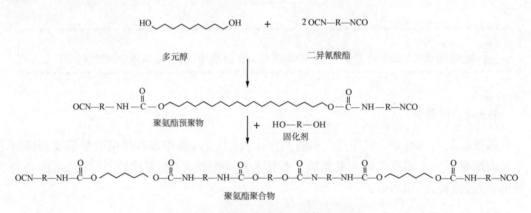

图1-2 聚氨酯橡胶的链增长反应

在橡胶材料中，聚氨酯橡胶的结晶度和刚性远高于其他橡胶，具有很高的机械强度（拉伸强度可达28 MPa～42 MPa，撕裂强度达63 kN/m，断裂伸长率可达1 000%，硬度范围宽，邵尔A硬度为10～95），耐磨性最好，是天然橡胶的9倍；气密性与丁基橡胶相当；低温性能好（聚酯型可在－40 ℃下使用，聚醚型可在－70 ℃下使用）；分子链上无双键，热稳定性好，耐老化；耐油性较好；生物医学性较好，可作为植入人体材料；粘合性高。但是其耐水性不好（聚酯型聚氨酯会发生水解），耐高温性能不好，高温下强度损失较为显著。

聚氨酯橡胶一般用于一些性能要求高的制品，如耐磨制品（实心轮胎、胶辊、鞋底和后跟等）、高强度耐油制品（密封垫圈和联轴节）和高硬度、高模量制品等。

1.5.2 聚硫橡胶

聚硫橡胶是一类由二氯烷烃与多硫化钠反应得到的具有高弹性的聚多硫化合物，其反应如下：

$$n\text{ClRCl} + \text{Na}_2\text{S}_x \longrightarrow (\!\!\!-R\!-\!S_x\!)\!\!\!-_n + 2n\text{NaCl}$$

常用的二氯化物有二氯乙烷、双(2‐氯乙氧基)甲烷[或双(2‐氯乙基)缩甲醛 $(ClCH_2CH_2O)_2CH_2$]或两者的混合物,制得的聚硫橡胶分别标以 $A(x=4)$、$FA(x=2)$、$ST(x=2.2)$。聚硫橡胶 A 含硫量高达 82%,耐溶剂性能最佳,但难加工,且有低分子硫醇和二硫化物的臭味;聚硫橡胶 ST 无此缺点;FA 性能则介于两者之间。聚硫橡胶主要通过端基团的扩链反应得到相应的橡胶制品,例如,带羟端基的聚硫橡胶,可用氧化锌或二异氰酸酯扩链;带硫醇端基的,可通过氧化偶合扩链。

聚硫橡胶耐油、耐溶剂、耐氧和臭氧、耐候,主要用作耐油的垫片、油管和密封剂,但强度不如一般合成橡胶;其与氧化剂混合,会产生猛烈的燃烧,释放大量气体,因此也被大量用作火箭的固体燃料。

1.5.3　硅橡胶

硅橡胶是指分子主链为—Si—O—无机结构,侧基为有机基团(主要为甲基)的一类弹性体。这类弹性体按硫化机理可分为有机过氧化物引发自由基交联型(热硫化型)、缩聚反应型(室温硫化型)及加成反应型。

硅橡胶属于半无机的饱和、杂链、非极性弹性体,典型代表为甲基乙烯基硅橡胶,结构式为:

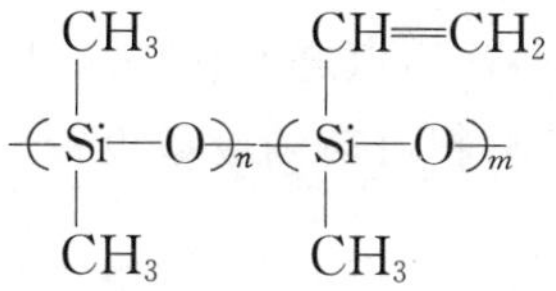

其中,乙烯基单元含量一般为 0.1%～0.3%(mol),起交联点作用。硅橡胶耐高、低温性能好,使用温度范围为 −100～300 ℃,耐低温性在橡胶材料中是最好的;具有优良的生物医学性能,可植入人体内;具有特殊的表面性能,表面张力低,约为 $2×10^{-2}$ N/m,对绝大多数材料都不粘,有极好的疏水性;具有适当的透气性,可做保鲜材料;具有无与伦比的绝缘性能,可做高级绝缘制品;具有优异的耐老化性能。但是硅橡胶的耐密闭老化特别在有湿气条件下的耐老化性能不够好,机械强度是橡胶材料中最差的。

硅橡胶具有高渗透性,可用作膜材料。根据其透氧性,曾试图用来研制潜水员的人工鳃;根据其惰性、疏水性、抗凝血性,可用于人工心脏瓣膜和有关脏器配件、接触眼镜、药物控制释放制剂、药物导管以及防水涂层等。

1.5.4　氯醚橡胶

氯醚橡胶是指侧基上含有氯、主链上有醚键的橡胶,可以由环氧氯丙烷均聚得到(常用 CHR 表示,我国代号为 CO),或由环氧氯丙烷与环氧乙烷共聚得到(常用 CHO 表示,我国代号 ECO)。

CO 的结构式: $\begin{array}{c} +CH_2-CH-O+_{\overline{n}} \\ | \\ CH_2Cl \end{array}$

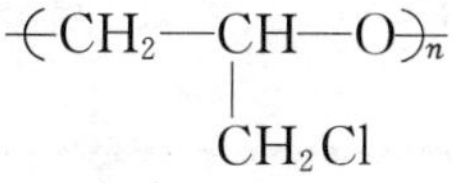

ECO 的结构式：$\{CH_2-CH-O\}_n\{CH_2-CH_2-O\}_m$

$\qquad\qquad\qquad\qquad\ \ \ CH_2Cl$

氯醚橡胶的特点是具有较好的综合性能,其耐热性能大致上与氯磺化聚乙烯相当,介于聚丙烯酸酯橡胶与中高丙烯腈含量的丁腈橡胶之间,优于天然橡胶;耐油、耐寒性平衡,CO 型与丁腈橡胶相当,而 ECO 优于丁腈橡胶,即 ECO 与某一丙烯腈含量的丁腈橡胶耐油性相等时,其耐寒性比丁腈橡胶好,可降低 20 ℃;其耐臭氧老化性介于二烯类橡胶与烯烃橡胶之间,CO 的气密性约为 IIR 的 3 倍;耐水性 CO 与丁腈橡胶相当,ECO 介于 ACM 与丁腈橡胶之间;导电性 CO 与丁腈橡胶相当或略大,ECO 比丁腈橡胶大 100 倍;粘着性与氯丁橡胶相当。但是耐压缩永久变形性不足,可以通过三嗪类交联或者通过二段硫化改进压缩永久变形性。

1.6　热塑性弹性体

热塑性弹性体(TPE)是一类介于热固性橡胶和热塑性塑料之间的材料,即在常温下具有橡胶的弹性,在高温下可塑化成型的一类弹性材料。从结构上看,每种热塑性弹性体都有一个熔点 T_m,低于熔点时是一种软的、柔性弹性材料,可以替代硬度相当、耐机械损伤和操作环境的传统热固性橡胶,在熔点之上它是流动的,可以采用加工热塑性塑料的加工方法和设备来成型。因此这类材料可节约设备投资、节约能源及人力,具有很大的市场前景。

最早出现的 TPE 产品是通过加成聚合得到的聚氨酯系 TPE,随着聚合工艺的发展和人们对弹性体微观结构的深入研究,发现如果聚合物中存在两个或多个聚合物相,当其中一相是硬的和热塑性的,另一相是软的和橡胶态的时,该聚合物就具备常温下橡胶弹性、高温塑化成型的特点,即当某一共聚物是由硬链段和软链段交替的普通高分子链组成时,低于 T_m 时,不同链段上的硬链段聚集在一起形成硬的热塑性微区,软链段形成弹性微区。当加热到 T_m 以上时,硬微区内链段之间的键合被破坏,共聚物变成了熔融黏性的材料,具备热塑性的特点。根据结构特征,TPE 主要分为嵌段型和共混型两大类,其中嵌段型 TPE 通常包括苯乙烯类热塑性弹性体、共聚酯、聚氨酯和聚酰胺等。共混型 TPE 是由橡胶和塑料共混制备的,分为交联型和非交联型,其中动态硫化 TPE 的发展较快,包括聚烯烃类热塑性弹性体(EPDM/PP 和 NBR/PVC)和热塑性硫化胶(EPDM/PP、NBR/PP 和 IIR/PP)。

一般来说,热塑性弹性体中硬(热塑性)相决定了它的加工性能,而软(橡胶态)相决定了它的性能和功能化特性。下面介绍几种典型的热塑性弹性体。

延伸阅读:TPE 的发展历史、热塑性弹性体的主要性能,请扫本章末尾的二维码浏览(P23)。

1.6.1　苯乙烯嵌段共聚物（SBC）

苯乙烯类嵌段共聚物,又名苯乙烯类 TPE,是以苯乙烯与丁二烯（和/或异戊二烯）为单体,以烷基锂为催化剂进行阴离子溶液聚合制得的一种热塑性弹性体,结构为 S－D－S 结构。S 是聚合的苯乙烯硬链段,D 是中间的软的聚丁二烯或异戊二烯的链段,化学结构和结构示意图如图 1－3 和图 1－4 所示。嵌段共聚物的两端必须是聚苯乙烯,以保证热塑性弹性体具有良好的性能。苯乙烯类 TPE 主要有下列品种,如 SBS（苯乙烯-丁二烯-苯乙烯嵌段共聚物）、SIS（苯乙烯-异戊二烯-苯乙烯嵌段共聚物）、SEBS（氢化 SBS）、SEPS（氢化 SIS）。

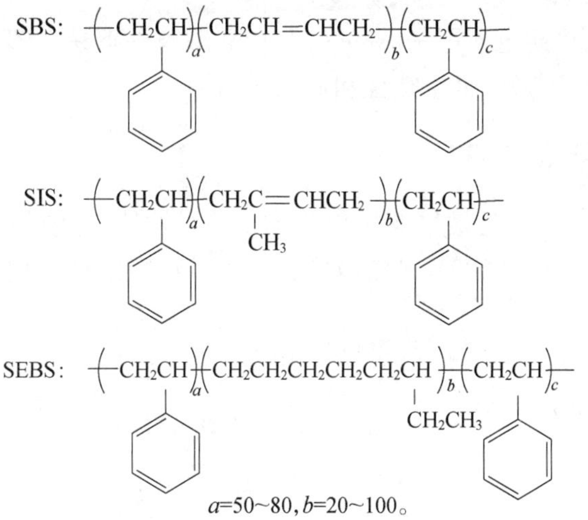

SBS: $\left(CH_2CH\right)_a\left(CH_2CH=CHCH_2\right)_b\left(CH_2CH\right)_c$

SIS: $\left(CH_2CH\right)_a\left(CH_2C=CHCH_2\right)_b\left(CH_2CH\right)_c$
$\quad\quad CH_3$

SEBS: $\left(CH_2CH\right)_a\left(CH_2CH_2CH_2CH_2CH_2CH\right)_b\left(CH_2CH\right)_c$
$\quad\quad\quad\quad\quad\quad\quad\quad\quad CH_2CH_3$

a=50~80,b=20~100。

图 1－3　三种通用的苯乙烯类嵌段共聚物 TPEs

在苯乙烯类 TPE 中,硬苯乙烯段聚集起来固定了软的二烯嵌段,产生了韧性、模量高的材料。苯乙烯类 TPE 的熔点实际上是聚苯乙烯的熔点。只要苯乙烯段的最小分子量高于某一临界值,苯乙烯类 TPE 的物理性能就更多的是由单体比率而不是由分子量来决定。当苯乙烯含量较低时,材料是软的,橡胶态的;随着苯乙烯含量的增加,材料逐渐变得越来越硬且刚性越来越大（更高的模量）。中间软段被氢化饱和后显著提高了耐氧性和耐臭氧性,也改善了热塑性弹性体在空气中的耐久值。

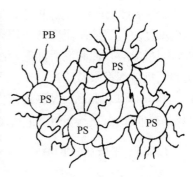

图 1－4　SBC 结构示意图

苯乙烯类 TPE 一般用作要求不高的橡胶制品。一般使用温度在 70 ℃以下,包括鞋底、体育用品、密封材料、沥青、嵌缝胶和摩托车的润滑剂等。

1.6.2　聚酯共聚物（COPs）

聚酯共聚物（COPs）是软硬链段交替的嵌段共聚物热塑性弹性体,具有－Ａ－Ｂ－Ａ－

B-A-B-结构,A 和 B 分别是硬链段和软链段。在两个链段之间的官能键是酯键,在链段内则既有醚键也有酯键。

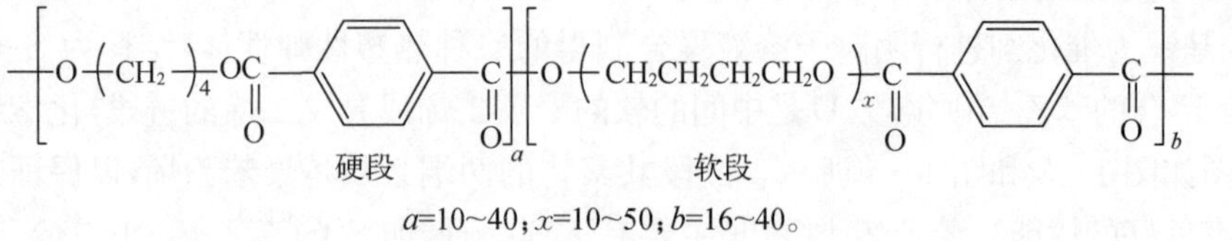

a=10~40;x=10~50;b=16~40。

图 1-5　商用聚酯共聚物的化学结构

聚酯共聚物的硬度超过了邵尔 A80~90,在酸碱条件下易水解;在低形变下,聚酯共聚物具有高的抗屈挠疲劳性、低生热性和低蠕变性。

1.6.3　热塑性聚氨酯(TPUs)

热塑性聚氨酯(TPUs)是最早商业化的热塑性弹性体,它们的软链段为聚酯或聚醚型二醇嵌段(分子量 800~3 500),硬链段则含有氨基甲酸酯键。相关结构式和示意图如图 1-6 所示:

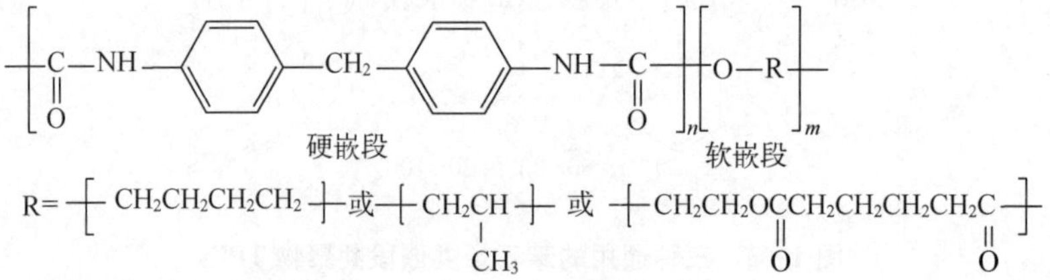

图 1-6　商用热塑性聚氨酯的化学组成

TPUs 硬链段的熔点决定了理论上热塑性聚氨酯使用温度的上限,软链段的玻璃化转变温度决定了使用温度的下限。作为一种极性嵌段共聚物,TPUs 具有良好的耐非极性溶剂(如燃料、油和润滑油等)性能,耐腐蚀性好,摩擦系数低。但是,TPUs 对极性的有机和无机溶剂都很敏感。

TPUs 可以制成低硬度(邵尔 A50)和高硬度(邵尔 A80~90)两种。随着硬度的提高,TPUs 拉伸强度、模量和耐溶剂性能不断提高,被广泛应用在鞋底、脚轮和高压软管等领域。

1.6.4　聚酰胺(PEBAs)

聚酯聚醚嵌段的聚酰胺(PEBAs)是最新的、性能最好的,但价格最高的一类热塑性弹性体。它是具有与 SBC、COPs 和 TPUs 相同形态的嵌段聚合物,但是它用酰胺键来连接交替的软硬链段。这种酰胺键比酯键和氨基甲酸酯键具有更好的抗化学水解性。因此,PEBAs 具有更好的抗化学腐蚀性,比 COPs 和 TPUs 具有更高的使用温度上限,是所有热塑性弹性体中最高的,在温度高达 170 ℃时仍能使用。

PEBAs 硬链段决定了它的熔点和加工性能,软链段可能含有聚酯、聚醚和聚醚酯键,更多的是影响其他性能。PEBAs 具有宽的硬度范围,从比较软的橡胶到中等硬度的热塑

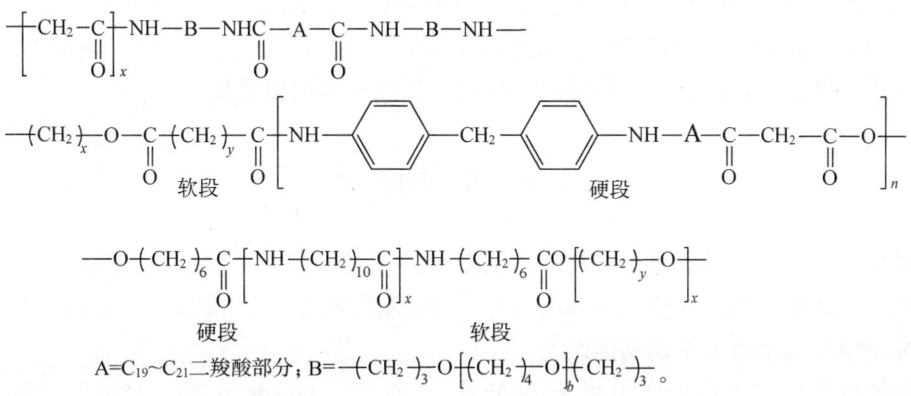

A=C$_{19}$～C$_{21}$二羧酸部分；B=$\text{(CH}_2\text{)}_3\text{O(CH}_2\text{)}_4\text{O}_b\text{(CH}_2\text{)}_3$。

图 1-7 三种聚酰胺 TPEs 的化学结构

性塑料,耐非极性和烃类溶剂(如油、燃料和润滑油等),抗水溶液介质的性能优异,但随温度升高和酸碱性达到极限时会显著下降。聚酯型 PEBAs 比聚醚型 PEBAs 对水解更敏感,但对空气中氧气的直接破坏不敏感。

1.6.5 聚烯烃类热塑性弹性体(TEO)

热塑性塑料与橡胶状聚合物简单混合的产物,在早期的文献报道中被叫作聚烯烃热塑性弹性体(TEO)。

在聚烯烃类热塑性弹性体中,两种聚合物各有自己的相,聚烯烃相是连续的,橡胶相是不连续的。通常塑料组分为聚丙烯(PP)、聚乙烯(PE)和聚氯乙烯(PVC),橡胶组分为三元乙丙橡胶(EPDM)、丁腈橡胶(NBR)和丁基橡胶(IIR)。

TEO 具有优异的耐候、耐臭氧、耐紫外线及良好的耐高温和耐冲击性能,常见的有 EPDM/PP 和 NBR/PVC。EPDM/PP 热塑性弹性体具有优异的耐候、耐臭氧、耐紫外线及良好的耐高温和抗冲击性能,其耐油和耐溶剂性能与普通氯丁橡胶不相上下,还具有加工简便、成本低、可连续生产、可回收利用等优点。可作汽车外装件,包括保险杠、散热器格栅、车身外板(翼子板、后侧板、车门面板)、车轮护罩、挡泥板、车门槛板、后部活动车顶、车后灯、车牌照板、车侧镶条及护胶条、挡风胶条等;作内饰件,包括仪表板、仪表板蒙皮、内饰板蒙皮、安全气囊外皮层材料等;作底盘、转向机构如等速万向节保护罩、等速万向节密封、齿条和小齿轮防护罩、轴架悬置防护罩;作发动机室内部件及其他方面如空气导管、燃料管防护层、电气接线套等。

1.6.6 热塑性硫化胶(TPV)

在强烈的机械剪切作用下,橡胶组分由纤维状或者胶丝状,转变成液滴,在转变过程中,橡胶发生硫化,最终产生分散性极好的硫化橡胶微粒并分散在塑料连续相中,分散相的粒径为 0.2～2.0 μm。

动态硫化法生产的 TPV 中,橡胶组分质量分数高达 60%～70%,制品的抗动态疲劳性能优异,耐磨性、耐臭氧及耐候性能好,撕裂强度高,压缩变形及永久变形小,而且加工较容易,能以较低的生产成本制得可替代热固性硫化橡胶的制品。EPDM/PP 是最常见的热塑性硫化胶,用于变电器外壳、船舶、矿山、钻井平台、核电站及其他设施的电力电缆线的绝缘层及护套,可取代现有的氯丁橡胶、聚氯乙烯等包覆材料。

1.7　液体橡胶

液体橡胶泛指常温下呈现黏稠液体状态,经过交联或者扩链反应后能够形成三维网络结构弹性体的物质。一般液体橡胶的数均分子量大约在 $500\sim10\ 000$,黏度随聚合物的相对分子质量大小及分子构型而改变。

液体橡胶的发展起源于 20 世纪 20 年代。1923 年,Hardman 将天然橡胶降解,首次制得液体橡胶,为橡胶工业开辟了一个崭新的领域。1943 年出现了聚硫橡胶,不久又陆续出现了液体聚氨酯、液体硅橡胶、液体丁腈橡胶和液体氯丁橡胶等。1960 年,Uraneck 等发明了遥爪聚合物合成技术后,液体橡胶得到了迅速发展,但其主要应用于军工领域。20 世纪 70 年代液体橡胶的研究和应用开始向民用领域转移,到 80 年代,美、日等发达国家液体橡胶的民用量已经大大超过军工用量,占总用量的 90%。目前,全世界各种液体橡胶的生产能力估计已达 200 kt/a。

1.7.1　液体橡胶的分类

液体橡胶根据其分子主链结构、制备方法和分子结构特征,有 3 种不同的分类方法:

(1) 分子主链结构:根据液体橡胶分子主链结构的不同,可以分为液体二烯类橡胶、液体聚硫橡胶、液体硅橡胶和液体聚氨酯橡胶等类型。

(2) 制备方法:根据液体橡胶制备方法的不同,可以分为降解法液体橡胶和聚合法液体橡胶。降解法是通过将固体橡胶降解来制备的,如液体天然橡胶。而聚合法则是采用单体聚合的方法来制备。大部分液体橡胶都是采用聚合法制备的。

(3) 分子结构特征:根据液体橡胶分子链上端基或侧基的结构特征,可以分为无活性端基侧基的液体橡胶(如液体乙丙橡胶)和带活性官能团的液体橡胶。其中后者又可以分成分子链内具有活性侧基的液体橡胶(如液体聚氨酯橡胶)和遥爪型液体橡胶(如羧基液体丁二烯橡胶)。

延伸阅读:常见液体橡胶,请扫本章末尾的二维码浏览(P23)。

1.7.2　液体橡胶的交联特性

液体橡胶的交联特性与其分子结构有关,无活性端基或侧基的液体橡胶与普通的固体橡胶一样(图 1-8),在硫化剂、促进剂的作用下,分子之间可以产生交联。这类液体橡胶只能在分子链的中间部位发生交联,而分子的末端则成为自由链端,其硫化胶的交联结构与对应的固体硫化橡胶的相同。加工时,可以将配合剂与液体橡胶混合,再采用设备将其注入模具,加温硫化成型。同时,也可以将它与固体橡胶共混并进行硫化。此时,液体橡胶也会参与固体橡胶的硫化过程。

遥爪型液体橡胶的固化是分子端部的活性端基发生化学交联。硫化胶的交联结构中不含自由链端,所得硫化胶的交联点间分子量比普通橡胶大,同时,交联网络结构规整有序、交联结构中无短链,所以硫化胶的柔软性很好,其交联速度和交联程度依赖于活性端基的活性以及官能度等结构特性(图 1-8)。

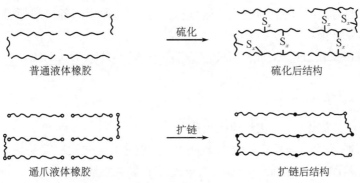

图 1-8　液体橡胶的交联过程示意图

1.7.3　液体橡胶的用途

末端含有官能团(—OH、—COOH、—SH、—NH$_2$、—NCO 和—Br 等)的液体橡胶与扩链剂反应可增大其相对分子质量,可通过交联反应变成三维网状交联结构,它主要用于浇注成型的橡胶制品。液体聚丁二烯(LPB)、液体聚异戊橡胶(LIR)可用作胶粘剂、电磁绝缘涂料、橡胶加工助剂、树脂改性剂、火箭固体燃料的粘结剂等。氯丁橡胶类液体橡胶可用于制备密封胶和胶粘剂等。端羟基聚丁二烯(HTPB)主要用于生产浇注型弹性体、通用橡胶制品、保温材料、胶粘剂涂料、灌封材料、防水防腐材料、绝缘材料、建筑材料及环氧树脂改性等,在国内 HTPB 主要作为固体火箭推进剂的粘合剂,其产耗量位居各种推进剂粘合剂的首位。

液体橡胶作为一种具有广泛用途的新材料得到了迅速发展,液体形态决定着其便于实现生产的管道化、连续化和自动化,而且加工方便、设备简单,具有广阔的发展前景。但目前也面临着产品种类少、成本高、应用范围窄和某些性能不足等问题,制约着液体橡胶的大规模应用。因此液体橡胶应该在新品种的开发、应用和工艺研究上进一步拓宽。

1.8　橡胶的化学改性

橡胶的化学改性是指通过一系列的化学反应,使橡胶分子链上的原子或者原子基团的种类发生变化,从而改变橡胶材料的性能,主要包括分子链基团的反应、接枝共聚反应、嵌段共聚反应和力化学反应等。

1.8.1　分子链基团反应

与烯烃的加成反应相似,二烯类橡胶分子中含有双键,可以进行加成反应,如加氢、卤化和环化反应,从而引入新的原子或基团。

1. 加氢反应

顺丁橡胶、天然橡胶、丁腈橡胶、丁苯橡胶和 SBS(苯乙烯-丁二烯-苯乙烯三嵌段热塑性弹性体)等都是以二烯烃为基础的橡胶,大分子链中留有双键,易氧化和老化。但经加氢成饱和橡胶,玻璃化温度和结晶度均有改变,可提高其耐候性,部分氢化的橡胶可用作电缆涂层。加氢的关键是寻找加氢催化剂(镍或贵金属类),例如,氢化丁腈橡胶是将丁腈橡胶溶于适当的溶剂中,在钯的催化下,经过高压氢化还原而制备得到(氰基不氢化,丁二烯单元产生部分氢化)。

$$\sim CH_2CH=CHCH_2-CH_2-\underset{\underset{CN}{|}}{CH}\sim \ +H_2 \longrightarrow \ \sim CH_2CH_2CH_2CH_2CH_2\underset{\underset{CN}{|}}{CH}\sim$$

2. 卤化反应

卤化反应包括氯化、氢氯化和溴化反应。

聚丁二烯的氯化与加氢反应相似,比较简单。天然橡胶氯化则比较复杂。天然橡胶的氯化可在四氯化碳或氯仿溶液中于 80~100 ℃下进行,产物含氯量可高达 65%,相当于每一重复单元含有 3.5 个氯原子,除在双键上加成外,还可能在烯丙基位置取代和环化,甚至交联。

$$\sim CH_2\underset{\underset{CH_3}{|}}{C}=CHCH_2\sim \xrightarrow{Cl_2} \begin{cases} \xrightarrow{加成} \sim CH_2\underset{\underset{Cl}{|}}{\overset{\overset{CH_3}{|}}{C}}-\underset{\underset{Cl}{|}}{CH}CH_2\sim \\ \\ \xrightarrow{取代} \sim CH_2\underset{\underset{Cl}{|}}{\overset{\overset{CH_3}{|}}{C}}=CHCH\sim \end{cases}$$

氯化橡胶不透水,耐无机酸、耐碱和大部分化学品,可用作防腐蚀涂料和胶粘剂,如混凝土涂层。氯化天然橡胶能溶于四氯化碳,氯化丁苯橡胶却不溶,但两者都能溶于苯和氯仿中。

天然橡胶还可以在苯或氯代烃溶液中与氯化氢进行亲电加成反应。按 Markownikoff 规则,氯加在三级碳原子上:

$$\sim CH_2C(CH_3)=CHCH_2\sim \xrightarrow{H^+} \sim CH_2C^+(CH_3)CH_2CH_2\sim \xrightarrow{Cl^-} \sim CH_2CCl(CH_3)CH_2CH_2\sim$$

反应中形成的碳阳离子中间体也可能环化。氢氯化橡胶对水汽的阻隔性好,除碱、氧化酸外,耐许多化学品的水溶液,可用作食品、精密仪器的包装薄膜。

3. 环化反应

聚二烯烃的环氧化目的是引入可继续反应的环氧基团。环氧化可以采用过乙酸或过氧化氢作氧化剂。环氧化聚丁二烯容易与水、醇、酐和胺反应。

$$\sim CH_2CH=CHCH_2\sim \xrightarrow{RCO_3H} \sim CH_2\underset{\diagdown \ \diagup}{\underset{O}{CH-CH}}CHCH_2\sim$$

环氧化天然橡胶是 NR 胶乳在一定条件下与过氧乙酸反应的产物,反应如下:

$$\underset{\text{NR}}{\sim CH_2}\overset{CH_3}{\underset{}{C}}=CH\,\underset{CH_2-CH_2}{\overset{CH_3}{C}}=CH\underset{}{CH_2}\sim \xrightarrow{\text{过氧乙酸}} \underset{\text{ENR}}{\sim CH_2}\overset{CH_3}{\underset{}{C}}=CH\,\underset{CH_2-CH_2\ \ O}{\overset{CH_3}{C}-CH}\underset{}{CH_2}\sim$$

由于环氧基团是极性基团,只要控制一定的环氧化程度,制备得到的环氧化天然橡胶既能保持天然橡胶的物理机械性能和加工性能,又能明显改善耐油性、气密性及白炭黑的增强作用,是目前较热门的改性品种。目前国产的产品规格有 ENR-10、ENR-25、ENR-50 和 ENR-75,分别表示环氧化程度达到 10%、25%、50% 和 75%。

环氧化聚二烯烃经交联,可用作涂料和增强塑料。环氧化程度为 33% 的天然橡胶可提高聚乙烯与炭黑的相容性,三者按 18∶80∶2 质量比混合,可用来制备填充型导电聚合物。

1.8.2　接枝共聚反应

接枝共聚是指分子链上通过化学键结合支链的反应。接枝共聚物的性能决定于主链和支链的组成结构、长度以及支链数。按接枝点产生方式,分为长出支链、嫁接和大单体共聚三大类。橡胶的接枝改性通常以长出支链为主。

工业上最常用的接枝方法是利用自由基向大分子链转移的原理来长出支链,也可利用侧基反应长出支链。

聚丁二烯、丁苯橡胶和天然橡胶等主链中都含有双键,双键和烯丙基氢容易成为接枝点。现以聚丁二烯(PB)/苯乙烯(PS)体系进行接枝共聚合成抗冲聚苯乙烯(HIPS)为例,说明二烯烃聚合物的链转移接枝原理。

将聚丁二烯和引发剂溶于苯乙烯中,引发剂受热分解成初级自由基,一部分引发苯乙烯聚合成均聚物 PS,另一部分与聚丁二烯大分子加成或转移,进行下列三种反应而产生接枝点:

(1) 初级自由基与乙烯基侧基双键加成

$$R\cdot + \underset{\overset{|}{CH}=CH_2}{\sim CH_2CH\sim} \xrightarrow{k_1} \underset{\overset{|}{\underset{\bullet}{CHCH_2R}}}{\sim CH_2CH\sim} \xrightarrow{CH_2=CHR} \underset{RCH_2CH(CH_2CHR)_n\sim}{\sim CH_2CH\sim}$$

(2) 初级自由基与聚丁二烯主链中双键加成

$$R\cdot + \sim CH_2CH=CHCH_2\sim \xrightarrow{k_2} \sim CH_2CHR\overset{\bullet}{-CHCH_2}\sim$$

$$\xrightarrow{CH_2=CHR} \underset{\overset{|}{CH_2CHR(CH_2CHR)_n\sim}}{\sim CH_2CHR-CHCH_2\sim}$$

(3) 初级自由基夺取烯丙基氢而链转移

$$R\cdot + \sim CH_2CH=CHCH_2\sim \xrightarrow[-RH]{k_3} \sim\overset{\bullet}{CH}CH=CHCH_2\sim$$

$$\xrightarrow{CH_2=CHR} \underset{\overset{|}{CH_2CHR(CH_2CHR)_n\sim}}{\sim CHCH=CHCH_2\sim}$$

上述三个反应速率常数大小依次为 $k_1 > k_2 > k_3$,可见 1,2 -结构含量高的聚丁二烯有利于接枝,因此低顺丁二烯橡胶(含 30%~40% 1,2 -结构)被优先选作合成抗冲聚苯乙烯的接枝母体。

天甲橡胶是 NR 胶乳在一定条件下与 MMA 发生接枝共聚的产物(NR - g - MMA)。天甲橡胶具有拉伸强度高,抗冲击性强,耐屈挠龟裂、动态疲劳以及黏弹性好等优点,可用于无内胎轮胎中的不透气的内贴层、纤维和橡胶的强力粘合剂等。天甲橡胶的性能受 MMA 的含量和 MMA 分子链的长短、分布的影响较大。

60 ℃下,研究天然橡胶- MMA -苯-过氧化二苯甲酰体系的接枝聚合机理时发现,60%±5% 属于双键加成反应,40%±5% 则属于夺取烯丙基氢的反应,也说明了 $k_2 > k_3$。

链转移接枝法有以下缺点:① 接枝效率低;② 接枝共聚物与均聚物共存;③ 接枝数、支链长度等结构参数难以定量测定和控制。但该法简便经济,具有较好的实际应用。

1.8.3 嵌段共聚物

由两种或多种链段组成的线形聚合物称作嵌段共聚物,常见的有 AB 型和 ABA 型(如 SBS),其中 A、B 都是长链段;也有 $(AB)_n$ 型多嵌段共聚物,其中 A、B 链段相对较短。

嵌段共聚物的性能与链段种类、长度和数量有关。有些嵌段共聚物中两种链段不相容,将分离成两相,一相可以是结晶或无定形玻璃态分散相,另一相是高弹态的连续相。

嵌段共聚物的合成方法原则上可以概括成两大类:

(1) 某单体在另一活性链段上继续聚合,增长成新的链段,最后终止成嵌段共聚物。

(2) 两种组成不同的活性链段键合在一起,包括链自由基的偶合、双端基预聚体的缩合以及缩聚中的交换反应。

1.8.4 力化学

力化学是指聚合物受到机械力(塑炼、混炼和挤出)作用时,分子链断裂产生自由基和离子活性中心,引起的化学反应。橡胶材料中的力化学反应主要包括接枝、嵌段、偶联、可控降解及功能化反应。

两种聚合物共同塑炼或在浓溶液中高速搅拌,当剪切力大到一定程度时,两种主链将断裂成两种链自由基,交叉偶合终止就成为嵌段共聚物,产物中免不了混有原来两种均聚物。

$$\sim AA \sim \xrightarrow{\text{塑炼}} 2 \sim A\cdot$$

$$\sim BB \sim \xrightarrow{\text{塑炼}} 2 \sim B\cdot$$

$$\sim A\cdot + \cdot B \sim \xrightarrow{\text{偶合终止}} \sim AB \sim$$

当一种聚合物 A 与另一种单体 B 一起塑炼时,也可形成嵌段共聚物 AB,但混有均聚物 B。聚苯乙烯在乙烯参与下塑炼,或与聚乙烯一起塑炼,就有 P(S - b - E)嵌段共聚物形成。三元乙丙橡胶与 MMA 在过氧化物存在下,进行反应挤出,可形成 EPDM/PMMA 及 EPMD - g - MMA 三组分的共混物。

1.9　胶粉和再生胶

1.9.1　胶粉

胶粉是指废旧橡胶制品经过粉碎加工处理得到的粉末状橡胶材料。

根据不同的制备方法,胶粉可以分为常温胶粉、冷冻胶粉和超细微胶粉;按原料来源,可以分为载重胎胶粉、车胎胶粉以及鞋胶粉;按活化与否可以分为活化胶粉和未活化胶粉;按粒径大小分为超细胶粉和一般胶粉。

胶粉的粒子尺寸、表面形态和表面基团等对其性能具有重要的影响。胶粉越细,性能越好。一般胶粉主要用在低档次制品中,如鞋底、建材和沥青等。高档产品中一般使用超细的胶粉。表面活化的胶粉与未活化的胶粉相比,对胶料性能有进一步提高。

1.9.2　再生胶

再生胶是由废橡胶制品转化成塑性橡胶的再生材料,它可以单独作为生胶使用,也可以与其他橡胶并用。因此,再生胶就是一种用废品或废胶制成的再生产品,如果废胶经过处理(脱硫),就比较容易转化为塑性橡胶。塑性橡胶和标准天然橡胶或合成橡胶一样,可以进行混炼、加工和硫化。在大多数情况下,通常将它与其他生胶并用,以补偿其加工性能和物理性能。

再生胶的质量取决于原生胶的种类,因此再生胶可以根据原料废胶进行分类。在日本工业标准(JIS K6313—1999)中,将再生胶分为以下六类:

(1) AN 类,以天然橡胶为主的汽车内胎废料为原材料的再生胶。

(2) AI 类,以丁基橡胶为主的汽车内胎废料为原材料的再生胶。

(3) BT 类,以载重车、公共汽车等大型汽车轮胎胎面胶或同类废橡胶为原材料的再生胶。

(4) BP 类,以乘用车胎胎面胶或同类废橡胶为原材料的再生胶。

(5) C1 类,以汽车内外胎以外的橡胶为原材料的再生胶,A 级。

(6) C2 类,以汽车内外胎以外的废橡胶为原材料的再生胶,B 级。

 延伸阅读:再生胶的分类,请扫本章末尾二维码浏览(P23)。

延伸阅读

习 题

1. 天然橡胶常规的分类有哪些？天然橡胶的常见分类产品分别具有哪些性能特点？

2. 自然界中除去三叶橡胶树可以产生天然橡胶外，还有哪些能够生产橡胶？这些天然橡胶（除三叶橡胶外）中，哪些具有工业化采集前景和应用前景，请简要阐述该种橡胶的工业化进展。

3. 丁苯橡胶由哪些单体聚合而成？与天然橡胶相比，丁苯橡胶具有哪些优缺点？其应用领域为哪些？

4. 根据聚合方法，丁苯橡胶可以分为哪几类？乳液聚合丁苯橡胶和溶液聚合丁苯橡胶在结构上有什么区别？它们的性能有哪些差异？

5. 顺丁橡胶由哪种单体聚合而成？根据微观结构，其分类有哪些？与天然橡胶相比，顺丁橡胶具有哪些特点？举例说明顺丁橡胶的应用。

6. 橡胶的化学改性有哪些方法？请举例说明环氧化天然橡胶的制备过程。

7. 液体橡胶有哪些？举例说明液体橡胶的应用。

8. 杂链合成橡胶有哪些？举例说明杂链合成橡胶的优点及应用。

9. 什么叫热塑性弹性体？举例说明热塑性弹性体的应用。

10. 举例说明胶粉和再生胶的应用。

 知识拓展

第一套国产顺丁橡胶装置

新中国成立后，橡胶物资奇缺。为满足生产、生活需要，中国科学院长春应用化学研究所（以下简称"长春应化所"）的前身——东北科学研究所于 1949 年率先在全国开展合成橡胶的研究。

1964 年，长春应化所在国际上首次以论文形式公开发表了研究成果，使我国成为世界上最早发明以稀土催化剂合成顺丁橡胶的国家。随后，长春应化所在镍系顺丁橡胶基础研究上取得了创新性进展。1971 年，经过广大建设者的共同努力，仅用一年多的时间，万吨级顺丁橡胶装置建成投产，同年 4 月 6 日，顺利产出第一批橡胶。然而，由于所采用的国产技术只是经小试成功的技术，建设万吨级的生产装置尚无先例，因此装置投产后，"前堵后挂"问题导致生产装置不能长周期持续生产，而且造成外排污水不合格、产品质量不合格，成了橡胶生产的"拦路虎"。

为使我国自己研制开发的顺丁橡胶技术不断完善，1973 年 8 月，全国 8 省市 13个科研、设计、生产单位抽调的 30 多名专家，与燕山石化的工人、技术人员一起组成攻关会战小组，掀起了攻关会战的高潮。技术攻关工作采用实验室研究与生产装置工业试验相结合的方式，边试验、边总结、边改进。所有参加攻关会战的人员不分单位，不分你我，不辞辛劳，始终奋斗在工作现场。老科学家、工程技术人员与工人一

图 1-9　顺丁橡胶装置

起在生产现场和实验室倒班操作,观察试验的数据和结果,不断地进行工艺改进。橡胶加工和轮胎制造用户都积极配合,对每一批试验产出的顺丁橡胶样品及时反馈应用结果。

在攻关会战的过程中,科研人员开发了以抽余油为溶剂镍系催化剂新的陈化工艺,改进了溶剂精制和丁二烯提纯工艺,开发了三异丁基铝催化剂提纯工艺,建立了以生胶应力-应变曲线快速判定顺丁橡胶质量的方法,开发了双釜凝聚新工艺,改造了后处理膨胀干燥机等关键设备,氧化脱氢反应器改成了固定床反应器,开发了新型的铁系催化剂。

经过两年的艰苦攻关,到 1975 年,顺丁橡胶装置的聚合反应器的运转周期延长到 240 天,实现了长周期运转达到世界先进水平。氧化脱氢装置的正常运转提供了充足的丁二烯原料,当年顺丁橡胶的产量接近了 1 万吨,产品的质量合格率为99.53%,合成橡胶厂扭亏为盈。1976 年产量达 1.5 万吨,达到了设计目标。自此,我国自主开发的顺丁橡胶技术跻身世界合成橡胶先进技术之列,并于 1985 年荣获"国家科学技术进步奖特等奖"。

我国的顺丁橡胶生产技术建厂成本低、回报高,产品成本低、质量好,尤其是耐屈挠性能突出,与国外相比,还具有催化剂用量低、反应时间短、聚合反应器生产强度高(是日本合成橡胶公司的 3 倍)、运转周期长(是日本合成橡胶公司的 2 倍,是日本宇部公司、美国古特里奇公司的 3 倍)等优点,居世界领先地位。

经过成熟改良后的顺丁橡胶装置,大大推动了我国顺丁橡胶工业的发展,国产顺丁橡胶市场占有率也随着产量增加而提高,标志着中国合成橡胶工业进入了一个新的历史阶段,同时也为后来相继开发成功的 SBS、溶聚丁苯橡胶、稀土顺丁橡胶和异戊橡胶等成套工业化技术和丁基橡胶的建设,提供了许多经验和借鉴。

（参考文献:https://www.scei.org.cn/images/zhuanti/dqxdfh/gs28.html）

第 2 章 橡胶硫化

延伸阅读

2.1 概 论

最初使用的天然橡胶制品是不硫化的,通常强度不高,经过大变形后不能恢复原形,而且热天急剧变软、寒冷季节刚度大幅增加,限制了橡胶的应用。

1839 年,美国 Charles Goodyear 将硫黄加入橡胶后加热,得到了高温不熔、低温不硬化的橡胶块,发明了第一种商用硫化方法。1843 年,英国的 Thomas Hancock 同样发现了硫化方法,并把这种由硫黄所带来的橡胶转化工艺用"Vulcanization"(硫化)来命名。1846 年,Parkes 发明了用氯化硫在室温下硫化橡胶的方法。1918 年,Peachey 采用二氧化硫和硫化氢产生新生硫的方法在室温下硫化橡胶。1921 年,Ramari 发明了二硫化四烷基秋兰姆硫化剂;第一次和第二次世界大战后,不用硫黄的新型硫化剂不断涌现,如偶氮化合物、羟基喹啉类化合物、酚类或胺类化合物、有机金属化合物、树脂、金属氧化物、聚异氰酸酯、醌类和射线等。因此,"硫化"这一术语早已超出它原来界定的范畴,重新定义为:硫化是一种化学过程,是在塑性橡胶一维大分子链之间嵌入交联键形成三维网络的过程。根据硫化剂和相应配合剂的使用,硫化可以分为无促进剂硫黄硫化、促进剂-硫黄硫化、树脂硫化、金属氧化物硫化和有机过氧化物硫化等。

2.2 无促进剂硫黄硫化

最早的硫化是由天然橡胶和大量的硫黄混合加热,反应形成三维网状结构的工艺过程。因此,为了理解橡胶的硫化过程,首先要对橡胶(主要是二烯类橡胶)的反应活性进行探讨。

2.2.1 二烯类橡胶的反应性

1. C—C 键的断裂

二烯类橡胶含大量的 C=C 键,由于双键的强烈共轭作用,使 NR 单体链节间的 C—C 键的反应能力增加,在机械加工(如塑炼、混炼、压出和压延等)的应力作用下,C—C 键断裂形成两个不同的、十分稳定的烯丙基自由基及其共振形式(结构 I 和结构 II):

$$
\underset{\text{I}_A}{\overset{\displaystyle CH_3}{\sim\sim CH_2-\overset{|}{C}=CH-\overset{\cdot}{C}H_2}} \longleftrightarrow \underset{\text{I}_B}{\overset{\displaystyle CH_3}{\sim\sim CH_2-\overset{|}{\underset{\cdot}{C}}-CH=CH_2}}
$$

$$
\underset{\text{II}_A}{\overset{\displaystyle CH_3}{H_2\overset{\cdot}{C}-\overset{|}{C}=CH-CH_2\sim\sim}} \longleftrightarrow \underset{\text{II}_B}{\overset{\displaystyle CH_3}{H_2C=\overset{|}{C}-\overset{\cdot}{C}H_1-CH_2\sim\sim}}
$$

这些大分子自由基可以暂时稳定地储存起来,在后续加热硫化过程中,由于高温作用,自由基失去稳定性,参与硫化反应。

2. C＝C 键的活化

二烯类橡胶一条大分子链上有数千个 C＝C 键,当双键受到外界离子化作用时,双键的 π 电子对全部转移到一个碳原子上,这时一个碳原子带负电荷,另一个碳原子带正电荷,此时双键就能进行离子型加成反应;反之,当双键受到外界自由基化作用时,π 电子对的两个电子各自分别转移到双键的每一碳原子上,无电荷变化,双键成为双自由基,从而进行自由基加成反应:

$$
\underset{H\ H}{\overset{-\ +}{(C=C)}} \xleftrightarrow{\ ionic\ } \underset{H\ H}{(C=C)} \xleftrightarrow{\ radical\ } \underset{H\ H}{\overset{\cdot\ \cdot}{(C-C)}}
$$

因此,二烯类橡胶的 C＝C 是进行离子反应还是自由基加成反应,取决于参与硫化的外界物质对双键的活化作用。

3. α-亚甲基 C—H

长链的二烯类橡胶,由于双键的共轭效应,α-亚甲基上 C—H 键的反应活性得到了大大的提高。例如,聚异戊二烯分子链中各碳氢基团的自由基反应能力顺序以及各种 C—H 键的离解能如表 2-1 所示。

$$
\overset{\displaystyle \overset{c}{CH_3}}{-\overset{b}{CH_2}-\overset{|}{C}=\overset{a}{CH}-CH_2-}
$$

表 2-1　不同位置 C—H 键的自由基反应能力

碳氢基团	C—H 键能/(kJ·mol^{-1})	C—H 键断裂的相对容易程度
a	317	11
b	332	3
c	350	1

因此,NR 用硫黄硫化时,α-亚甲基处发生脱氢后与硫黄形成交联键。

2.2.2　硫黄的反应性

硫黄是以含 8 个硫原子的环状分子形式(S$_8$)稳定存在的,室温下不与橡胶反应,加热

情况下,硫黄环发生裂解,随着裂解条件不同,可以是均裂(自由基裂解)和异裂(离子型裂解)两种形式:

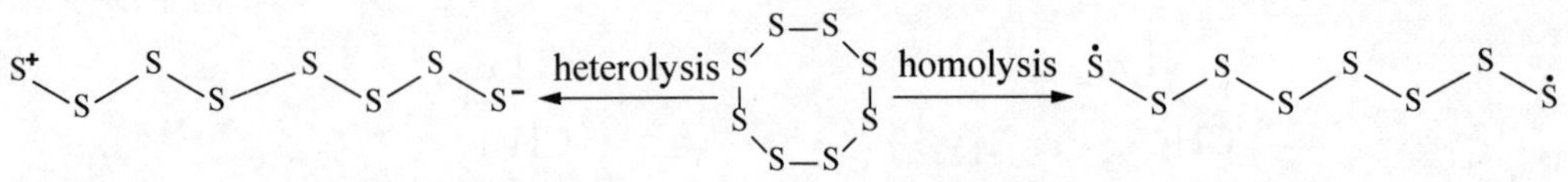

前面提到,二烯类橡胶的 C=C 进行离子反应或自由基加成反应是取决于外界物质对双键的活化的。因此,二烯类橡胶链与硫黄的相互作用,有可能是离子型的,也有可能是自由基型的,这要根据反应条件而定。需要指出的是,硫黄环均裂生成的活性双基分子,不太稳定,通常继续分裂为硫原子数目不同、数量较少的双基活性分子,如 $\cdot S{-}S_4{-}S\cdot$、$\cdot S{-}S_2{-}S\cdot$ 和 $\cdot S{-}S\cdot$ 等,也可以与其他硫黄分子相互作用,形成聚硫长链分子。对于橡胶而言,链较长的多硫双基的反应活性不高,只有当链上硫原子数减到 3~4 个时,与二烯烃的反应活性才能较大地增加。

2.2.3 橡胶与硫黄的硫化反应

由于 S_8 的裂解反应可以是均裂成自由基,也可以是异裂成离子,因此,二烯类橡胶与硫黄的反应机理中,主要是自由基反应、离子反应或自由基-离子混合反应机理。

1. 自由基反应机理

假设 S_8 经均裂形成硫黄自由基,该自由基使橡胶大分子链的 α-亚甲基上脱氢,在橡胶大分子链上形成碳自由基,接着橡胶大分子链自由基促使 S_8 分子开环,与橡胶键合成大分子烃硫自由基,进一步与橡胶大分子链反应形成交联网络,如图 2-1。

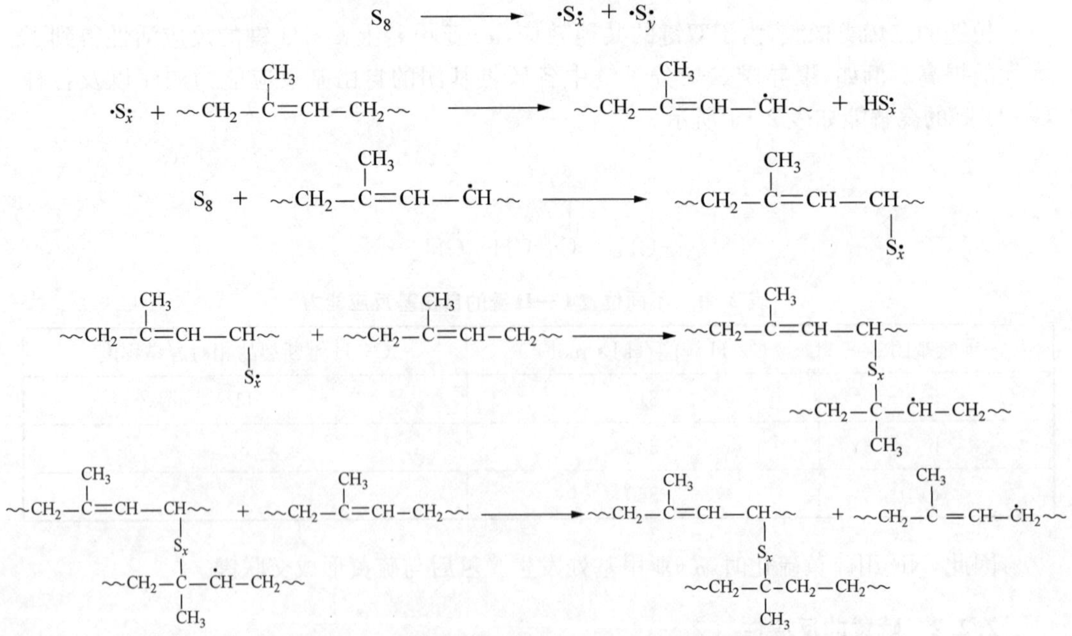

图 2-1 无促进剂下的硫黄自由基交联反应机理

当橡胶大分子链的 α-亚甲基上脱氢形成烯丙基碳自由基后,由于共振,自由基发生转移,如图 2-2 所示,在任何一个结构中,硫黄都能加成到自由基上,从而使双键发生转移,导致分子链单元出现顺-反异构。

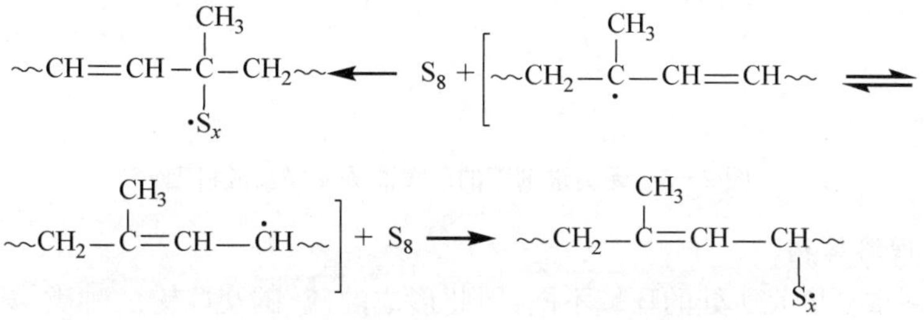

$$\sim CH=CH-\underset{\underset{\cdot S_x}{|}}{\overset{\overset{CH_3}{|}}{C}}-CH_2 \longleftarrow S_8 + \left[\sim CH_2-\underset{\cdot}{\overset{\overset{CH_3}{|}}{C}}-CH=CH\sim \rightleftharpoons \right.$$

$$\left. \sim CH_2-\overset{\overset{CH_3}{|}}{C}=CH-\overset{\cdot}{CH}\sim \right] + S_8 \longrightarrow \sim CH_2-\overset{\overset{CH_3}{|}}{C}=CH-\underset{\underset{\cdot S_x}{|}}{CH}\sim$$

图 2-2　自由基交联机理下分子链单元的顺-反异构

2. 离子反应机理

当 S_8 经异裂形成硫黄离子时,硫离子诱发双键形成异构化,即一个碳原子带负电荷,另一个碳原子带正电荷,此时硫黄离子与双键形成带电三元环,进而通过 α-亚甲基上的脱氢,电荷发生转移,形成新的橡胶大分子离子,并与 S_8 反应形成大分子烃硫离子,接着重复带电三元环的形成过程,从而形成交联网络,如图 2-3 所示。

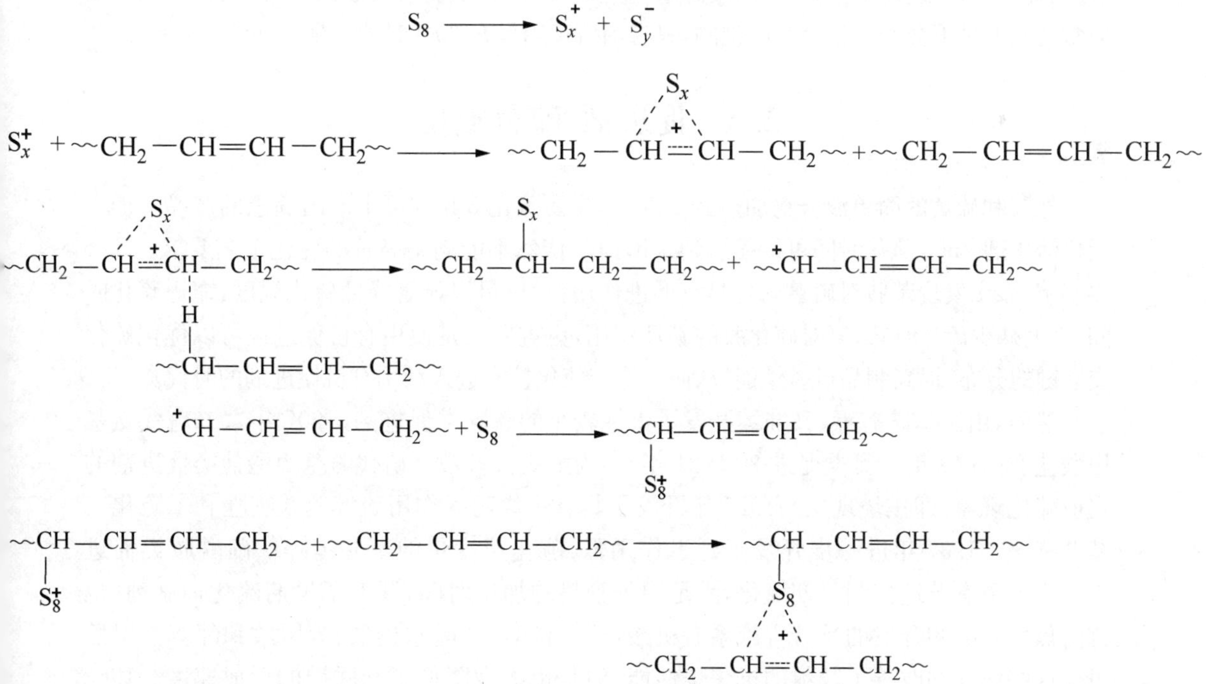

$$S_8 \longrightarrow S_x^+ + S_y^-$$

图 2-3

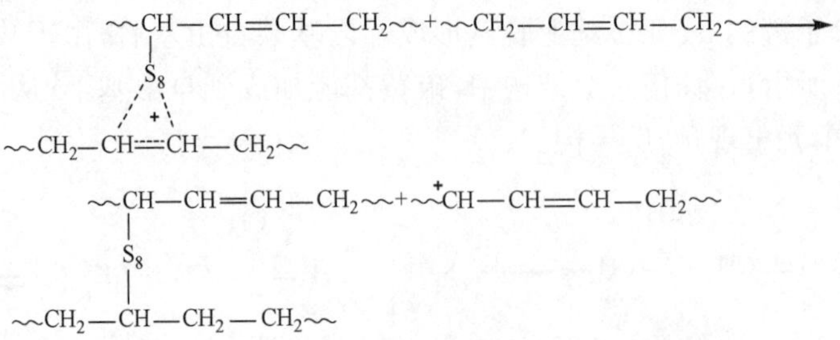

~CH—CH=CH—CH₂~ + ~CH₂—CH=CH—CH₂~ ⟶

    |
   S₈
   ⁺

~CH₂—CH==CH—CH₂~

~CH—CH=CH—CH₂~ + ⁺CH—CH=CH—CH₂~

    |
   S₈

~CH₂—CH—CH₂—CH₂~

图 2-3　无促进剂下的硫黄离子交联反应机理

3. 交联网络结构

由于不同重复单元所处的环境不同,因此形成的硫-碳交联键的种类、数量以及它们的分布都不同,甚至在硫化过程中会引起二烯类橡胶主链的改性,如顺式-反式链的异构化、共轭不饱和性和环硫结构,这都会对橡胶的性能造成影响。

有研究表明,纯硫黄的橡胶硫化主要在 α-亚甲基(D 型结构 ⌇⌇⌇)和 α-甲基(C 型结构 ⌇⌇⌇)上发生取代氢的反应;很少在双键上发生加成反应,只有在硫化反应后期多硫键进行交换重整、断裂降解后生成环形硫化物时,交联键才会键合到双键上。通常情况下是不会产生相邻交联键的,只有当硫黄用量在 30% 时才产生相邻的交联键。

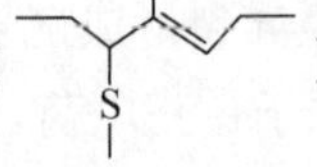

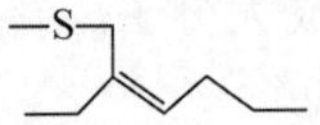

2.3　促进剂-硫黄硫化

橡胶和硫黄的简单混合物加热到 158 ℃,需要硫化 5 h 方可生产出满意的产品。加入无机活化剂 ZnO,硫化时间可以缩短至 1 h,但是依然不能满足高效的硫化工艺要求。1906年 Oenslager 发现苯胺对硫黄硫化具有促进作用,不仅可以显著降低硫化温度,缩短硫化时间,大大减少硫化时热、氧对硫化胶的破坏作用,更重要的是使用有机促进剂可以优化硫化交联键的分布,提高制品机械性能,从而使橡胶硫化技术进入利用有机促进剂的时代。

然而,由于苯胺有毒,又陆续开发了毒性较小的硫脲类促进剂(1907 年)、二硫代氨基甲酸盐类(1919 年)、胍类促进剂(1921 年)。为解决大多数二硫代氨基甲酸盐类促进剂的提前硫化现象(即焦烧现象),1925 年开发了具有焦烧延迟作用硫醇苯并噻唑和二硫化二苯并噻唑。1937 年进一步开发了延迟作用强、硫化速度快的苯并噻唑次磺酰胺类促进剂。为了更有效地抑制早期硫化,满足橡胶胶料的加工时间,开发了早期硫化抑制剂(也称防焦剂),最初开发的是芳香族系有机酸,即水杨酸、乙酰水杨酸、苯甲酸和邻苯二甲酸酐。这些添加剂改善了胶料的抗焦烧性能,但是也大大降低了交联键的形成速度。1968年开发了极为有效的防焦剂 N-(环己基硫代)邻苯二甲酰亚胺(CTP),该防焦剂只需少量使用,就可使胶料既能控制焦烧又能较快硫化。

促进剂能提高硫化速度,优化硫化分布,但是仅用促进剂还不能获得十分满意的结果。硫化活性剂可与硫黄和促进剂相互作用,进一步提高促进剂的功能。无机活性剂最主要的是氧化锌。此外,也可使用氧化铅、氧化镁和氧化钙等。有机活性剂有脂肪酸(硬脂酸、软脂酸、月桂酸等）、弱胺（二丁胺等）及二者的复合物、多元醇（乙二醇等）和氨基醇〔三乙醇胺、$N(C_2H_4OH)_3$〕等。

因此，促进剂-硫黄硫化体系应包括硫黄、促进剂、活性剂和防焦剂。本节主要介绍促进剂的种类和结构、促进剂与硫黄之间的相互作用及其对橡胶的硫化交联反应历程的影响。

2.3.1　促进剂的分类

1. 按促进剂的结构分类

自 Oenslager 发现苯胺以来，大量的促进剂被应用在橡胶工业中。根据其化学结构，促进剂可分为八大类，分别为噻唑类、次磺酰胺类、秋兰姆类、硫脲类、二硫代氨基甲酸盐类、醛胺类、黄原酸盐类和胍类八大类。

 延伸阅读：促进剂的分类及相应举例，请扫本章标题旁二维码浏览(P26)。

2. 按 pH 分类

促进剂又可以按酸碱性进行分类，凡本身为酸性或与硫化氢反应后生成酸性产物者，为酸性促进剂；本身为碱性或与硫化氢反应后的产物为碱性者，为碱性促进剂；两种条件下都显中性的为中性促进剂，分类如表 2-2 所示。

表 2-2　促进剂的酸碱性质

pH	缩写	促进剂
小于 7，酸性	A	噻唑类、秋兰姆类、二硫代氨基甲酸盐类、黄原酸盐类
大于 7，碱性	B	胍类、醛胺类
等于 7，中性	N	次磺酰胺类、硫脲类

3. 按促进速度分类

以促进剂 M 对 NR 的硫化速度为标准，凡是硫化速度快于 M 的，属于超速或超超速级，硫化速度等于或接近 M 的，属于准超速级，比 M 慢的，属于慢速或中速级，具体分类如表 2-3 所示。

表 2-3　不同促进剂相对于 M 的硫化速度

硫速代码	硫化速度	促进剂
1	慢速级促进剂	硫脲类、醛胺类的大部分
2	中速级促进剂	胍类
3	准速级促进剂	噻唑类、次磺酰胺类
4	超速级促进剂	秋兰姆类
5	超超速级促进剂	二硫代氨基甲酸盐类、黄原酸盐类

4. 按酸碱性＋速级分类

日本科学家 Yutaka 等提出以酸碱性(A、B、N)＋速级(1、2、3、4、5)的表示方法,将上面三种分类方法结合起来,更能全面地表征促进剂的特性。如 A3 为酸性准速级促进剂,典型的是 M、DM;B2 为碱性中速级促进剂,典型的是 D;A5 是酸性超超速级促进剂,典型的是 ZDMC、ZDC 等。

2.3.2　促进剂的并用

不同的促进剂具有不同的硫化效果,包括焦烧倾向、硫化速度和得到的硫化胶的性能都不一样。例如,促进剂 D:拉伸强度、定伸应力高,但硫化速率慢,平坦性差,耐热老化差。促进剂 TMTD:硫化速度快,硫化程度高,但加工安全性差,易焦烧和过硫。因此,为了改善胶料的加工工艺(如避免焦烧、防止喷霜、改善硫化平坦性)和提高硫化胶的性能,往往采用促进剂并用的手段,以收到取长补短或相互活化的效果,以适应工艺和提高产品质量。促进剂并用中,用量多的为主促进剂,其硫化特性在胶料的硫化过程中占据主导作用;副促进剂起辅助作用,用量少,一般为主促进剂量的 10%～40%,它与主促进剂相互活化,加快硫化速度,提高硫化胶的物理机械性能。常见的并用类型如下:

1. A/B 并用

A/B 并用,是酸性(A 型)促进剂(主促进剂)和碱性(B 型)促进剂(副促进剂)并用的一类促进剂并用体系。并用后,由于 A 型促进剂和 B 型促进剂的相互活化,因此促进效果比单独使用 A 型或 B 型都好。常用的 A/B 体系一般采用噻唑类作主促进剂,胍类(D)或醛胺类(H)作副促进剂。采用 A/B 并用体系制备相同力学强度的硫化胶时,能减少促进剂用量、降低硫化温度、缩短硫化时间。相对于单用体系,该并用体系能提高硫化胶的性能(拉伸、定伸、耐磨性),克服单独使用 D 时硫化胶老化性能差、制品易龟裂的缺点。现在最广泛使用的 A/B 并用体系为 DM/D 体系。

2. N/A 并用

N/A 并用,是中性(N 型)促进剂(主促进剂)和酸性(A 型)促进剂(副促进剂)并用的一类促进剂并用体系,利用 A 型促进剂对 N 型促进剂的活化效果,提高并用效果。常见的是以次磺酰胺为主促进剂,以秋兰姆(TMTD)为副促进剂来提高次磺酰胺的硫化活性,加快硫化速度。该体系的优点是硫化时间短、促进剂用量少、成本低、交联密度有所增加,压缩永久变形小;缺点是硫化平坦性差,焦烧时间变短,但是仍有较好的生产安全性。

3. A/A 并用

A/A 并用,是两类酸性促进剂并用的体系,两类 A 型促进剂相互抑制,改善焦烧性能,提高加工安全性。常见的 A/A 并用体系有二硫代氨基甲酸盐(ZDC)和噻唑(M)并用,并用后,虽然焦烧时间延长,但是原有的硫化速率不受影响,硫化胶拉伸强度、定伸应力有一定提高,具有较高的伸长率,胶料柔软。

2.3.3　促进剂化学

在促进剂与硫黄共存的体系中,这些促进剂会与分子硫黄形成活性多硫化合物 Ac—

S_x—Ac,其中 Ac 为促进剂分解得到的有机官能团,如 MBT 分解得到的为

。实际上,促进剂和硫黄反应形成多硫化物之前,首先要得到结构为

Ac—Ac 的化合物,以便于能与分子硫黄进一步反应。因此,接下来讨论促进剂在硫化过程中与分子硫黄的反应历程。

1. Ac—Ac 的形成

MBS 是橡胶工业中非常重要的促进剂,现以 MBS 为例,讨论由 MBS 形成 Ac—Ac 化合物的过程。

当加热 MBS(Bt—S—NR$_2$)时,温度为 140～180 ℃,促进剂中 S—N 键离解,析出游离胺(HNR$_2$)和 MBT(Bt—SH)。

MBS 进一步分解为 Bt—S· 和 ·NR$_2$,并与上式中得到的 Bt—SH 反应,生成 MBTS。

$$Bt—S—NR_2 \longrightarrow Bt—S· + ·NR_2$$

除了主要与 Bt—SH 反应形成 MBTS 外,少部分的 Bt—S·自由基还能与其他中间体发生交换反应,例如,Bt—S·与 Bt—S—S—Bt 进行交换,形成较高硫黄数量的 Bt—S$_x$·自由基。

$$Bt—S· + Bt—S—S—Bt \longrightarrow Bt—S—Bt + Bt—S—S·$$

$$Bt—S—S· + Bt—S—S—Bt \longrightarrow Bt—S—Bt + Bt—S—S—S·$$

Bt—S·自身也会反应得到 MBTS。

$$Bt—S· + Bt—S· \longrightarrow Bt—S—S—Bt$$

需要指出的是,此阶段生成的自由基中间体是比较稳定的,不与橡胶马上发生反应,因此,生成的中间体能扩散到 Bt—S—S—Bt 或 Bt—S$_x$·处,与之反应形成 Bt—S—Bt、Bt—S—S—Bt 或 Bt—S$_x$—Bt(MBTPs)。

2. MBTS 与硫黄的反应

如果体系中存在硫黄,MBS 形成的 MBTS 会捕捉硫黄,即硫黄插入到 MBTS 中,形成多硫 MBTPS(Bt—S$_x$—Bt,$x \geqslant 3$)。

$$Bt—S—S—Bt + S_8 \longrightarrow Bt—S—S_8—S—Bt$$

研究表明,上述反应过程中,硫黄 S_8 并不是整个直接嵌入 MBTS 中,而是顺次序嵌入。

$$Bt\text{—}S\text{—}S\text{—}Bt + S_x \longrightarrow Bt\text{—}S\text{—}S\text{—}S\text{—}Bt + S_{x-1}$$

$$Bt\text{—}S\text{—}S_y\text{—}S\text{—}Bt + S_x \longrightarrow Bt\text{—}S\text{—}S_{y+1}\text{—}S\text{—}Bt + S_{x-1}$$

MBS 硫化体系中,除了主要生成的 MBTS 外,在上述讨论中,我们还提到,体系中会形成部分的 $Bt\text{—}S\text{—}Bt$、$Bt\text{—}S\text{—}S\text{—}Bt$ 或 $Bt\text{—}S_x\text{—}Bt$,此外还有反应中间体 $Bt\text{—}S\cdot$ 自由基,这些也会与硫黄发生反应,形成顺次序嵌入的多硫化合物/自由基,例如,$Bt\text{—}S\cdot$ 自由基可能与硫黄进行反应形成长度较长的自由基。

$$Bt\text{—}S\cdot + S_8 \longrightarrow Bt\text{—}S\text{—}S_8\cdot$$

3. 促进剂多硫化合物的交换反应

当硫黄嵌入到 MBTS 中形成 MBTPS 后,由于 MBTS 中的 C—S 键是惰性的,而 S—S 键是十分活泼的,因此硫黄在 MBTPS 之间会发生交换反应。

$$Bt\text{—}S\text{—}S_y\text{—}S\text{—}Bt + Bt\text{—}S\text{—}S_x\text{—}S\text{—}Bt \longrightarrow Bt\text{—}S\text{—}S\text{—}Bt + Bt\text{—}S\text{—}S_{y+x}\text{—}S\text{—}Bt$$

经过交换后,MBTPS 中 S 的长度形成一定的分布,最终控制橡胶交联键的长度分布,从而形成性能迥异的橡胶硫化胶。

4. ZnO 的作用

当硫化体系中存在氧化锌时,随着硬脂酸浓度的提高,体系中的锌离子浓度逐渐提高,这使得促进剂与硫黄之间的反应更加容易,即提高了硫化的前期反应速度:

其中,$I\text{—}S_y^-$ 是呈离子型长链硫。

不仅如此,Zn^{2+} 还会与 MBTPS 结合,形成络合促进剂-多硫化合物,例如,

$$Bt\text{—}\overset{\delta^+}{S_x}\text{—}\overset{\delta^-}{S}\text{—}Zn\text{—}\overset{\delta^-}{S}\text{—}\overset{\delta^+}{S_y}\text{—}Bt$$

进一步增加多硫化合物中硫黄与橡胶的亲核能力。

2.3.4 硫化化学

硫化交联反应包括三个部分,交联键前驱体的形成、交联键前驱体转化成交联键以及焦烧延迟。

1. 交联键前驱体的形成

促进剂-多硫化合物会与橡胶分子链发生反应,形成交联键前驱体,该前驱体为含有促进剂端多硫悬挂基团的橡胶分子链,其结构为 R—S_x—S—Bt,R 为橡胶分子链。

在形成前驱体过程中,如果体系中不存在 ZnO,则该前驱体是由八元环转化而成的,这是因为大部分促进剂都含有氢核受体点,容易与橡胶上的双键和烯丙基上的氢发生转化反应。例如,对苯并噻唑促进剂,其与橡胶分子链的反应机理如下:

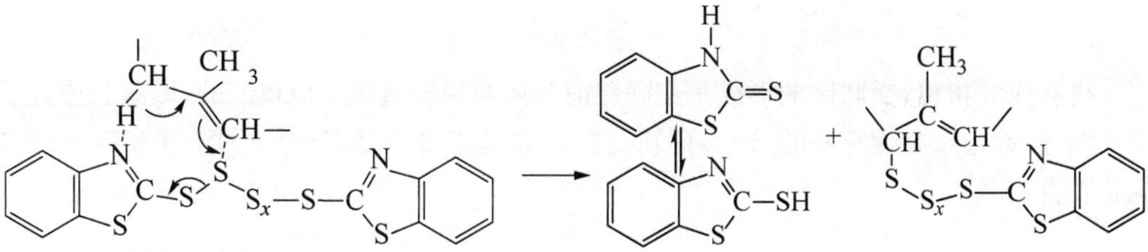

当体系中存在 ZnO 时,Zn^{2+} 会与部分促进剂-多硫化合物形成络合促进剂-多硫化合物。

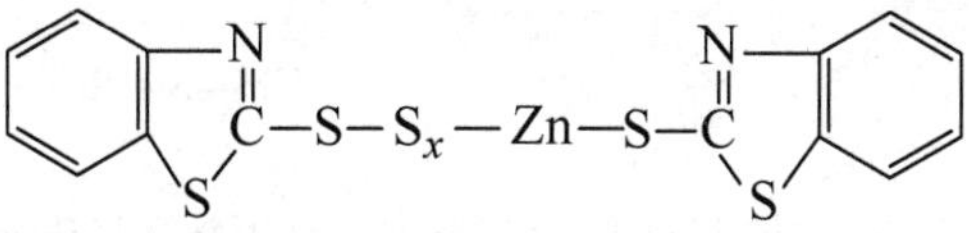

交联键前驱体则是由六元环转化而成。

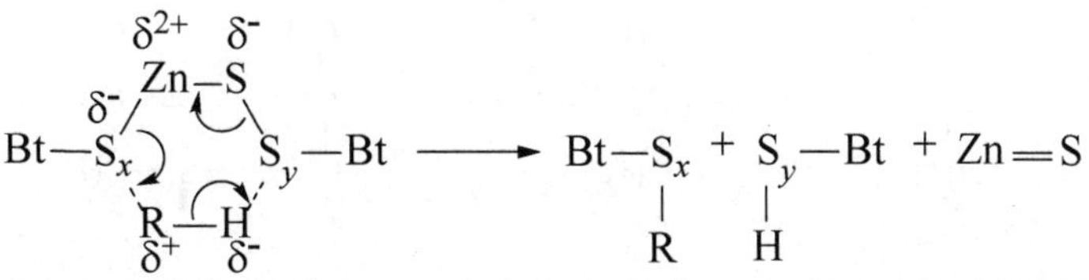

反应中,过硫化物 Bt—$S_x^{\delta-}$ 经由 SN_2 机理结合在橡胶的一个烯丙基点上,因此,接在端点上的 Bt—$S_y^{\delta+}$ 与 H 形成 Bt—S_yH,Zn 作为 ZnS 释放。由于 Zn^{2+} 的存在,多硫化合物的络合物中硫黄亲核能力增加,前驱体的形成速度加快,生成的 Bt—S_yH 再度与其他的 Bt—S_xH 复合形成促进剂-多硫化合物。

总之,交联键前驱体是由 Bt—S—S_x—S—Bt 和 Bt—S—Zn—S_x—S—Bt 两物质形成,前驱体的形成是促进硫黄硫化的关键阶段。

2. 交联键的形成

交联键前驱体是高活性的,这使得直接观测它的反应机理比较困难,因此,针对交联键前驱体转化为交联键的过程,学术界存在不同的看法。

有研究认为交联键的形成是根据前驱体部分在 Bt—S_x^- 作用下实现 S—S 键交换,从而形成交联键,具体反应如下:

$$R—S_x—S—Bt + Bt—S^- \longrightarrow R—S_z^- + Bt—S_{x+2-z}—Bt$$

$$R—S_z^- + R—S_x—S—Bt \longrightarrow R—S_z—R + Bt—S_{x+1}^-$$

当存在 Zn^{2+} 时,交联键也可以通过橡胶结合的悬挂基和含 Zn^{2+} 的促进剂络合物进行交换反应形成,进而与另一橡胶分子反应,反应如下:

$$R-S_x-S-Bt + Bt-S-S_x-Zn-S_y-S-Bt \longrightarrow R-S_x-Zn-S_x-S-Bt + Bt-S-S_y-S-Bt$$

$$
\begin{array}{c}
\overset{\delta^{2+}}{Zn}-\overset{\delta^-}{S} \\
R-\overset{\delta^-}{S_x} \qquad S_x-Bt \\
R-H \\
\delta^+ \quad \delta^-
\end{array}
\longrightarrow R-S_x-R + ZnS + H-S_x-Bt
$$

也有研究指出,交联键的形成是交联键前驱体与橡胶直接反应得到的,即前驱体分子中的弱键(邻近苯并噻唑基的 S—S 键)断裂,形成过硫自由基 $R-S_x\cdot$ 和苯并噻唑端基多硫化物自由基 $Bt-S\cdot$。

生成的过硫自由基 $R-S_x\cdot$ 与邻近异戊二烯链上的烯丙基碳反应,形成交联键。

另一个生成物,苯并噻唑端基硫化物自由基 $Bt-S\cdot$ 能进行各种反应,与自由基再化合产生 $Bt-S-S_x-S-Bt$,也能和橡胶链上的烯丙基碳反应,形成含有促进剂端悬挂基团的橡胶分子链。

由于体系中缺乏 S—S 键这样的弱键合,因此上述橡胶分子链与其他交联键中间体交换的能力显著下降,不再是交联键前驱体。

当体系中存在 Zn^{2+} 时,由于 Zn^{2+} 的螯合作用,能稳定其他 S—S,因此使得许多 S—S 键的断裂存在可能,即生成的苯并噻唑端基硫化物自由基是一个多硫化合物。

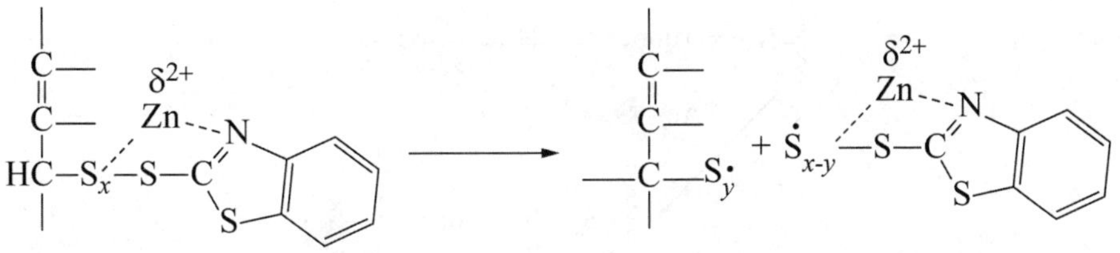

这个多硫化合物依然保持着良好的反应活性,能与橡胶分子链形成新的交联键前驱体。

交联键形成的另一种可能是 $R—S_x·$ 自由基之间反应。

$$R—S_x· + R—S_y· \longrightarrow R—S_{x+y}—R$$

虽然此反应在化学上是合理的,但是这些大分子活性有限,因此这个反应路线对交联的贡献较小。

上述所有反应过程中形成的过硫自由基 $R—S_x·$ 也可能与该碳骨架链上烯丙基碳反应形成如下的环:

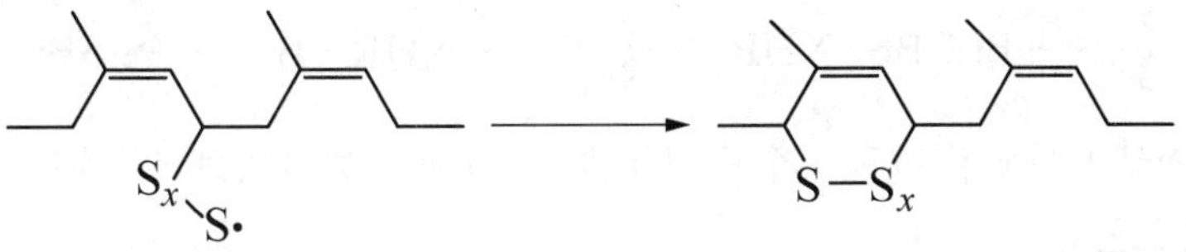

同样,过硫自由基 $R—S_x·$ 也可能进行硫黄的嵌入反应,得到的过硫自由基继续下一步的成键反应。

$$R—S_x· + S_8 \longrightarrow R—S_{x+8}·$$

总之,交联键最可能的形成过程是交联键前驱体与邻近橡胶链中烯丙基碳经由过硫自由基中间体而形成。

3. 延迟焦烧

焦烧是指橡胶在硫化之前,由于受各种加工工序,如混炼、压延和挤出等的影响而发生提前硫化的现象。在工业生产中,要尽可能避免橡胶的提前硫化。所谓的延迟焦烧就是延迟橡胶的硫化反应,使得胶料有足够的时间进行各道工序,也称为延迟硫化。焦烧延迟由两种因素所致,一是促进剂的热稳定性,二是和促进剂-多硫化合物与其他反应中间体之间的交替交换反应有关。研究表明,后者是形成焦烧延迟作用的主要原因,因此这里主要介绍后一种因素。

如果交联键是通过自由基形成的,那延迟反应可能是过硫自由基被促进剂-多硫化合物 Bt—S—S_x—S—Bt 和/或 Bt—S—Zn—S_x—S—Bt 抑制所造成的,即当形成交联键之前,聚合物过硫自由基 $R—S_x·$ 与促进剂多硫化合物发生交换反应,过硫自由基被快速抑制,造成交联键的形成延迟,反应如下:

$$\xi\text{—}S_x\cdot + rubber \xrightarrow{K_c} \xi\text{—}S_x\text{—}\xi$$

$$Ac\text{—}S_x\text{—}S_y\text{—}Ac$$

$$K_Q \downarrow$$

$$\xi\text{—}S_x\text{—}S_y\text{—}Ac + Ac\text{—}S_x\cdot$$

$$2Ac\text{—}S_x\cdot \longrightarrow Ac\text{—}S_x\text{—}S_x\text{—}Ac$$

$$(rubber) \searrow$$

$$\xi\text{—}S_x\text{—}S_y\text{—}Ac + Ac\text{—}SH$$

$$K_Q \gg K_c$$

也有研究认为,不同的交换反应是延迟焦烧的主要原因。当体系中含有端胺基的促进剂时,如 CBS,促进剂与 Bt—S_x—R 端悬挂基团之间交换反应形成胺端悬挂基(RHN—)。胺端悬挂基也可以参与各种反应,最后形成交联键,但是它的反应活性比 Bt—S_x 端悬挂基低,因此产生延迟作用。

$$\xi\text{—}S_x\text{—}Bt + Bt\text{—}NHR \longrightarrow \xi\text{—}S_{x-2}\text{—}NHR + Bt\text{—}S\text{—}S\text{—}Bt$$

总之,焦烧延迟是硫化过程一个重要特性,而且对其基本机理的了解有助于控制橡胶的加工及硫化工艺。

2.3.5 交联后硫化化学

硫化最后形成的直链和交联硫键通常是带有高硫含量的多硫化物,由于长的 S—S 键较弱,在持续的硫化温度作用下,它能进行如下两个竞争性反应:(1)直链和交联硫键脱硫。它包括多硫直链和交联键重排为更稳定的单硫和二硫化直链以及交联硫键,从网上脱落的硫黄可形成新的直链和交联硫键。(2)多硫交联键降解为环硫化物、惰性侧挂基或形成新的硫化键。通常可以用图 2-4 表示交联后硫化过程的结构变化。

实际上,在使用条件下(低温环境),硫化胶也会发生后硫化反应,尽管这个后硫化反应的速度比较慢。但是,从工程设计的角度来看,后硫化反应的速度和程度都最终影响着硫化胶的使用寿命,是橡胶硫化中的重要反应。因此,为了更精确地模拟工程硫化胶的寿命,需要更详尽地了解网络结构的形成和降解,以期得到最佳的硫化网络结构。

2.3.6 硫黄-促进剂硫化体系

前文讲到促进剂在硫化加热时会形成 Ac—Ac 化合物,硫黄 S_8 顺次序嵌入 Ac—Ac 化合物中,形成活性多硫化合物 Ac—S_x—Ac。当改变硫黄和促进剂的配比时,得到的活性多硫化合物 Ac—S_x—Ac 中,x 的数值差异化较大,导致硫化网络中交联键上的 S 个数不一致,硫化胶的性能出现明显差异。因此,根据硫黄和促进剂配比的不同,可以把促进剂-硫黄硫化体系分为普通硫黄硫化体系、有效硫化体系、半有效硫化体系和平衡硫化体系。

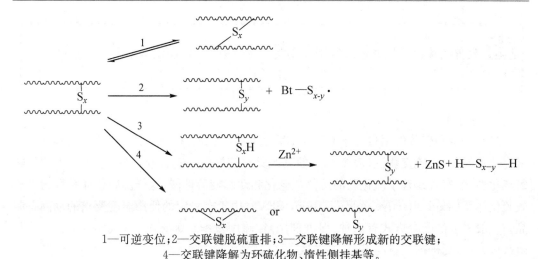

1—可逆变位；2—交联键脱硫重排；3—交联键降解形成新的交联键；
4—交联键降解为环硫化物、惰性侧挂基等。

图 2-4　后硫化过程中多硫键进行的竞争性反应过程

1. 普通硫黄硫化体系

普通硫黄硫化体系（conventional vulcanization，CV）是指二烯类橡胶中硫黄用量在通常范围的硫化体系，该体系可制得软质高弹性硫化胶。由于各种橡胶的结构如不饱和度、成分的不同，使得 CV 体系中硫黄的用量、促进剂的品种和用量都有差异。对 NR 的普通硫黄硫化体系，一般促进剂的用量为 0.5～0.6 份，硫黄用量为 2.5 份。NR 的不饱和度高，组成中的非橡胶成分对硫化有促进作用，因此促进剂用量少，硫化速度快。对不饱和度极低的 IIR、EPDM 等，需要并用高效快速的促进剂如 TMTD、TRA、ZDC 等作主促进剂，噻唑类为副促进剂。

 延伸阅读：各种橡胶的 CV 体系，请扫本章末尾二维码浏览（P49）。

由于硫黄的量较多，因此交联键形成过程中，活性中间体中 S 的含量较高，得到的硫化胶网络中 70% 以上是多硫交联键（—S_x—），硫化胶具有良好的初始疲劳性能，室温条件下具有优良的动静态性能。由于—S—S—键能比—S—C—低，因此硫化胶的最大缺点是不耐热氧老化，硫化胶不能在较高温度下长期使用。

2. 有效硫化体系

因为普通硫黄硫化体系得到的硫化胶网络中多数是多硫交联键，因此硫黄在硫化反应中的交联效率低。当增加促进剂的用量（3～5 份）、降低硫黄用量（0.3～0.5 份）时或者直接采用硫载体（1.5～2 份 TMTD 或 DTDM）时，交联键在形成过程中，活性中间体中 S 的含量较低，得到的硫化胶网络中单硫交联键和二硫交联键较多（90% 以上），硫黄在硫化反应中的交联效率高，称为有效硫化体系（effective vulcanization，EV）。硫化网络的变化，会改变硫化胶的性能，如硫化胶的抗热氧老化性能得到提高，但是起始动态疲劳性能变差。该体系常用于高温静态制品如密封制品、高温快速硫化体系。

延伸阅读:硫/促进剂比例(S/CZ)对疲劳寿命影响,请扫本章末尾二维码浏览(P49)。

3. 半有效硫化体系

当促进剂和硫黄的用量介于 CV 和 EV 之间时,得到的硫化胶既具有适量的多硫键,又有适量的单、二硫交联键(表 2-4),使其既具有较好的动态性能,又有中等程度的耐热氧老化性能,有效改善了硫化胶的抗热氧老化和动态疲劳性能,这样的硫化体系称为半有效硫化体系(semi effective vulcanization,SEV),用于有一定的使用温度要求的动静态制品。一般采取的配合方式有两种:促进剂用量/硫用量≈1.0/1.0=1(或稍大于 1);硫与硫载体并用,促进剂用量与 SEV 中一致。

表 2-4 NR 硫化网络结构与硫化体系的关系

交联结构	CV	SEV	EV
	硫 2.5 份 NS 0.5 份	硫 1.5 份 NS 0.5 份 DTDM 0.5 份	TMTD 1.0 份 NS 1.0 份 DTDM 1.0 份
交联密度$(2M_c)^{-1}/\times10^5$	5.84	5.62	4.13
单硫交联键/%	0	0	38.5
二硫交联键/%	20	26	51.5
多硫交联键/%	80	74	9.7

4. 平衡硫化体系

不饱和二烯类橡胶,如 NR,在 CV 硫化体系后期,由于持续的高温作用,多硫交联键容易降解为环硫化物、惰性侧挂基,产生严重的硫化返原现象,具体表现为交联密度急剧下降(图 2-5 曲线 2),导致产品的动态性能急剧下降,影响制品的使用寿命。

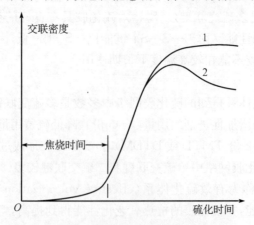

1—正常曲线;2—硫化返原曲线。

图 2-5 硫化时间-交联密度曲线

为了克服该缺点,1977 年,S. Woff 用 Si69[双(三乙氧基甲硅烷基丙基)]四硫化物在与硫黄、促进剂等摩尔比的条件下使硫化胶的交联密度处于动态常量状态,把硫化返原降低到最低程度或消除硫化返原现象,这种硫化体系称为平衡硫化体系(equilibrium cure, EC)。该体系在较长的硫化周期内,硫化的平坦性较好,交联密度基本维持稳定(图 2 - 5 曲线 1),具有优良的耐热老化性和耐疲劳性,特别适合大型、厚制品的硫化。

Si69 是作为硫给予体参与橡胶的硫化反应,所形成的交联键的化学结构与促进剂的类型有关,在 NR/Si69/CZ(DM)硫化体系中,主要生成二硫和多硫交联键;在 NR/Si69/TMTD 体系中则主要生成单硫交联键。因为有 Si69 的硫化体系的交联速率常数比相应的硫黄硫化体系的低,所以 Si69 达到正硫化的速度比硫黄硫化慢,因此在 S/Si69/促进剂等摩尔比组合的硫化体系中,由于硫的硫化返原而导致的交联密度的下降可以由 Si69 生成的新的多硫或二硫交联键补偿,从而使交联密度在硫化过程中保持不变,保证硫化胶的物性处于稳定状态。

为改善 NR 硫化返原的缺点,除 Si69 外,橡胶工业还使用其他抗硫化返原剂,如环己烷- 1,6 -二硫代硫酸钠二水合化合物(Duralink HTS)、1,3 -双(柠糠酰亚胺甲基)苯(Perkalink - 900)、N,N′-间亚苯基双马来酰亚胺(HVA - 2)及 1,6 -双(N,N′-二苯并噻唑氨基甲酰二硫)己烷(Vulcuren KA - 9188)等。

2.4　酚类化合物、苯醌衍生物和双马来酰亚胺硫化

除了能用硫黄来硫化,部分二烯类橡胶,如 NR、SBR 和 BR 也能在酚类化合物的作用下进行硫化交联。通常酚类化合物会首先形成亚甲基醌,进而与二烯类橡胶发生交联。

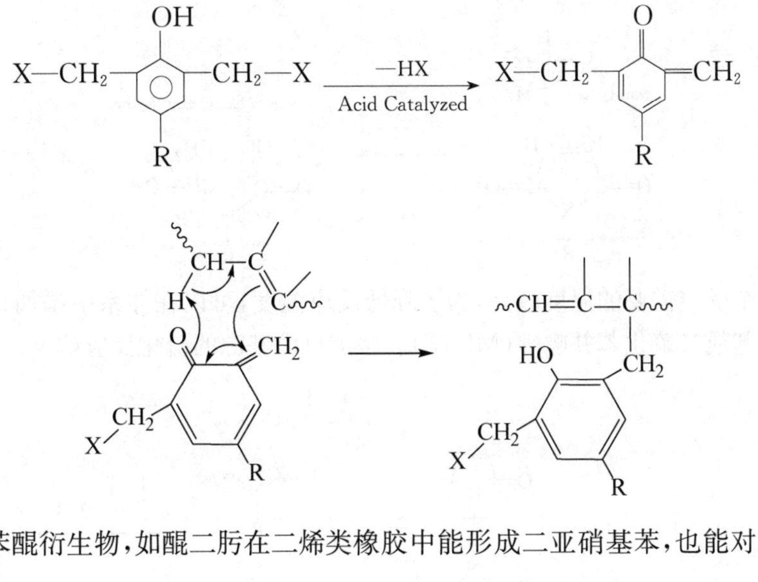

同样,苯醌衍生物,如醌二肟在二烯类橡胶中能形成二亚硝基苯,也能对二烯类橡胶进行硫化。

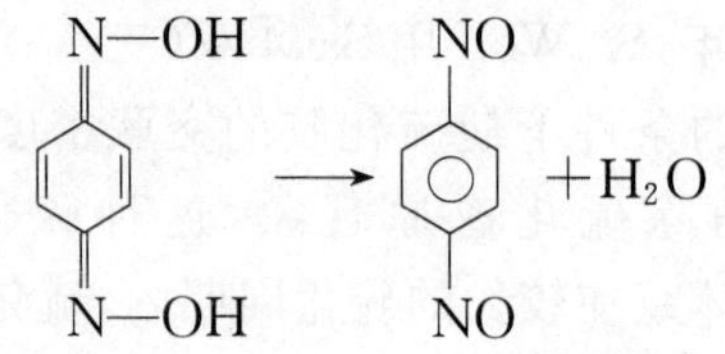

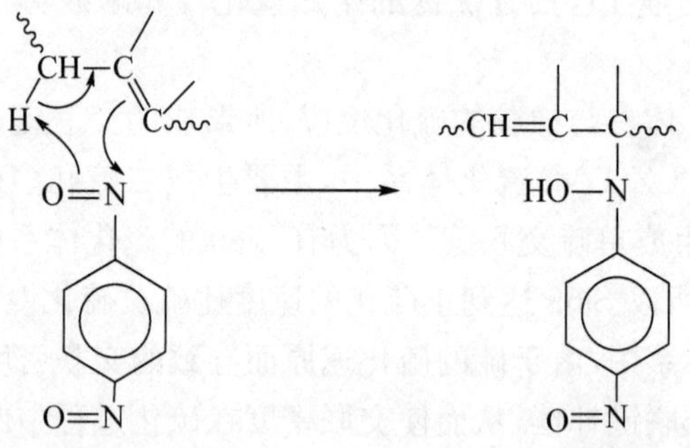

从上述两类硫化剂的硫化过程来看,要实现硫化交联,橡胶分子必须要含有烯丙基氢原子,使得硫化反应物质能够在适当的空间内接受氢核和接收电子,从而发生如下重排(此处 A 是氢核受体,B 是电子受体点):

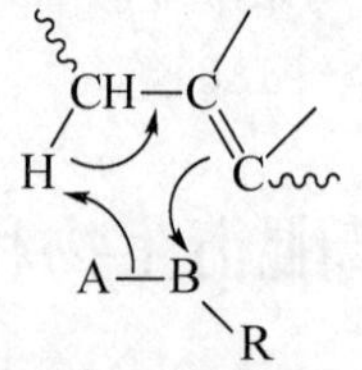

还有一类硫化剂——间-亚苯基双马来酰亚胺,也是针对高二烯类橡胶的。与酚类化合物和苯醌衍生物相似,马来酰亚胺与橡胶的反应为:

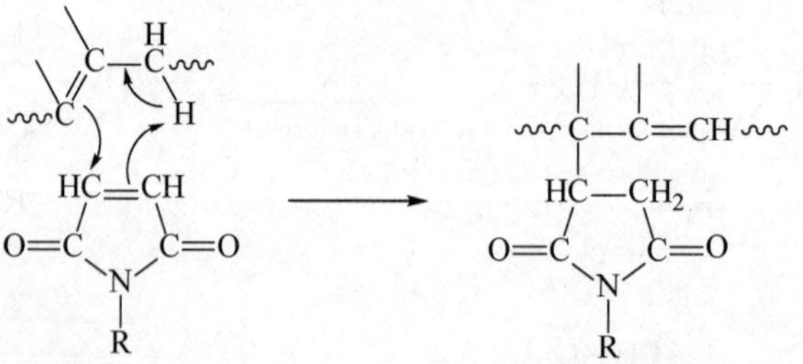

但是这个反应需要的温度较高,为了降低反应温度,可以在体系中添加自由基源,如过氧化二枯基或二硫化苯并噻唑(MBTS)。添加自由基源的硫化反应如下:

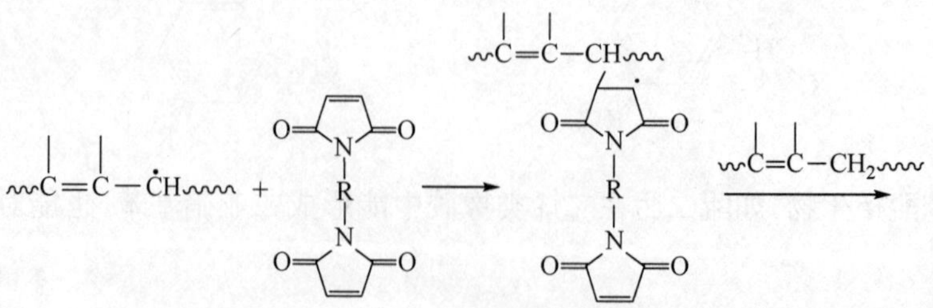

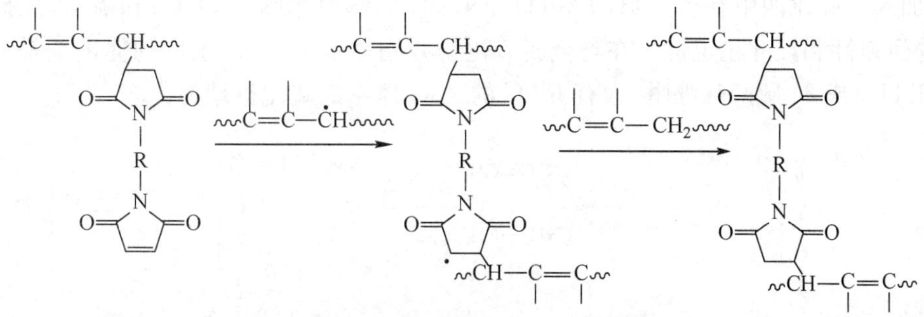

基于这三类硫化剂硫化得到的硫化胶具有较高的热稳定性,适用于热稳定性要求较高的场合。

2.5 金属氧化物硫化

金属氧化物也可以作为橡胶的硫化剂,不过只能应用在氯丁橡胶和卤化丁基橡胶体系中。以氯丁橡胶为例,其结构为:

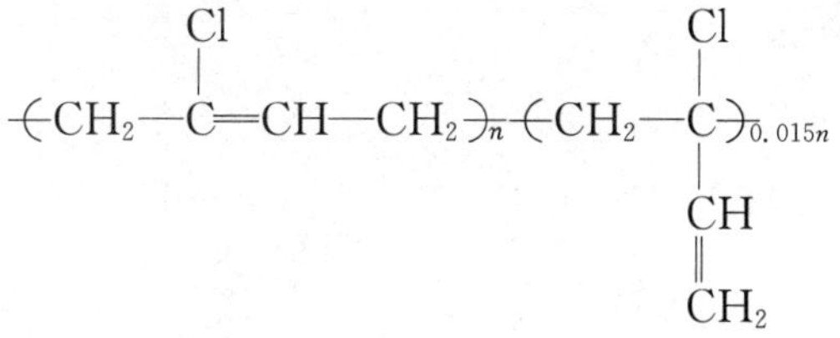

氯丁橡胶在 ZnO 存在时的硫化机理为:

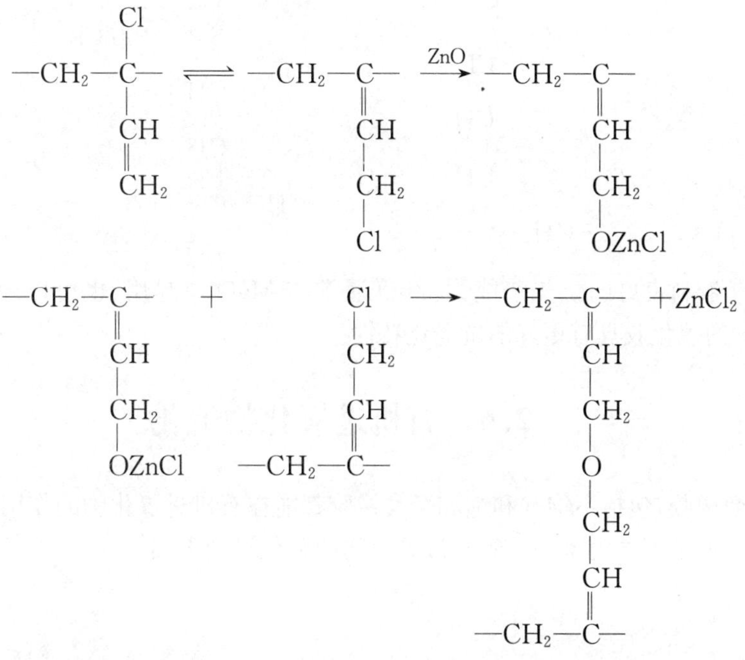

在氯丁橡胶体系中,可以进一步添加促进剂,以提高硫化速度,改善硫化胶的性能。

例如,加入二硫化四甲基秋兰姆(TMTD)、N,N′-二邻甲苯胍(DBOG)和硫黄,能提高硫化胶的回弹性和尺寸稳定性。在与金属氧化物并用体系中,应用最广的促进剂是亚甲基硫脲(ETU)或 2-硫醇咪唑啉,含有 ETU 的 ZnO 体系的硫化机理为:

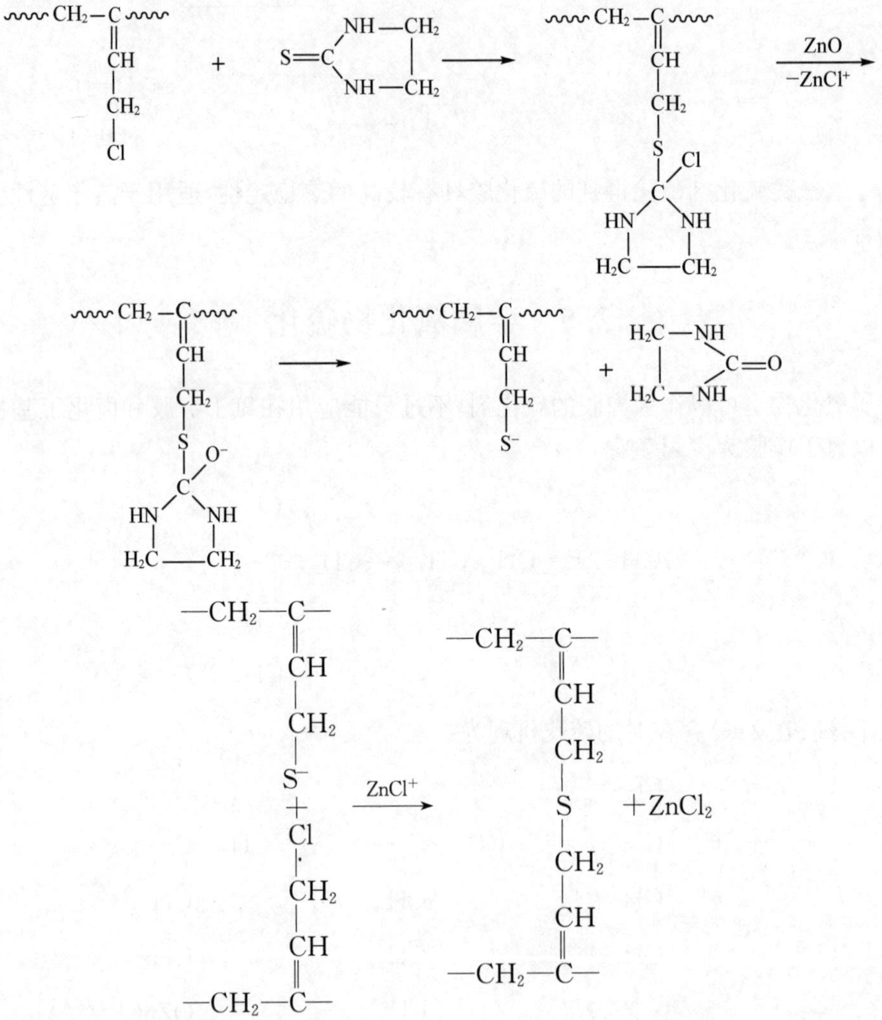

$$\sim CH_2-C\sim,\ CH,\ CH_2,\ Cl \quad + \quad S=C \overset{NH-CH_2}{\underset{NH-CH_2}{}} \quad \longrightarrow \quad \sim CH_2-C\sim \ (S-C,\ Cl,\ HN\ NH,\ H_2C-CH_2) \quad \xrightarrow[-ZnCl^+]{ZnO}$$

$$\sim CH_2-C\sim\ (CH,\ CH_2,\ S-C,\ O^-,\ HN\ NH,\ H_2C-CH_2) \quad \longrightarrow \quad \sim CH_2-C\sim\ (CH,\ CH_2,\ S^-) \quad + \quad (H_2C-NH,\ C=O,\ H_2C-NH)$$

$$[\text{structure with } S^-,\ \overset{+}{Cl}] \quad \xrightarrow{ZnCl^+} \quad [\text{structure with } S] \quad + ZnCl_2$$

为赋予胶料良好的抗焦烧能力,ZnO 通常与 MgO 一起用,也可以用硬脂酸钙取代 MgO,得到的硫化胶具有更好的抗老化特性。

2.6　有机过氧化物硫化

大多数橡胶,包括不饱和和饱和烃类橡胶都能在有机过氧化物的作用下硫化,除了丁基橡胶外。但是不同类型的橡胶与过氧化物的硫化机理不同。

2.6.1　不饱和烃类弹性体

过氧化物引发硫化的最初步骤是过氧化物解聚成自由基。

$$R\text{—}R \longrightarrow 2R\cdot$$
$$过氧化物$$

此处 R 是烷氧基或酰氧基,决定于所用过氧化物的类型。如果橡胶分子链上存在烯丙基氢,则自由基会从烯丙基位置夺取氢或者使双键打开,过氧化物衍生基加成到聚合物分子链上,如下:

$$\dot{R} + \sim CH_2\text{—}\overset{|}{C}=\overset{|}{C}\sim \longrightarrow \sim\dot{C}H\text{—}\overset{|}{C}=\overset{|}{C}\sim + RH$$

$$\dot{R} + \sim CH_2\text{—}\overset{|}{C}=\overset{|}{C}\sim \longrightarrow \sim CH_2\text{—}\overset{|}{\underset{R}{C}}\text{—}\overset{|}{\dot{C}}\sim$$

对于像聚异戊二烯一类的橡胶,由于 α-碳上具有侧甲基,限制了自由基对双键的加成反应。因此在这类橡胶体系中,烯丙基位置被夺去氢的反应占有优势,因此形成的大分子自由基主要是 $\sim\dot{C}H\text{—}\overset{|}{C}=\overset{|}{C}\sim$,该自由基能进一步发生以下反应:

(1) 二聚合物自由基结合为交联键

$$2\sim\dot{C}H\text{—}\overset{|}{C}=\overset{|}{C}\sim \longrightarrow \begin{array}{l}\sim CH\text{—}\overset{|}{C}=\overset{|}{C}\sim \\ \sim CH\text{—}\overset{|}{C}=\overset{|}{C}\sim\end{array}$$

(2) 聚合物自由基加成到大分子双键上,形成交联键

$$\sim\dot{C}H\text{—}\overset{|}{C}=\overset{|}{C}\sim + \sim CH_2\text{—}\overset{|}{C}=\overset{|}{C}\sim \longrightarrow \begin{array}{l}\sim CH\text{—}\overset{|}{C}=\overset{|}{C}\sim \\ \sim\overset{|}{C}\text{—}\overset{|}{\dot{C}}\text{—}CH_2\sim\end{array}$$

$$\sim CH_2\text{—}\overset{|}{C}=\overset{|}{C}\sim + \begin{array}{l}\sim CH\text{—}\overset{|}{C}=\overset{|}{C}\sim \\ \sim\overset{|}{C}\text{—}\overset{|}{\dot{C}}\text{—}CH_2\sim\end{array} \longrightarrow \sim\dot{C}H\text{—}\overset{|}{C}=\overset{|}{C}\sim + \begin{array}{l}\sim CH\text{—}\overset{|}{C}=\overset{|}{C}\sim \\ \sim\overset{|}{C}\text{—}CH\text{—}CH_2\sim\end{array}$$

而像 SBR 和 BR 这两类 α-碳上没有侧基结构的橡胶,交联反应可以通过自由基夺取烯丙基上的氢和双键的加成反应。在这两种体系中,自由基没有损失,一直重复,直到引进基团发生偶联而终止。因此,不同结构的橡胶对过氧化物的交联效率有显著的影响。实验证明,过氧化物体系中,NR 的交联效率约为 1.0,SBR 为 12,BR 为 10.5,NBR 略小于 1.0,CR 为 0.5,IIR 为 0。

2.6.2　饱和烃弹性体

饱和烃聚合物也能在有机过氧化物作用下交联,例如 PE 的交联反应:

$$过氧化物\longrightarrow 2R\cdot$$

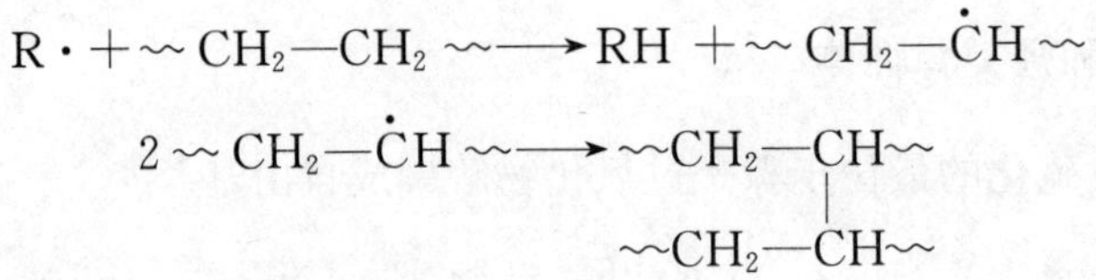

$$R \cdot + \sim CH_2 - CH_2 \sim \longrightarrow RH + \sim CH_2 - \overset{\cdot}{C}H \sim$$

$$2 \sim CH_2 - \overset{\cdot}{C}H \longrightarrow \sim CH_2 - \underset{\underset{\sim CH_2 - CH \sim}{|}}{CH} \sim$$

然而,支化的聚合物会引起其他反应:

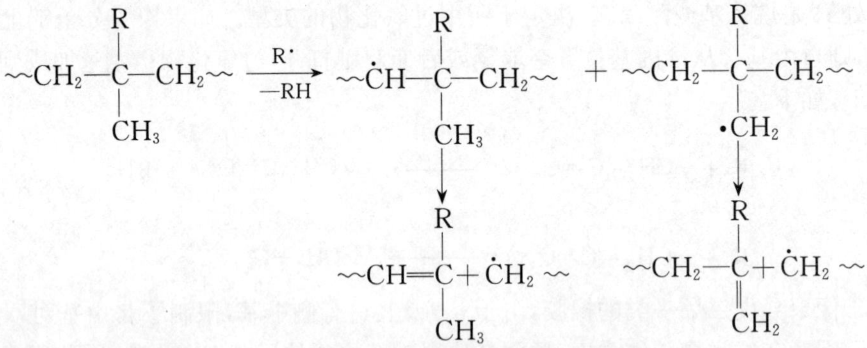

当发生上述反应时,自由基已经耗尽,但是聚合物链之间没有形成交联,聚合物平均分子量甚至因断裂而下降。因此,支化的存在会导致交联效率降低。

硫黄或其他活性助剂可以用来抑制聚合物分子链的断裂,例如间-亚苯基二马来酰亚胺、高-1,2(高乙烯基)BR、三烯丙基三聚氰酸酯、二烯丙基邻苯二甲酸酯和乙烯二丙烯酸酯等,它们的作用机理如下:当 $k_c \geqslant k_s$ 时,能抑制聚合物分子链的断裂。

$$k_c \geqslant k_s$$

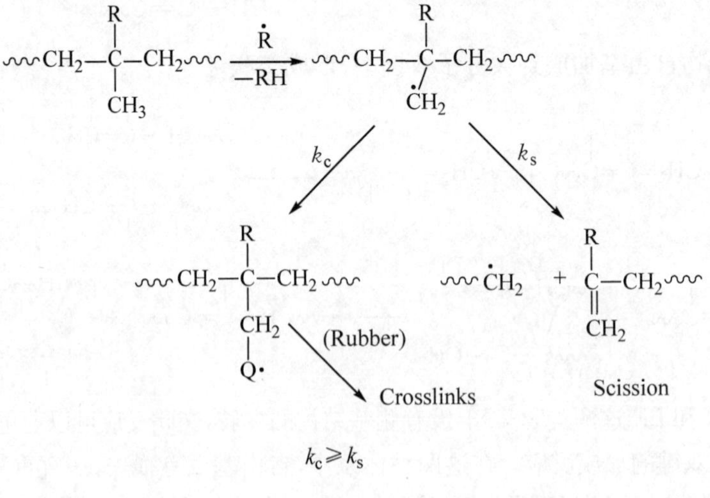

2.6.3 硅橡胶

硅橡胶的结构为:

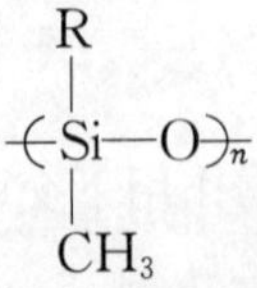

R 可以是甲基、苯基、乙烯基、三氟代丙基或 2-氰乙基。含己烯基硅橡胶可用二烷基过氧化物,如过氧化二异丙苯(DCP)硫化,饱和硅橡胶需采用二酰基过氧化物,如双-(2,4-二氯代苯甲酰基)过氧化物。饱和硅橡胶的硫化机理是硫化剂解聚产生的低分子量自由基夺取硅橡胶侧基上的氢,形成聚合物自由基,聚合物基之间偶联,从而形成交联键。由于聚合物自由基与过氧化物硫化剂解聚产生的低分子量自由基偶合使过氧化物产生消耗,因此通常在硅橡胶中引入乙烯基侧基,改善硅橡胶的交联效率。

硅橡胶的硫化经常分两步完成,在模型中初步硫化后,在空气中高温(即 180 ℃)硫化,以除去能催化硫化胶水解的酸性物质。当然,高温也能促使硅橡胶形成下列形式的额外交联键:

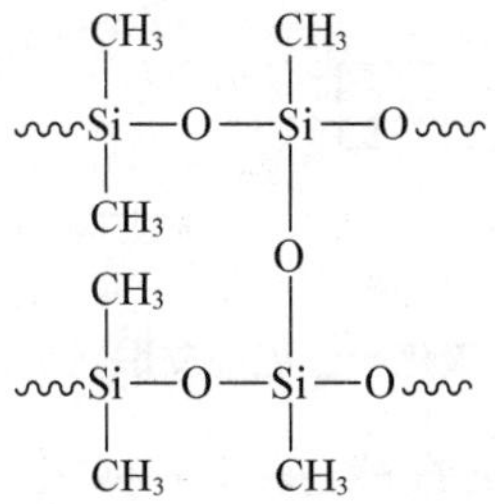

2.6.4　聚氨酯弹性体

聚氨酯弹性体中,适合用过氧化物硫化的聚氨酯主要是由羟基末端低聚物己二酸聚酯与 4,4′-亚甲基二苯基异氰酸酯(MDI)聚合而成的聚氨酯,其分子结构如下:

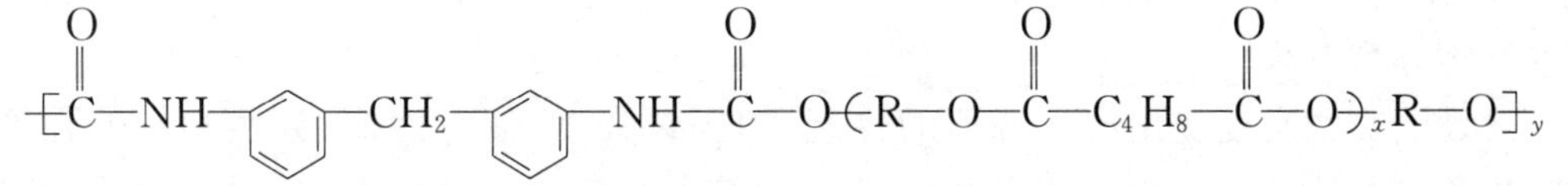

低分子量自由基通常从芳化的亚甲基上或者从己二酸部分的 α-亚甲基中夺取氢原子形成聚合物自由基。这两种氢原子含量很充足,能保证聚氨酯硫化的顺利进行。

2.7　硫化对硫化胶性能的影响

硫化使得橡胶由线型大分子链形成具有网状结构的不溶、不熔硫化胶。网状结构中交联点的密度以及交联键的类型及其分布,是影响硫化胶性能的重要因素。本节介绍交联密度、交联键类型和分布对硫化胶性能的影响。

2.7.1　交联密度与性能的关系

交联密度对硫化胶有关使用性能的主要影响如图 2-6 所示。这种影响大致可分为三类:

一是与交联密度呈正相关性的性能,如弹性恢复和刚度。弹性恢复是指材料受外力而产生的弹性形变消失的现象。交联密度增加使得材料的弹性形变增加,塑性形变减少,所以,二者是正相关。刚度则是指受外力作用下,材料抗拒变形的能力,与材料弹性模量相关。随着交联密度增加,橡胶分子链的运动受到更多大分子链段的制约,材料抗拒变形的能力增加,一定形变所产生的应力增加,模量或刚度增加。

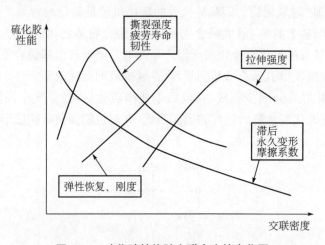

图 2-6 硫化胶性能随交联密度的变化图

　　二是与交联密度呈负相关性的性能,如滞后损失、永久变形和摩擦系数。外力使橡胶变形并对它做功,除去外力后,橡胶回弹对外界做功。变形和回弹过程中的机械功就是滞后损失,与橡胶粘性有关。橡胶在这形变-回弹过程中不能完全恢复的变形部分称为永久变形,这同样与橡胶粘性有关。橡胶与刚性表面在滑动接触界面上的相互作用,本质上包括粘着和滞后变形两项,这取决于橡胶的弹性、黏弹性和表面硬度。因此,交联密度增加,橡胶的弹性加大,粘性减小,硬度上升,而橡胶的滞后损失、永久变形和摩擦系数下降。

　　三是随交联密度变化出现峰值的性能,如撕裂强度、疲劳寿命、韧性和拉伸强度。这一现象都与所有网络链分子分担施加到橡胶上的应力的能力有关。当未交联的橡胶受到应力时,分子链相互滑动、缠结解开,最终大分子间相互分离,宏观表现为断裂现象。当橡胶少量交联时,橡胶发生断裂除了需克服分子间力外,还要克服交联键的化学键力,因此橡胶的断裂强度增大。随着交联密度进一步提高,达到凝胶点,形成一个最佳的三维网络结构,此时橡胶的断裂强度最高。继续提高交联密度,交联点间大分子的分子量降低,分子链运动受到限制,交联点间的网络链不能消耗更多能量,容易使弹性体在低伸长下发生脆性断裂。因此,这几类性能随着交联密度的变化会出现峰值。

2.7.2　交联键类型与性能的关系

　　图 2-7 是不同硫化体系的天然橡胶纯胶硫化胶拉伸强度与交联密度 $1/M_c$ 之间的关系。由图中可以看出,不仅交联密度的变化会导致硫化胶拉伸强度的变化,不同的硫化体系,也会影响硫化胶的拉伸强度。

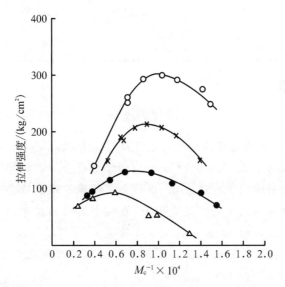

○硫黄促进剂体系；×TMTD 无硫体系；●过氧化物体系；△高能射线体系。

图 2 - 7　不同硫化体系的天然橡胶纯胶硫化胶的拉伸强度与交联密度 $1/M_c$ 的关系

硫化胶拉伸强度一定程度上取决于交联键类型，其顺序为：

多硫键＞单硫键＞碳—碳键

强度弱的交联键所构成的网状结构的硫化胶材料，其拉伸强度较高。这可能是以下几个因素所致：(1) 在应力作用下，弱键容易断裂，将应力转移分配到邻近链段上，使得交联网络能较均匀地承受较大应力；(2) 交联键的断裂，有利于该部分主链取向，使硫化胶拉伸强度提高；(3) 多硫键断裂后，可能形成新的硫—碳键或硫—硫键，改善应力分布状态，进一步提高拉伸强度。硫化胶的具体性能与交联网络之间的关系，详见本书第 10 章。

延伸阅读

习　题

1. 硫黄硫化的机理是什么？橡胶工业对硫黄的指标要求有哪些？硫黄有哪些分类？其价格分别在哪个区间(请登录阿里巴巴查询)？

2. 什么是喷硫？为避免喷硫，可以采取哪些手段？

3. 硫化促进剂的作用是什么？简述 5 种常用的硫化促进剂，并解释原因。

4. 不饱和橡胶和饱和橡胶的硫化机理有何不同？请举例说明。

5. 酚类化合物的硫化机理是什么？请举例说明。

6. 有机过氧化物的硫化机理是什么？请举例说明。

7. 举例说明不同的硫化剂对硫化胶的性能的影响。

8. 对于 CV、SEV、EV 和过氧化物硫化体系，请将其相应的硫化胶的热稳定性做排序比较，并阐明原因。

9. 什么是正硫化和正硫化时间？工艺正硫化和理论正硫化的区别是什么？

10. 从 Goodyear 发明硫黄以及最后搭上的专利纠纷，结合本门课程，谈谈你对知识产权的看法。

 知识拓展

硫化的故事

1834 年仲夏，一位来自费城的破产硬件商 Charles Goodyear 走进了美国第一家橡胶制造商 Roxbury India Rubber Co. 的纽约零售商店。他向商店经理展示了他为橡胶救生衣设计的新阀门。经理表示，目前公司能保持现有业务就已经很不错了，根本没有闲暇去介入阀门市场。这是因为，在这个炎热的夏季，公司的橡胶制品熔化成一堆堆恶臭的胶，遭到了客户数以千计的退货，董事会正焦头烂额地处理这些退货制品。那个时候的橡胶制品在冬天冻僵发硬，夏天变成胶状发粘。公众已经开始厌倦了这些产品。

Goodyear 失望地把这个阀门装进了口袋，这是他第一次看到了橡胶，他突然对这种神秘的"弹性物质"产生了疑惑，蹦出了个有趣的想法，"这可能是该弹性物质中缺乏某些惰性物质"。

回到费城，Goodyear 因债务而入狱。他让他的妻子给他带来一批生橡胶和擀面杖。在他的牢房里，Goodyear 做了他的第一次橡胶实验。他推断，如果橡胶是天然粘合剂，为什么不能混入干粉（如药店出售的滑石粉状氧化镁粉末）来吸收其粘性？

图 2-8　Charles Goodyear

带着这个想法，出狱后，Goodyear 和他妻子、女儿一起在厨房里制造了数百双混有氧化镁的橡胶胶皮鞋。但是，在他还没有把这些鞋子推销出去之前，炎热的夏季又来临，鞋子成了一堆无形的糊状物。邻居们纷纷投诉 Goodyear 的生橡胶臭气难闻，他干脆把实验搬到了纽约。他在橡胶中添加了氧化镁和生石灰两种干粉，然后将混合物煮沸，得到了效果更好的橡胶制品，并对制品进行涂漆、压花等装饰，这些制品获得了纽约贸易展的一枚奖章。

某一天早上 Goodyear 做实验时缺少材料，他决定重新使用旧的装饰样品，并使用硝酸去除表面的青铜漆，结果发现这件作品变黑了，胶料表面像布一样光滑干燥，这是比以往任何时候都更好的橡胶。因此受到了投资商的青睐，拿到了政府 150 个邮袋的合同。遗憾的是，这些制品依然在较高的温度下熔化成黏团，这使得 Goodyear 破产，并陷入了困境。

1839 年的冬天，Goodyear 开始在他的实验中使用硫黄。一天，他走进沃本的一家百货店，在向人们展示他的硫黄配方的橡胶时，不小心将橡胶掉落在炽热的炉子上。当 Goodyear 弯腰去捡时，发现橡胶不像往常那样熔化发粘，而是像皮革一样烧焦，并且烧焦区域周围依然保持着"橡胶弹性"。Goodyear 意识到他发明了能够耐高温熔化的耐候橡胶。Goodyear 继续完善他的实验,最后他发现,在压力下,用 132 ℃左右的温度加热 4～6 个小时,得到的橡胶耐候效果最佳。

但是可惜的是,Goodyear 没有立刻申请专利,反而让 Thomas Hancock"偷"取了想法——Goodyear 送样去英国橡胶公司时,Thomas Hancock 注意到 Goodyear 的样品表面含有淡黄色的硫黄,因此,Hancock 在 1843 年提交了英国专利申请,并创造地将混合硫黄并加热的过程命名为"Vulcanization(硫化)",使得整个过程充满文化内涵又令人极富联想(Vulcaniation 字根'Vulcan'是罗马神话火和火山之神,因为硫黄是火山喷发的产物之一,火又提供了反应所需热量)。尽管 Goodyear 之后补申了美国专利,却被 Hancock 反咬一口,告 Goodyear 侵权。Goodyear 终身纠缠于官司,到死时一分钱也没有赚到!

[参考文献:https://corporate. goodyear. com/en－US/about/history/charles－goodyear－story. html(有删减)]

第3章 橡胶补强和补强填充体系

延伸阅读

3.1 概 论

含有填料的橡胶材料是应用最早的高分子复合材料,填料的加入能够提高橡胶材料的机械性能、导电性能和耐热性能等,并且能够降低橡胶材料的成本。填料的种类繁多,可以粗分为无机非金属填料、有机填料和金属填料三大类,如表3-1所示。

表3-1 填料的分类

无机非金属填料	氧化物	二氧化硅、氧化镁、氧化锌、氧化钛等
	氢氧化物	氢氧化铝、氢氧化镁、氢氧化钙等
	碳酸盐	碳酸钙、碳酸镁、白云石粉等
	硅酸盐	陶土、滑石粉、云母粉等
	碳素	炭黑、石墨粉、碳纳米管、石墨烯(氧化石墨烯)、炭黑-白炭黑双相粒子
	其他	硫酸钡等
有机填料		木质素、果壳粉、橡胶粉、树脂等
金属填料		铁粉、铜粉、铝粉等

一般能使橡胶的性能明显提高的填料,如炭黑、白炭黑等,称为补强剂。而主要用来降低成本,增大橡胶材料体积的,如陶土、碳酸钙和滑石粉等,则称为填料。但是对填料的表面进行改性,也能一定程度上提高填料的补强作用。

3.2 炭 黑

3.2.1 炭黑的分类

1. 按制造方法

炭黑按制造方法可分为不完全燃烧法炭黑和热解法炭黑两大类。不完全燃烧法炭黑包括接触法炭黑和炉法炭黑。不完全燃烧法炭黑产量占炭黑总产量的97%以上,其中炉法炭黑产量和需求量均占不完全燃烧法炭黑总量的95%以上。

接触法炭黑是由烃火焰在没有完成整个燃烧过程之前,与温度较低的冷却面接触,使燃烧过程中断,火焰内部的灼热炭粒冷却并沉积在冷却面而得到的炭黑。接触法炭黑中最典型的是槽法炭黑,它是以天然气为原料,在火房内的空气中燃烧,然后采用在轨道上做往复运动的槽铁将烟气冷却后,用刮刀收集得到的炭黑。

炉法炭黑是由烃类在反应炉内燃烧并急冷生成的炭黑,再经分离得到,包括气炉法炭黑、油炉法炭黑、油气炉法炭黑和灯烟炭黑。

热解法炭黑则是在隔绝空气、无火焰的情况下,原料经高温热解而得,包括热裂法炭黑和乙炔炭黑。

2. 按使用性能

按使用性能,炭黑可分为超耐磨炉黑、中超耐磨炉黑、高超耐磨炉黑、细粒子炉黑、快压出炉黑、通用炉黑、高定伸炉黑、半补强炉黑、细粒子热裂黑、中粒子热裂黑、易混槽黑和可混槽黑等。其中炉法炭黑的结构易于调整,根据使用需求可生产许多粒径和相结构不同的衍生品种,如高结构超耐磨炉黑、低结构超耐磨炉黑、高结构中超耐磨炉黑、低结构中超耐磨炉黑、低结构高耐磨炉黑和慢硫化炉黑等。以上这些是普通(老)工艺炭黑品种的命名,改良(新)工艺炭黑出现后,又有如下命名:新工艺高结构超耐磨炉黑、新工艺高结构中超耐磨炉黑等。有时候直接将炭黑分为两类:能大大提高胶料的硬度、拉伸性能和耐磨性能的炭黑称为硬质炭黑,而使填充胶料的硬度和生热较低、弹性较好的炭黑称为软质炭黑。

3. 按污染性

按炭黑在胶料中的污染性可分为非污染低定伸率补强炭黑、非污染中粒子热裂炭黑等。

3.2.2　炭黑的命名

橡胶用炭黑可以按粒径大小来分类,命名时把炭黑填充胶料的硫化速率和炭黑的结构等因素也考虑进去,通常由四位数码构成,第一个为英文字母,代表炭黑填充胶料的硫化速度,以 N 代表正常(normal)硫化速率,S 代表缓慢(slow)硫化速率,后面三个阿拉伯数字,第一个数字代表炭黑的平均粒径范围,第二和第三个数字则反映不同的结构程度,如图 3-1 所示。这种命名系统没有指出炭黑的结构性,不过如果是正常结构的炭黑,则第二个数字与第一个数字相同,而第三个数字为零,如 N110(SAF)、N220(ISAF)。常见炭黑分如下系列:N100 系列炭黑、N200,S200 系列炭黑;N300,S300 系列炭黑;N500 系列炭黑;N600 系列炭黑;N700 系列炭黑;N800 系列炭黑;N900 系列炭黑;混气炭黑;天然气半补强炭黑;喷雾炭黑。橡胶用炭黑分类见表 3-2。

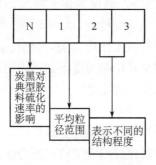

图 3-1　炭黑的命名图

表 3-2　橡胶用炭黑分类

位置	意　义				
第一个字母	N 表示正常的硫化速率(炉法炭黑和热裂法炭黑) S 表示较慢的硫化速率(槽法炭黑和较慢硫化速率的改性炉法炭黑)				
第一个数字	分类	平均粒径范围/nm	典型炭黑代号	英文缩写	中文名称
	0	1～10	/	/	/
	1	11～19	N110	SAF	超耐磨炭黑
	2	20～25	N220	ISAF	中超耐磨炭黑
	3	26～30	N330	HAF	高耐磨炭黑
	4	31～39	N440	FF	细粒子炉黑
	5	40～48	N550	FEF	快压出炉黑
	6	49～60	N660	GPF	通用炉黑
	7	61～100	N770	SRF	半补强炭黑
	8	101～200	N880	FT	细粒子热裂法炭黑
	9	201～500	N990	MT	中粒子热裂法炭黑

Ⓔ　**延伸阅读**:炭黑的性质、补强机理及其对橡胶性能的影响,请扫本章标题旁二维码浏览(P52)。

3.2.3　炭黑的补强作用

补强指能使橡胶的拉伸强度、撕裂强度及耐磨耗性同时获得明显提高,其他性能如提高硬度和定伸应力等,也能发生变化的作用。但是补强也会带来一些副作用,如橡胶的应力松弛性能变差、弹性下降、滞后损失增大和压缩永久变形增大等。炭黑可以使橡胶的强度提高约 10 倍,是橡胶工业中最重要的补强性填料。没有炭黑工业便没有现代蓬勃发展的橡胶工业,炭黑消耗量约占橡胶消耗量的一半。

1. 硬度

硬度是硫化胶的重要性能之一。硬度大体上与炭黑用量成正比。但是结晶型橡胶(如 NR 和 CR)的增长幅度比非结晶型橡胶(如 SBR)高,即在同一炭黑配合量下,结晶型橡胶硬度高。除了用量,硬度还与炭黑性质有关,炭黑比表面积越大,胶料硬度越大。炭黑结构也能使胶料硬度增加,但是其影响程度不如比表面积大。此外,影响硬度的因素还有增塑剂的种类、用量和胶料的硫化程度等。

2. 定伸应力

将硫化胶试样拉伸到一定伸长时所需的应力,除以试样拉伸前的横切面积,所得到的值叫定伸应力或模量,反映的是硫化胶网状结构在外力作用下抵抗变形的能力,常被用作衡量填料补强性的尺度。

定伸应力与炭黑的关系,可以用 Guth-Gold 公式描述:

$$G/G_B=(1+2.5\varphi'+14.1\varphi'^2) \tag{3-1}$$

式中:G 为炭黑填充胶的定伸应力;G_B 为未加炭黑的纯硫化胶定伸应力;φ' 为炭黑有效容积比。从公式中可以看出,随着炭黑用量的增加,硫化胶的定伸应力增加。此外,炭黑结构比表面积、表面活性也会显著影响定伸应力。结构升高,硫化胶的定伸应力上升;比表面积增加,硫化胶的定伸应力下降;表面活性越高,则定伸应力越大。此外,定伸应力也与硫化胶的交联密度成正比。

3. 拉伸强度

拉伸强度表征制品能够抵抗拉伸破坏的极限能力,是评价硫化胶质量的重要依据之一。拉伸强度、耐磨性、撕裂强度是炭黑填充的硫化胶的三大补强特性,其中拉伸强度更是硫化胶的基本性能。一般随着炭黑用量的增加,拉伸强度逐渐增加,经过最大值后又下降。不同橡胶种类,炭黑用量的影响不一致,如天然橡胶和氯丁橡胶等结晶型橡胶的拉伸强度-炭黑用量曲线能否出现最大值,还受胶料的性质和混炼条件的影响;而在丁苯橡胶这一类非结晶型橡胶中,拉伸强度-炭黑用量曲线明显存在最大值;在丁基橡胶和乙丙橡胶这一类不饱和橡胶中,曲线看不到最大值。值得注意的是,常温下拉伸强度呈现最高值时的炭黑用量要比高温时低。

拉伸强度与炭黑比表面积呈正比关系,特别是当炭黑比表面积增大时,显示最大拉伸强度值时的炭黑用量降低。在高温下,炭黑的比表面积越高,则拉伸强度的降低程度越小。拉伸强度与炭黑结构的相关性不明显。然而,在炭黑用量较高或较低时,炭黑结构对拉伸强度的影响增大。例如,在炭黑用量为 20 质量份时,拉伸强度随结构的增高而增大,而在炭黑用量为 80 质量份时,拉伸强度则随结构的增高而降低,这可能与炭黑的形态学特性有关。

4. 耐磨性

耐磨性也是表示炭黑补强的三大主要特性之一。关于橡胶磨耗机理,已知有疲劳磨耗和磨损磨耗两种类型。其中,疲劳磨耗由两个阶段组成,第一阶段是橡胶表面层机械热氧化过程,第二阶段是界面上因滑动引起的橡胶老化剥离过程。断裂能可用拉伸强度和断裂伸长率的乘积——抗张积($\sigma \cdot \varepsilon$)来表示,断裂能越大,摩擦系数越小,则耐磨性越高。炭黑和橡胶之间的相互作用越强,耐磨性越好。结合橡胶量可以用来衡量相互作用的强弱,比表面积大、结构高的炭黑,结合橡胶生成量多,相互作用强,耐磨性高。随着炭黑用量、比表面积、结构性和分散度的提高,耐磨性随之提高。

 延伸阅读:炭黑补强橡胶的影响和应用,请扫描本章标题旁二维码浏览(P52)。

3.3　白炭黑

白炭黑为无机填充剂,其分子式为 $SiO_2 \cdot nH_2O$。由于是白色的,同时又有可媲美炭黑的补强性能,所以称作白炭黑。与炭黑相比,白炭黑粒子细,比表面积大,具有多孔结构,能赋予胶料极好的拉伸强度、撕裂强度和良好的耐屈挠性,补强效果仅次于炭黑,优于其他任何白色补强剂。采用一些新工艺和配合技术,如热混炼化学促进工艺、与炭黑并用、人为改变白炭黑的表面活性、偶联剂的应用和适宜的配方等,可以获得性能优越的、无色、透明或是色泽鲜明的橡胶制品,为橡胶开辟了更为广阔的发展前景。硅橡胶在发展初期,物理机械性能比较差,但现在已经成为广泛的工业制品,这与白炭黑的应用和发展是密不可分的。

早在 1936 年苏联首先研制用于橡胶补强的白炭黑时起,便给白炭黑打下了基础。第二次世界大战期间,德国由于炭黑供不应求,而加大对白炭黑的研制,不仅解决了炭黑的不足,还实现了白炭黑的工业化生产。我国是新中国成立后逐步建立起白炭黑工业,目前已经逐步满足国民经济发展的需要,一些品种已经达到国外先进水平。但和国外先进国家相比还有一定的差距,主要表现在品种少,产品质量稳定性不高、价格偏高和测试研究手段不足等。

目前,白炭黑按其制备方法可分为物理法和化学法两大类。用物理法制备出的白炭黑产品档次不高,橡胶行业所需要的白炭黑填料通常是采用化学法。化学法主要包括气相法和沉淀法。

3.3.1　白炭黑的分类

1. 气相法

气相法主要是采用硅的氯化物(四氯化硅等)在氧气(或空气)和氢气混合气流中经高温水解生成无定形粉末的一种方法,其反应式为:

$$SiCl_4 + H_2 + O_2 \longrightarrow SiO_2 \cdot nH_2O + HCl$$

这种方法得到的产品粒子大小、表面性质和结构性能等重要性质直接与原料及 H_2/O_2 的比例、燃烧温度和 SiO_2 在燃烧室中停留的时间等因素有关。

气相法白炭黑粒径极小,约为 15~25 nm,比表面积高达 $50\sim400\ m^2/g$,表观密度很小,约为 12~16 g/L,故飞扬性极大,给运输和使用都带来许多不便。目前已生产的两种白炭黑,一种称为"通用型"的白炭黑,是将其压缩到表观密度为 40~60 g/L;另一种称为"压实型"的白炭黑,是将其压缩到表观密度为 100~120 g/L。气相法白炭黑杂质少,补强性好,但价格较高,对设备条件要求较高,生产技术也相对复杂。气相法白炭黑主要适用于硅橡胶,所得产品为透明或半透明状,产品的物理机械性能和介电性能良好,耐水性优越,但混炼胶增硬现象大,所以在硅橡胶胶料中,必须同时加入结构控制剂才能获得良好的工艺性能。

2. 沉淀法

沉淀法白炭黑普遍采用硅酸盐(主要为硅酸钠)与无机酸(通常使用硫酸或者盐酸)中和沉淀反应的方法来制备,生成水合二氧化硅沉淀后,根据成品要求,在辊筒压滤机或者板块压滤机中经过滤、洗涤,除去多余的水分和反应副产物,得到白炭黑滤饼,再经过干燥(通常为喷雾干燥)得到成品,若进一步进行研磨或造粒处理可得到一系列规格的产品,其反应式为:

$$Na_2O \cdot nSiO_2 + HCl \longrightarrow SiO_2 \cdot nH_2O \downarrow + NaCl$$

通过控制反应过程中的物料比例、流量及反应的温度、时间,经过滤、洗涤和干燥等后处理,可得到不同比表面积、粒径、纯度、形态、结构度和孔隙度的制品。

气相法和沉淀法白炭黑的性质比较见表 3-3。

表 3-3　气相法和沉淀法白炭黑性质对比

项 目	气相法	沉淀法
SiO_2/%	99.5	95~96
游离水/%	3~5	6~8
灼烧减量/%	5~7	10~11
pH	4~6	6~8
粒径/nm	15~25	20~40
吸油值	2.6~3.5	2.3~2.6

3.3.2　白炭黑的表面改性及其对橡胶的补强作用

白炭黑通常情况下需要进行化学改性。白炭黑的表面特征及改性参见本章延伸阅读。

采用不同的改性剂和特定的工艺,可以制备出不同性能的改性白炭黑产品。经过改性后,白炭黑依然具备普通白炭黑的优越性能,并且由于改性后导致的特殊表面性质,使得其应用领域大大扩展,被广泛用于各行各业。

硅橡胶化学结构的主要特点是主链由无机的 Si—O 键组成,侧基为烃类有机基团,具有热稳定性高、耐低温性能好和优越的耐老化性能、良好的生理惰性、优良的介电能、高的透气性和疏水的表面性能等突出的优点。但是,硅橡胶的机械强度非常低(<1 MPa),基本没有强度。白炭黑可以作为硅橡胶的主要补强填料,用气相法白炭黑补强的硅橡胶拉伸强度可达 14 MPa,因此气相法白炭黑在硅橡胶中应用最广。白炭黑在硅橡胶中的用量通常为30~40 质量份。

在轮胎胶料中添加白炭黑可大大提高胶料抗撕裂性、抗割口增长性、抗臭氧老化性和冰面抓着性能,同时能够减小胶料的滞后性,降低轮胎滚动阻力、提高耐磨耗性和耐湿滑性。在加入轮胎之前,白炭黑一般先经过硅烷偶联剂改性,这样既可以提高白炭黑在胶料中的分散性,又能使胶料的加工更为简便,有利于产品质量控制。

 延伸阅读:白炭黑的表面特征及其改性,请扫描本章末尾二维码浏览(P75)。

3.4　炭黑-白炭黑双相粒子

炭黑-白炭黑双相粒子(carbon-silica dual phase filler,CSDPF)是在气相状态下采用

有机硅化合物与炭黑的共生技术合成的新型填料粒子,即在炭黑的生产过程中混入适量的白炭黑对炭黑进行化学改性,炭黑与白炭黑两相相互掺杂,削弱彼此间的团聚作用,能够在橡胶中形成均一的填料网络,从而达到传统填料并用所达不到的综合性能,在橡胶工业中有着良好的应用前景。

3.4.1 CSDPF 的结构和形貌

CSDPF 中含有炭黑和白炭黑两相,主要含有碳元素和硅元素,硅含量在 $0.5\%\sim25\%$(重量比)不等,大多数含量在 $2\%\sim6\%$(重量比)。不同牌号的 CSDPF 中白炭黑的分布、白炭黑表面覆盖率以及硅含量各有所不同;白炭黑随机分布在聚集体表面,部分分布在聚集体内,白炭黑尺寸在 $0.4\sim2$ nm 之间。CSDPF 聚集体示意图及透射电子显微镜(TEM)照片见图 3-2。

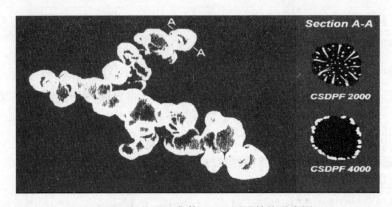

(a) CSDPF 粒子聚集体 TEM 图及结构示意图

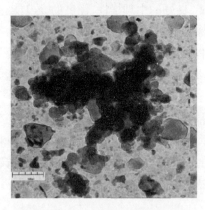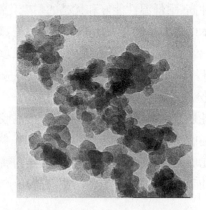

(b) CSDPF2000 聚集体 TEM 照片　　(c) CSDPF4000 聚集体 TEM 照片

图 3-2　CSDPF 聚集体示意图及 TEM 照片

CSDPF 的表面含有大量的活性官能团,如羰基、羟基、硅醇基及活性氢,其活性官能团和比表面积比炭黑高。几种不同牌号的 CSDPF 和几种传统填料的表面化学性质对比如表 3-4。

表 3 - 4　CSDPF 及传统填料的表面化学性质

填料	总比表面积/(m² · g⁻¹)	外比表面积(STSA)/(m² · g⁻¹)	一级结构CDBP/(mL/100 g)	SiO₂覆盖率/%	TMCS 吸收/nm²
CB N234	122	118	100.7	—	0.02
CSDPF 2000	154.3	121.4	101.0	—	—
CSDPF 2006	200	135.7	102	—	—
CSDPF 2124	171	133	115	21	0.32
CSDPF 4210	—	119	108	55	1.04
Silica Z1165	168	132	—	100	2.02

3.4.2　CSDPF 的表面改性及其对橡胶的补强

CSDPF 表面活性基团与橡胶的相互作用,是实现橡胶补强的重要原因。对于 CSDPF,由于炭黑相表面有更多的杂原子,从而导致表面晶格缺陷的增加或晶格尺寸减小,因此 CSDPF 表面活性中心比炭黑多,其补强效果比传统填料要好。例如,CSDPF 填充橡胶(SSBR/BR)的结合橡胶含量比传统填料高,动态滞后损失与炭黑相比更低,生热更少。

由于 CSDPF 表面含有白炭黑相,白炭黑相中的硅醇基也会造成 CSDPF 一定程度上的团聚,因此需要对 CSDPF 进行表面改性,进一步提高 CSDPF 对橡胶的补强效果。

1. 硅烷偶联剂改性

类似于白炭黑,硅烷偶联剂可以与 CSDPF 表面白炭黑相中的硅醇基进行反应,改变 CSDPF 的表面特性,提高其对橡胶的补强性。有研究表明,偶联剂的加入能改善 CSDPF 在 NR 中的分散,加强 CSDPF 与 NR 的界面结合,硫化胶表现出更低的滚动阻力和更好的抗湿滑性能。

2. 电子束改性

高能电子束能够对填料表面进行轰击,使得填料表面的活性点更多,结构性得到提高,从而提高填料与橡胶之间的相互作用,最终改善 CSDPF 在橡胶中的应用特性。有研究显示,经过电子束改性后,改性 CSDPF 填充的 SBR 具有更高的剪切黏度,熔体流动过程中的活化能也得到提升。

3. 离子液体改性

离子液体(ionic liquids,ILs)是一种室温液体盐类,由有机阳离子和无机阴离子组成,常见的阳离子有季铵盐离子、季磷盐离子、咪唑盐离子和吡咯盐离子等,阴离子有卤素离子、四氟硼酸根离子和六氟磷酸根离子等。由于离子液体中,阴阳离子的体积很大,结构松散,导致它们之间的作用力较低,因此可以充分利用阴阳离子的特性,如咪唑阳离子的共轭 π 电子和阴离子上的孤对电子,对 CSDPF 进行表面改性。不同阴阳离子结构的离子液体与 CSDPF 形成不同的相互作用。研究报道,1 - 烯丙基 - 3 - 甲基咪唑盐酸盐(AMI)和 1 - 丁基 - 3 - 甲基咪唑六氟磷酸盐(BMI)与 CSDPF 之间分别形成了次价键-氢键和范德华力相互作用。经过不同相互作用改性,CSDPF 填充的 NR 硫化胶的性能有显著的不同(表 3 - 5)。AMI 改性的 CSDPF 填充 NR 硫化胶(AMI - CSDPF/NR)的性能较好，特别是拉伸强度和疲劳寿命。

表 3-5　CSDPF/NR 和改性 CSDPF/NR 的力学性能

	CSDPF/NR	AMI-CSDPF/NR	BMI-CSDPF/NR
M_{100}/MPa	2.53±0.18	2.35±0.21	2.40±0.10
M_{300}/MPa	12.42±0.05	9.66±0.08	11.43±0.06
断裂伸长率/%	517±7	660±14	532±11
拉伸强度/MPa	24.7±0.5	29.6±0.1	25.6±0.2
撕裂强度/(kN/m)	101.0±2.0	114.5±1.4	107.2±1.1
邵尔 A 硬度	75±1	74±1	74±1
阿克隆磨耗/(cm³/1.6 km)	0.15±0.01	0.13±0.01	0.15±0.01
拉伸疲劳寿命/万次	30±2	40±1	31±1

3.5　碳酸钙

碳酸钙(calcium carbonate)是一种无机化合物，化学式为 $CaCO_3$，是一种重要的、用途广泛的无机盐。由碳酸钙形成的同质异构体主要有石灰石、方解石、大理石、白垩、钟乳石、霰石(或文石)和汉白玉等。

按不同分类方式，碳酸钙可以分为下列几类。

表 3-6　碳酸钙的分类

分类	
生产方式	重质碳酸钙，轻质碳酸钙，胶体碳酸钙
粒径	微粒碳酸钙(d>5 μm)，微粉碳酸钙(1 μm<d<5 μm)，微细碳酸钙(0.1 μm<d≤1 μm)，超细碳酸钙(0.02 μm<d≤0.1 μm)，超微细碳酸钙(d≤0.02 μm)，纳米碳酸钙(1～100 nm)
微观排列	晶体碳酸钙、无定型碳酸钙
结晶形状	纺锤形(长轴 5～12 μm，短轴 1～3 μm)，立方形(0.02～0.1 μm)，针形(0.01～0.1 μm)，球形(0.03～0.05 μm)，片形(1～3 μm)，四角柱形(2～5 μm)

1. 重质碳酸钙

重质碳酸钙是用机械方法(用雷蒙磨或其他高压磨)直接粉碎天然的方解石、石灰石、白垩和贝壳等制得的碳酸钙。由于重质碳酸钙的沉降体积(1.1～1.9 mL/g)比轻质碳酸钙的沉降体积(2.4～2.8 mL/g)小，所以称之为重质碳酸钙，简称重钙。

2. 轻质碳酸钙

轻质碳酸钙又称沉淀碳酸钙，简称轻钙，是将石灰石等原料煅烧生成石灰(主要成分为氧化钙)和二氧化碳，再加水消化石灰生成石灰乳(主要成分为氢氧化钙)，然后通入二氧化碳生成碳酸钙沉淀，最后经脱水、干燥和粉碎而制得。或者先用碳酸钠和氯化钙进行复分解反应生成碳酸钙沉淀,然后经脱水、干燥和粉碎而制得。由于轻质碳酸钙的沉降体积比重质碳酸钙的沉降体积大,所以称之为轻质碳酸钙。

3. 胶体碳酸钙

胶体碳酸钙又称改性碳酸钙、表面处理碳酸钙、胶质碳酸钙或白艳华,简称活钙,是用表面改性剂对轻质碳酸钙或重质碳酸钙进行表面改性而制得。由于经表面改性剂改性后的碳酸钙一般都具有补强作用,即所谓的"活性",习惯上把改性碳酸钙都称为活性碳酸钙。

3.5.1　碳酸钙的物理和化学性质

1. 物理性质

(1) 密度　各种碳酸钙的同质异构体的密度不同,其中方解石为 2.710 g/cm^3,霰石为 2.929 g/cm^3,球霰石为 2.650 g/cm^3。

(2) 莫氏硬度　方解石为 3,霰石为 3.5～4。

(3) 分解温度　在常压下,方解石的分解温度为 898 ℃,霰石的为 825 ℃,球霰石则在温度升到分解温度之前转变为方解石,所以不存在分解温度。

(4) 熔点　在较大的压力范围内,方解石在温度升到熔点之前已分解为氧化钙和二氧化碳,所以在较大的压力范围内,方解石的熔点不存在。当压力为 10.4 MPa 时,方解石的熔点为 1 339 ℃。由于霰石在高温高压下会转变为方解石,所以霰石的熔点不存在。球霰石是不稳定型,其熔点也不存在。

(5) 介电常数　方解石的介电常数取决于频率以及与光轴所呈的方向。在常温下,平行于 c 轴方向的介电常数为 7.5～8.8,垂直于 c 轴方向的介电常数为 5～8.8。霰石的介电常数与方向的关系更为突出。在常温下,霰石在 a 轴、b 轴和 c 轴方向的介电常数分别约为 9.5、7.3 和 6.5。

(6) 电导率　方解石的电导率与测量的温度和方向有关,方解石的电导率无论是平行于 c 轴还是垂直于 c 轴都随温度的升高而增大,而且平行于 c 轴方向的电导率比垂直于 c 轴方向的电导率大。各种温度下方解石的电导率列于表 3-7。

表 3-7　方解石的电导率

性能	温度/℃						
	250	300	350	400	450	500	550
平行晶轴电导率/(MS·m^{-1})	3.30	3.60	20.0	42.5	80.0	130	190
垂直晶轴电导率/(MS·m^{-1})	1.40	2.90	5.80	11.0	20.0	31.0	43.0

(7) 颜色　天然方解石的最纯形式为冰州方解石,是无色透明的,而其他形式的方解石(如白垩)通常呈白色。霰石则通常呈白色或黄白色。

2. 化学性质

(1) 在常压下加热到 898 ℃(方解石)或 825 ℃(霰石)时,碳酸钙将分解为氧化钙(CaO)和二氧化碳(CO_2):

$$CaCO_3 \xrightarrow{\triangle} CaO + CO_2 \uparrow$$

（2）碳酸钙几乎与所有的强酸发生反应，生成相应的钙盐，同时放出二氧化碳。例如：

$$CaCO_3 + 2HCl \longrightarrow CaCl_2 + CO_2 \uparrow + H_2O$$

（3）除酸以外，许多腐蚀性物质都不能腐蚀或只能缓慢地腐蚀碳酸钙。

3.5.2 碳酸钙的表面改性

碳酸钙为无机物，表面含有极性基团，与聚合物的相容性差，需要对其进行表面改性，表面改性包括以下两种方法。

1. 偶联剂改性

偶联剂改性主要包括硅烷类偶联剂改性和钛酸酯类偶联剂改性。其中，硅烷类偶联剂是偶联剂中品种较多、使用广泛的一类。一般橡胶中巯基硅烷使用较多，因为巯基能与二烯类橡胶发生反应，以化学键合方式结合。氨基硅烷改性的碳酸钙也具有较好的分散性，但氨基硅烷更适合于一些含硅填料如白炭黑和陶土等。

钛酸酯类偶联剂主要是异丙基三异硬脂酰基钛酸（简称 TTS），单烷氧基钛酸酯的单烷氧基可与填料表面上的羟基氢原子反应，形成单分子层的化学结构，这类钛酸酯的三个脂肪链改变了填料表面的亲水性，使其具有疏水性，改善了碳酸钙与橡胶的相容性，其有机长链还能与橡胶分子形成缠结，增强碳酸钙与橡胶基体的结合力。但这类偶联剂易水解并失去偶联作用。

其他偶联剂包括磷酸酯类、铝酸酯类和叠氮类等新型偶联剂。例如，微细碳酸钙经叠氮苯甲酸改性后具有较好的分散性能。

2. 表面活性剂改性

表面活性剂改性，主要是选用含有羧基的小分子物质（如硬脂酸、树脂酸）或分子量较低的高聚物（如端羧基液体聚丁二烯）。例如硬脂酸，可以和碳酸钙表面的羟基反应，形成硬脂酸盐包覆在碳酸钙表面，使碳酸钙具有较好的疏水亲油性。而端羧基液体聚丁二烯这类含有不饱和双键的改性剂，则会进一步参与橡胶的硫化反应，对改善碳酸钙在橡胶中的补强效果作用更为明显。

3.5.3 碳酸钙的补强效果

1. 重质碳酸钙

重质碳酸钙可直接混入橡胶，加工容易，能增加胶料的挺性，不延迟硫化，但是重质碳酸钙填充的胶料力学强度不及轻质碳酸钙和活性轻质碳酸钙好，耐磨性也不如炭黑、陶土和硅酸盐。不过，由于其成本低，适当的用量对橡胶的物理机械性能没有大的影响，因此可与补强剂及其他填充剂并用，调节胶料性能，并降低胶料成本。如在天然橡胶、丁腈橡胶耐磨胶管中，可添加 80 份重质碳酸钙与高耐磨炉黑并用；在天然橡胶、氯丁橡胶输送带中，重质碳酸钙与硫酸钡并用，用量在 50 份左右。但如果重质碳酸钙的粒径过大，硫化胶的物理机械性能会显著下降。

2. 轻质碳酸钙

轻质碳酸钙在橡胶工业中主要用作橡胶的白色补强填充剂，具有半补强性，能提高硫化胶的拉伸强度、撕裂强度和耐磨性能(性能略高于填充重质碳酸钙的硫化胶),且在高填充下不会导致过高的定伸应力;在胶料中易分散,不影响硫化。轻钙在天然橡胶和合成橡胶胶料中用量很大。例如,在天然橡胶轮胎胎面胶中用量可达 30 份,帘布胶中可达 50 份,内胎胶中可达 60 份;胶管中用量可达 50 份;胶带中可达 20 份;胶鞋中可达 50 份;在热水袋胶中可达 75 份;在氯丁胶印刷胶辊中可达 20 份。

3. 纳米碳酸钙

纳米级超细碳酸钙具有超细、超纯的特点,生产过程中有效控制了碳酸钙的晶型和颗粒大小,而且进行了表面改性。因此其在橡胶中具有良好的分散性,可提高对材料的补强作用,补强性能与沉淀法白炭黑相当。如链状的纳米级超细碳酸钙,在橡胶混炼中,锁链状的链被打断,会在碳酸钙表面形成大量高活性表面或高活性点,它们与橡胶长链形成键合,不仅提高了碳酸钙的分散性,而且大大提高了其补强作用。值得注意的是,它不但可以作为补强填充剂单独使用,而且可根据生产需求与其他填充剂配合使用,达到补强、填充、调色、改善加工工艺和提高制品性能的作用,降低含胶率或部分取代白炭黑、钛白粉等价格昂贵的白色填料。

 延伸阅读:碳酸钙在橡胶中的应用,请扫本章末尾二维码浏览(P75)。

3.6　蒙脱土

存在于自然界中的黏土种类非常多,大致可以归纳为天然的及合成的两大类,天然的黏土一般带有阳离子(如 Na^+、Ca^{2+} 等),层间(layer)带负电。合成黏土一般带有阴离子,层间带正电。所有天然黏土矿物构造均由四面体(tetrahedral)和八面体(octahedral)紧密堆积所构成,四面体与八面体的比值不同,黏土可以分为如下三种:

(1) 1∶1 类黏土矿物,如高岭土(kaolinite)、蛇纹石(serpentine)。

(2) 2∶2 类黏土矿物,如绿泥石(chlorite)。

(3) 2∶1 类黏土矿物,如蒙脱土(montmorillonite)、伊莱石(illite)、云母(mica)、滑石(tales)。

在上述黏土矿中,蒙脱土的天然矿产丰富,离子交换能力强,成了聚合物/黏土纳米复合材料研究的首选材料。

3.6.1　蒙脱土的主要成分

蒙脱土是层状硅酸盐黏土矿物中的一种,在大自然中主要以蒙脱石的形式存在。各地的蒙脱土化学成分差别很大,即使是同一矿床,不同深度的化学组成亦有差异,主要含 SiO_2(50%~70%),Al_2O_3(15%~20%),还含有 CaO、MgO、Na_2O 和 K_2O 等和 Li、Nr、Zn 等微量元素。根据层间阳离子的不同,蒙脱土可分为钠基蒙脱土、钙基蒙脱土、羟基蒙脱土(hec-torite)、镁基蒙脱土(saponite)等几种类型。外观颜色一般呈白色或灰白色,因含杂质而略有黄色、浅玫瑰色、红色、蓝色或绿色等。

3.6.2　蒙脱土的离子交换性能

蒙脱土片层所吸附的离子是可交换的,它们能与溶液中的离子进行等物质的量交换,例如:

$$Na\text{-}蒙脱土+NH_4^+ \Longrightarrow NH_4\text{-}蒙脱土+Na^+$$

离子交换和吸附是可逆的。蒙脱土的离子交换主要是阳离子交换,天然蒙脱土在pH 为 7 的水介质中的阳离子交换容量(CEC)为 0.7～1.4 mmol/g。

影响蒙脱土离子交换量的因素主要有以下几种:(1) 浓度。蒙脱土浓度大,交换容量高。(2) 结合能。离子与蒙脱土的结合能低、电离率高,离子交换量高。(3) pH。在碱性介质中,蒙脱土的离子交换量比在酸性介质中高。(4) 样品粒径。当蒙脱土的粒径小时,蒙脱土晶体端面破键增多,阳离子交换量稍显增加,但长时间的研磨易引起晶格损坏,使交换量减少,直至交换消失,成为无定形凝胶状物质。(5) 温度。适当增加温度可加大扩散系数,加快交换作用,但是温度过高蒙脱土的溶解增加,交换量反而会降低。

几种常见阳离子在浓度相同条件下的交换能力顺序是:$Li^+ < Na^+ < K^+$,$NH_4^+ \leqslant Mg^{2+} < Ca^{2+} < Ba^{2+}$,其中 Mg^{2+} 和 Ca^{2+} 的交换能力差别不大,H^+ 的位置在 K^+ 或 NH_4^+ 的前面。阳离子在蒙脱土交换位置上的饱和度也影响其可交换性:Ca^{2+} 在饱和度越低的状态下越难被取代,而 Na^+ 则相反。饱和度对 Mg^{2+} 和 K^+ 的交换性影响不大。

蒙脱土受热到一定程度后,不仅交换量降低,而且阳离子的性能也会改变。常温下,Li^+ 是比 Na^+ 更易被代换的离子,但加热到 125 ℃时,Li^+ 将进入氧原子网格的孔穴,变为不可代换的离子,而温度对 Na^+ 的交换性能影响很小。在 100 ℃下长期加热,蒙脱土的 K^+、Ca^{2+}、H^+ 的可交换量相对减少,而 Na^+、Mg^{2+} 却相对增加。

层状硅酸盐层间可交换阳离子的多少是决定其是否可作为制备纳米复合材料的关键指标。阳离子交换容量太低则不足以提供足够的界面作用数目,这样的硅酸盐片层不易分散在聚合物基体中。但阳离子交换容量也并非越高越好,如果阳离子交换容量过高,层状硅酸盐层间的阳离子不易参与离子交换反应,同样不利于层状硅酸盐层间的有机化,也就不利于层状硅酸盐在聚合物中的均匀分散。

3.6.3　蒙脱土的改性

蒙脱土作为一种表面亲水无机材料,与大多数疏水高分子材料的相容性极差,因此很难均匀分散到橡胶中。如何有效地改性蒙脱土使之成为疏水性的有机蒙脱土,是发挥蒙脱土对橡胶补强作用的重要一环。利用蒙脱土层间阳离子交换的特性,采用有机阳离子改性剂(如十八烷基三甲基铵盐),改性剂中的有机阳离子与蒙脱土中的钠(或钙离子)进行交换,形成结合力较强的离子键,而改性剂的疏水端则增加了聚合物与蒙脱土之间的相容性,实现了亲油性的改性;不仅如此,进入层间的烷基长链会撑开蒙脱土层,增大了蒙脱土的层间距离(即膨润效果),有利于橡胶分子链插层进入蒙脱土片层间,进一步增大橡胶分子链与蒙脱土之间的结合界面,改性示意图如图 3-3 所示。

为了实现膨润的效果,有机改性剂的选择必须符合以下几个条件:(1) 容易进入蒙脱土层间的纳米空间,能显著增大蒙脱土层间距(改性剂的碳链长度至少要超过八个碳原子,否则就难以将蒙脱土的层间距撑开);(2) 有机改性剂分子应与橡胶分子链间有较强的物理或化学作用,以利于橡胶分子链的插层反应的进行,增强蒙脱土片层与橡胶两相间的界面黏结;(3) 价廉易得,常见的插层剂有烷基铵盐(如十六烷基或十八烷基三甲基铵盐)、可反应性季铵盐[如(乙烯基苯)三甲基氯化铵]、聚合物单体、高分子偶联剂及其他阳离子型表面活性剂等。

为达到理想的效果,蒙脱土的改性一般采用湿法处理,即以水为分散介质,先将蒙脱土分散、提纯、改性,然后制成土浆液,用土浆液与有机改性剂反应后,从浆液中分离出有机蒙脱土,洗涤、干燥、研磨、过筛,得粉状有机改性蒙脱土产品。

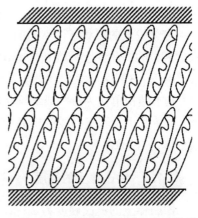

图 3-3　烷基链在蒙脱土中的排列

3.6.4　蒙脱土对橡胶的补强作用

补强性是蒙脱土在橡胶中应用的主要性能,并且在丁苯橡胶基体中取得了成功的应用。例如,将蒙脱土在强烈搅拌下分散于水中(4%固含量),加入丁苯胶乳和少许助剂共混均匀,用稀盐酸絮凝,水洗,烘干,硫化,得到蒙脱土填充的丁苯橡胶硫化胶。硫化胶的力学性能测试结果表明,填充相同份数(30 份)下,蒙脱土填充的丁苯硫化胶的综合性能优于高耐磨炭黑、白炭黑和半补强炭黑填充的丁苯硫化胶:拉伸强度和 300%定伸应力已经很接近高耐磨炭黑填充的橡胶;撕裂强度和断裂伸长率已超过高耐磨炭黑填充的橡胶。蒙脱土在其他橡胶中也得到了应用,如硅橡胶和丁腈橡胶等,其力学补强性与白炭黑相当,可部分取代白炭黑作为橡胶的补强剂。除了力学强度外,有研究表明蒙脱土能提高硫化胶的阻隔性能、热稳定性和阻燃性能。

3.7　凹凸棒土

凹凸棒土是指以凹凸棒土(attapulgite)为主要矿物成分的一种天然非金属黏土矿物,在矿物学上隶属于海泡石族。凹凸棒土中的主要矿物是短纤维状坡缕石,这种矿物属链层状结构的含水镁铝硅酸盐,晶体纤细,结构内部多孔道,外表凹凸相间,外表面和内表面都很发达,带负电荷,这些特点使它具有良好的吸附、催化、脱色和除臭性能,被广泛用于化工、食品、医药等工业生产和环境保护中。

3.7.1　凹凸棒土的主要成分和结构

凹凸棒土常与蒙脱土共生,外观上两者颇为相似,须仔细观察才能辨别。一般来说,凹凸棒土呈青灰色、灰白色、鸭蛋青色;土质细腻,有滑感,湿土具有黏结性和可塑性,干后质轻,收缩小,不易开裂,入水则啐啐冒泡并崩散成为碎粒。蒙脱土黏土以灰绿色为多见,湿土黏结性较强,可塑性高,干土收缩率大,满布裂纹,浸泡水中立即膨胀散成糊状。

凹凸棒土的化学成分理论值为 23.87%MgO、56.93%SiO_2、19.20%H_2O,有时含一

定量的 Al 和少量的 Ca、K、Na、Ti 和 Fe 等元素。

与蒙脱土的层状结构不同的是,凹凸棒土呈独特的链层状结构,不能像蒙脱土一样膨胀。典型的凹凸棒土纤维长 $1\ \mu m$,宽 $0.01\ \mu m$。分散后,凹凸棒土纤维相互隔开,但在一般情况下,它们保持束状,就像刷子堆或干草堆。凹凸棒土的显微结构分为 3 个层次:(1) 基本结构单元为棒状或纤维状单晶体,棒晶的直径为 $0.01\ \mu m$,长度可达 $0.1\sim1\ \mu m$;(2) 由单晶平行聚集而成的棒晶束;(3) 由晶束(包括棒晶)相互聚集堆砌而形成的各种聚集体,粒径通常为 $0.01\sim0.1\ mm$。

3.7.2 凹凸棒土的性质

凹凸棒土的莫氏硬度为 $2\sim3$,加热到 $700\sim800\ ℃$,硬度大于 5,相对密度为 $2.05\sim2.32$。凹凸棒土独特的链层状结构赋予了凹凸棒土许多独特的物理化学性质,主要包括吸附性、载体性、催化性、可塑性和流变性等。

1. 吸附性

凹凸棒土的吸附性取决于它较大的比表面积和表面物理化学结构及离子状态,其吸附作用包括物理吸附及化学吸附。物理吸附的实质是通过范德华力将吸附质分子吸附在凹凸棒土的内外表面。比表面积和孔结构是其物理吸附作用的重要指标。晶体结构内部孔道的存在赋予了凹凸棒土巨大的内比表面积,同时由于单个晶体呈现细小的棒状、针状和纤维状且具有较高的表面电荷,在分散时棒状纤维并不保持原先的方位,而是呈现毡状物无规则的沉淀。干燥后,纤维密集在一起形成大小不均匀的次生孔隙。这一特征使凹凸棒土的比表面积很高。此外,晶体内部孔道尺寸大小一致,使其具有分子筛的作用。

2. 流变性

凹凸棒土最重要的特点之一就是在相当低的浓度下可以形成高黏度的悬浮液。凹凸棒土在所有浓度下都是触变性的非牛顿流体,随着剪切力的增加,流动性快速增加。在低剪切力下或剪切力消失时,悬浮液发生胶凝;剪切力增加,悬浮液又恢复如同纯水一样的低黏度液体,这是因为随着剪切力的增加,凹凸棒土的晶束破碎,变为针状棒晶,所以流动性变好,可用作胶体泥浆、悬浮剂、触变剂以及粘结剂。

3. 离子交换能力

天然凹凸棒土的阳离子交换能力(CEC)相当低,通常在 $50\ mmol/100\ g$ 黏土以下,大多在 $20\sim30\ mmol/100\ g$ 黏土。钠基凹凸棒土的 CEC 较高,可达 $65\ mmol/100\ g$ 黏土,高于高岭土,仅是蒙脱土和蛭石的 $1/3\sim1/2$。CEC 值与粒径的大小有关系,随着粒径的减小而略有增加。

4. 化学特性

凹凸棒土的一个最有价值的特点是它的化学惰性。凹凸棒土胶体悬浮液受盐的影响很小。例如,在 $100\ mL$ 水中含有 $50\ g$ 凹凸棒土的胶体悬浮液,当其中的盐达到饱和浓度时(NaCl 质量分数为 35%),其黏度丝毫不受影响,然而,若其中的凹凸棒土的含量较低时,黏度会略有下降。悬浮液于电解质中不絮凝沉淀,因此,凹凸棒土被广泛地用于液体肥料、乳胶涂料、钻井泥浆和其他需要用到高浓度电解质的体系中作为增稠剂和稳定剂。

3.7.3　凹凸棒土的提纯和改性

1. 提纯

凹凸棒土常与蒙脱土等共生,在使用前需要除去其中含有的蒙脱石、碳酸钙等其他矿物及粗砂等杂质。这些杂质难以分散,若不加以纯化除去,会影响凹凸棒的使用性能。

目前主要的提纯技术有干法和湿法两种。干法提纯成本低、工艺流程较简单,但提纯效果有限,只适用于原矿品位好、凹凸棒土含量高的矿石;湿法提纯精度高,但是需要大量的水,提纯后还要进一步脱水、干燥、研磨,成本相对较高,提纯产品主要用于对凹凸棒土纯度要求较高的产业。我国已探明凹凸棒土矿品位较低,凹凸棒土平均含量不高,大部分质量分数在 50% 以下,一般采用湿法提纯。

2. 酸活化改性

天然凹凸棒土中,凹凸棒土晶体间和自然孔道内填充有碳酸盐类胶结物,导致晶体颗粒团聚,使其孔道结构、表面形态以及晶体堆积状态都处于无规则状态,其特有的材料性能被掩盖。通过对凹凸棒土进行酸活化处理,使孔道内碳酸盐类胶结物溶出,除去分布于凹凸棒土孔道中的杂质,使孔道疏通;此外,由于凹凸棒土的阳离子具有可交换性,半径较小的 H^+ 置换出凹凸棒土层间部分 K^+、Na^+、Ca^{2+} 和 Mg^{2+} 等离子,增大孔容积。因此酸活化改性是凹凸棒土改性中常用的方法之一,得到的改性凹凸棒土产品也被广泛应用在我国油脂工业的脱色吸附工艺中。酸活化通常是将凹凸棒土用某种无机酸处理,可以单用一种酸进行改性,也可以多种酸混合使用,比较常用的酸有硫酸、硝酸和盐酸等,因硫酸价格较低,常被工业生产所选用。

3. 有机改性

天然产的凹凸棒土的表面有层水膜,与非极性有机高聚物的亲和性较差,这极大地限制了凹凸棒土在无机/有机复合材料领域中的应用。凹凸棒土经过有机改性处理后,其表面由完全亲水性变为一定程度的亲油性,具备了无机和有机的双重性质,从而可以拓宽其应用领域,增加其附加价值。

目前,针对凹凸棒土的有机改性主要采用的是表面活性剂和偶联剂。由于凹凸棒土表面呈负电性,故常使用阳离子表面活性剂进行改性,利用长碳链有机阳离子取代凹凸棒土间无机阳离子,同时凹凸棒土颗粒表面也能吸附部分有机阳离子,晶格内外部分结晶水、吸附水也可能被有机物取代,从而改善疏水性,增强吸附有机物的能力。常用的表面活性剂为有机磷化合物和季铵盐化合物,这两类化合物中的阳离子能够置换金属离子,而具有疏水性质的长链能显著改善凹凸棒土表面的憎水性。

凹凸棒土表面含有大量的硅羟基,可以利用该基团实现凹凸棒土的偶联剂改性。用于凹凸棒土改性的偶联剂主要有以下几种:

(1) 钛酸酯偶联剂。钛酸酯偶联剂与凹凸棒土表面的自由质子形成化学键,主要是 Ti—O 键。经过钛酸酯表面处理后,表面覆盖一层有机分子膜使其表面性能发生了变化。

(2) 铝酸酯偶联剂。铝酸酯偶联剂用于凹凸棒土的表面处理具有独特的优点。它可以改善凹凸棒土产品的加工性能和物理机械性能,而且常温下是固体,颜色浅,无毒,使用方便,热稳定性较高。这种偶联剂的表面处理机理和钛酸酯偶联剂的处理机理相类似,经铝酸酯偶联剂处理之后,它和凹凸棒土粉末表面形成不可逆的化学键,处理后的凹凸棒土表面性能优于钛酸酯偶联剂处理的凹凸棒土产品。

(3) 硅烷偶联剂表面处理。对凹凸棒土表面处理较为有效的是一种多组分硅烷偶联剂,它能使凹凸棒土表面硅烷化。

用于凹凸棒土表面处理的其他偶联剂还有醋酸酯偶联剂、锌酸酯偶联剂、铬酸酯偶联剂等。

经过偶联剂处理的凹凸棒土主要用于制备改性吸附材料和凹凸棒土/聚合物复合材料。早期用其作为橡胶、塑料等高分子材料的填料。近些年偶联剂的 Y 端基发展为含有双键或三键的有机基团,在引发剂作用下可与聚合物单体发生共聚,使凹凸棒土表面接枝上聚合物分子链,进一步改善了凹凸棒土在聚合物复合材料中的应用。

3.7.4　凹凸棒土对橡胶的补强应用

凹凸棒土具有亲水性,在水/油(环己烷)界面上不能漂浮,但其吸附改性剂分子后,具有相当的憎水性而漂浮于水/油界面。在温度为 20 ℃、pH 为 6.3、改性剂起始浓度为 9.4 mol/L 的条件下控制固/液比为 17 g/100 mL、改性剂含量为 1.9%、反应时间为 1 h,制备的改性凹凸棒土能大部分漂浮于油水界面。将该改性凹凸棒土填充于天然橡胶中,配方为:天然橡胶 100 份、氧化锌 2.5 份、硬脂酸 1 份、硫黄 1 份、促进剂 DM 1 份,促进剂 CZ 1 份、凹凸棒土 50 份(变换品种)。硫化条件为 150 ℃×8.4 min。结果表明,与未经改性凹凸棒土填充天然橡胶相比,改性凹凸棒土填充天然橡胶可明显提高硫化胶的力学性能,其 300% 定伸应力、拉伸强度和撕裂强度分别提高了 27%、22% 和 32%。有研究进一步指出,1%~2% 硅烷偶联剂 KH-590 改性的凹凸棒土对丁苯橡胶的补强性能优于陶土和轻质碳酸钙,略好于白炭黑,与半补强炭黑相近。

利用凹凸棒土在水中形成稳定悬浮液的特性,有研究采用丁苯橡胶胶乳与凹凸棒土悬浮液进行共沉降的方法制备了凹凸棒土/丁苯橡胶硫化胶,该法成本低,所得硫化胶具有优良的物理、机械性能。

在极性橡胶中,凹凸棒土也展现出良好的补强效果。有研究采用机械共混法分别制备了凹凸棒土/丁腈橡胶(NBR)和凹凸棒土/羧基丁腈橡胶(XNBR)硫化胶。凹凸棒土的微米级颗粒形态已经被机械力所解离,通过 TEM 观察,绝大部分凹凸棒土在所研究的两种橡胶基体中都已经达到了纳米级分散。经过偶联剂 Si69 改性后,凹凸棒土对上述两种橡胶的补强效果已经超过了白炭黑,达到了 N330 炭黑补强的水平。

3.8　氧化石墨烯

石墨烯由单层碳单原子构成,呈二维六边形网状片层结构,比表面积很高(2 600 m²/g),具有力学强度高(机械硬度 1 060 GPa)及导热性能好(3 000 W/mK)等优点,但其制造成本高且缺乏与复合材料键合用的官能团,因此很少直接作为填料使用。氧化石墨烯(graphene oxide,GO)是还原法制备石墨烯的前体材料,制造工艺相对于石墨烯更加简单,且原料为天然石墨,廉价易得。氧化石墨烯的表面有大量的含氧基团,包括羟基、羧基、羰基和环氧基等,为与橡胶的键合提供了可能。不仅如此,含氧基团的存在使得氧化石墨烯能够在水中形成稳定的水分散液,与橡胶胶乳有很好的混合性,具备较好的制备工艺性,因此氧化石墨烯成了橡胶中的一类新型补强剂,受到了研究人员的关注。

3.8.1　表面化学结构

氧化石墨烯是由天然石墨通过强氧化剂氧化,在表面引入极性基团,削弱层间作用力,并进行机械剥离得到的二维片层材料。最早是由 Brodie 等人于 1859 年将石墨与氯酸钾和发烟硝酸混合反应得到。经氧化后的石墨仍保留着层状结构,但在每一层的石墨烯片上引入了许多含氧基团,这些基团的引入使得单层石墨烯结构变得非常复杂,GO 表面和边缘含有大量的羟基、羧基、羰基和环氧基等基团,结构式如图 3-4 所示,其中羟基和环氧基团主要位于 GO 的基面上,而羰基和羧基处在 GO 的边缘。这些基团提供了反应活性点,并且增大了 GO 的层间距,有利于橡胶分子的插层。因此,GO 与极性橡胶如丁腈橡胶和羧基丁腈橡胶

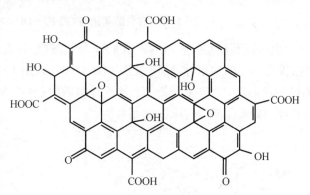

图 3-4　氧化石墨烯的结构示意图

等具有较强的相互作用,呈现出较好的补强效果。但是对非极性橡胶如天然橡胶,GO 必须进行疏水性改性,才能达到较好的补强效果。

3.8.2　氧化石墨烯的表面改性

1. 共价键化学改性

利用 GO 表面—OH 和—COOH 的反应活性,可以采用硅烷偶联剂对 GO 进行表面改性。例如用 Si69 改性 GO,Si69 上的乙氧基硅丙基基团与 GO 表面的—OH 和—COOH 基团形成化学键,降低了 GO 在非极性橡胶中的团聚,提高了 GO 的分散性。其反应作用机理如图 3-5 所示。

$$+n\ HO-Si-(CH_2)_3-S_4-(CH_2)_3-Si-OH$$

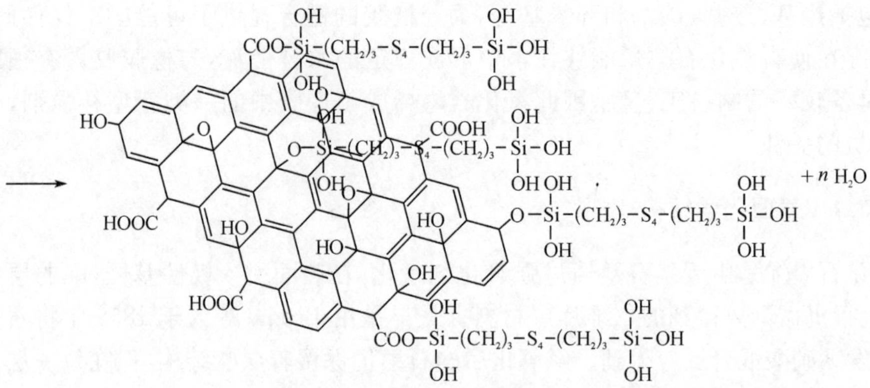

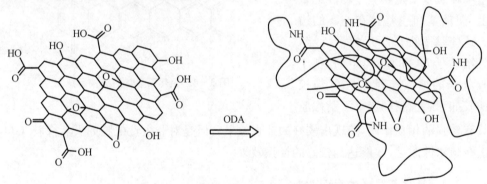

图 3 - 5　硅烷醇基团与 GO 的—OH 和—COOH 基团缩合

也可以利用 GO 表面的—COOH 与氨基(如含有长分子链的十八铵 ODA)的缩合反应,提高 GO 的疏水性,反应示意如图 3 - 6。利用十八铵的长烷烃链,一方面进一步撑开 GO 的层间距,便于后续聚合物分子链的插层;另一方面,长烷烃链与聚合物有着更好的相容性,提高了 GO 与橡胶的相容性。

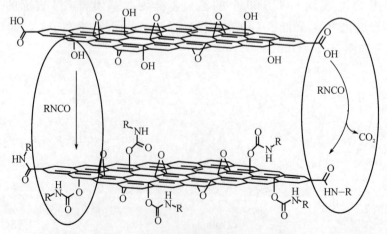

图 3 - 6　氨基与 GO 的—COOH 基团缩合

也有研究报道了采用有机异氰酸酯改性 GO,利用—NCO 基团与 GO 表面的羟基反应,降低 GO 的亲水性,如图 3 - 7。

图 3 - 7　有机异氰酸酯改性 GO 示意图

2. 非共价键改性

GO 表面除了含有大量极性基团外,还保留有部分的石墨六元碳环,该碳环上富含大量可离域的 π 电子。因此,可以利用 GO 这个特性,实现 GO 的非共价改性。例如,利用分子间次价键作用力,如范德华力和氢键,可以改善 GO 表面的亲水性,提高其与聚合物的相容性。有报道采用了阳离子表面活性剂溴化十六烷三甲基铵(CTAB)来改性 GO,并将改性 GO 应用在丁基橡胶中;也有的用大分子表面活性剂,如聚乙烯吡咯烷酮(PVP),一方面 PVP 吡咯环上的羰基与 GO 的羟基和羧基等通过氢键作用有效地结合在一起,另一方面长分子链的 PVP 进一步通过范德华力的作用吸附在 GO 表面,进一步剥离了 GO,如图 3-8。类似地,有研究报道了用离子液体 1-烯丙基-3-甲基咪唑盐酸盐(AMI)来改性 GO,AMI 和 GO 之间的相互作用主要是 Cl^- 与 GO 上的羟基形成的氢键,另外,AMI 中的咪唑环阳离子与 GO 表面上的石墨层离域 π 电子也会形成阳离子-π 电子相互作用。

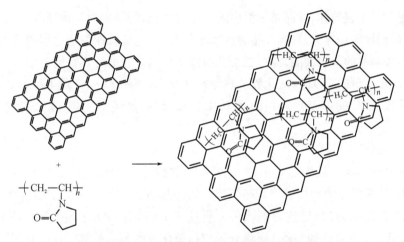

图 3-8　氧化石墨烯与 PVP 的相互作用机理

3.8.3　氧化石墨烯对橡胶的补强

1. 力学性能

GO 比表面积大、相互作用强,对极性橡胶具有好的补强作用。如采用胶乳混合法,将 GO 悬浮液与羧基丁腈橡胶(XNBR)共凝,制备 GO/XNBR 硫化胶。当 GO 含量为 1.2%(体积分数)或 4%(质量分数)时,XNBR 硫化胶的拉伸强度和 M_{100} 可分别提高 370% 和 230%。这主要是由于 GO 表面的含氧官能团与 XNBR 的羧基反应形成强烈的界面相互作用,从而提高 GO 的补强效果。同样,对于氢化羧基丁腈橡胶(HXNBR),GO 也具有优异的补强效果,如当 GO 的含量为 0.44%(体积分数)时,HXNBR 硫化胶的拉伸强度和 M_{200} 分别提高 50% 和 100%;GO 对极性的聚氨酯弹性体也展现出明显的补强作用,4.4%(质量分数)的 GO 能使聚氨酯弹性体的杨氏模量和硬度显著增加约 900% 和 327%。

对于非极性橡胶,通常需要先对 GO 进行表面处理,提高疏水性后,再与橡胶进行复合。例如,先用 Si69 改性 GO,并将 0.3%(质量分数)改性 GO 添加到 NR 中,得到的 NR 硫化胶拉伸强度提高了 100%;采用 3-氨丙基三乙氧基硅烷(APTES)改性的 GO 来增强聚二甲基硅氧烷(PDMS),相比纯 PDMS,含 3.0%(质量分数)改性 GO 的 PDMS 杨氏模量提高了 71%。也可以用极性橡胶先行改性 GO,再加入非极性橡胶中,如用 XNBR 改性 GO,然后填充到 SBR 橡胶中,当加入 5 份改性 GO 时,SBR 的拉伸强度提高 545%,撕裂强度提高 351%。

2. 阻隔性能

二维的 GO 具有较大的径厚比,可通过增加扩散路径来降低小分子如水分子、气体等在硫化胶中的渗透性,从而提高橡胶的气体或液体阻隔性。例如,当 GO 含量为 5 份时,GO/XNBR 硫化胶的透气性显著降低 55%;当 GO 含量为 4 份时,GO/XNBR 硫化胶的耐溶剂性能提高 17.5%。

3. 导热性能

橡胶是热的不良导体,在制备过程中的硫化时间长,制品表面与内部存在热梯度,导致胶料内、外部的性能差异大,影响产品的性能和外观;并且橡胶在使用过程中的内生热也会直接影响橡胶制品的使用性能。GO 的加入有助于提高橡胶的导热性能。如 GO/XNBR 硫化胶中,当添加 4 份的 GO 时,硫化胶的热导率从 $0.160\ W/(m \cdot K)$ 提高到 $0.223\ W/(m \cdot K)$,扩散系数从 $0.084\ mm^2/s$ 提高到 $0.100\ mm^2/s$,是纯 XNBR 硫化胶的 1.4 倍和 1.2 倍。

4. 热稳定性

GO 能大大提高橡胶的热稳定性。如用 3-氨丙基三乙氧基硅烷处理 GO,改性 GO 用量为 1.0%(质量分数)时,硅橡胶硫化胶降解的起始温度和末端温度都会增加,起始分解温度提高了 61 ℃,热稳定性得到改善。通过 TGA 研究 GO/丁基橡胶(IIR)硫化胶的热稳定性,当 GO 含量达到 10%(质量分数)时,硫化胶的最大分解温度提高了 11 ℃。

5. 其他性能

GO 能大大提高橡胶的耐磨性能。在 GO 含量为 0.5%(质量分数)时,GO/NBR 硫化胶的耐磨性能最好。同时 GO 极高的表面积有助于填料与橡胶基体之间产生较大的摩擦,有望提高硫化胶的阻尼特性。

3.9 碳纳米管

自 1991 年底,日本 NEC 公司的 Iijima 在利用电子显微镜观察石墨电极直流放电时发现多壁碳纳米管(MWCNTs)之后,碳纳米管这一固体碳自身所拥有的潜在特性,立即引起国际化学、物理和材料学界的极大关注。1993 年,NEC 和 IBM 的研究小组同时成功合成出了单壁碳纳米管(SWCNTs)。

碳纳米管独特的一维纳米结构使其具有极优异的力学性能、热学性能、电磁性能和光学性能,并有良好的化学稳定性,因此它在聚合物复合材料、纳米电子器件、场发射平板显示仪和超级电容器等方面具有潜在的用途。

3.9.1　碳纳米管的结构

碳纳米管可以看成是由单层或多层石墨烯片按一定的螺旋度卷曲而成的无缝纳米级圆筒,两端的"碳帽"由五元环或六元环封闭,根据组成石墨片层数的不同,将碳纳米管分为单壁碳纳米管(SWCNTs)和多壁碳纳米管(MWCNTs)。碳纳米管可看作是一维结构的纳米材料,在轴向上具有很高的长度,而在径向上是纳米尺寸。单壁碳纳米管是碳纳米管的极限形式,典型的直径和长度分别为 $0.4 \sim 3$ nm 和 $1 \sim 5$ μm;多壁碳纳米管是由若干同心的石墨烯片卷积而成,管壁间距大约在 0.34 nm,略大于石墨的层间距(0.335 nm),其直径和长度分别为 $2 \sim 30$ nm 和 $0.1 \sim 5$ μm。碳纳米管的管壁由碳六元环构成,每个六元环中的碳原子都以 sp^2 杂化为主,每个碳原子又都以 sp^2 杂化轨道与相邻六元环上的碳原子的 sp^2 杂化轨道相互重叠形成碳—碳 σ 键。每个碳原子剩余 p 轨道上的电子形成高度离域化的大 π 键,而 π 电子可与其他含有 π 电子的聚合物通过 π-π 非共价键作用相结合,得到碳纳米管/聚合物复合材料。

3.9.2　碳纳米管的性质

碳纳米管具有优良的耐热、耐腐蚀、耐冲击、导热和导电性能,高温强度高,有自润滑性和生物相容性等一系列综合性能。碳纳米管直径小、长径比大,为准一维纳米材料。其理论强度接近 C—C 键的强度,为同等体积钢强度的 100 倍,质量却只有 1/6,可以作为先进复合材料的增强体;碳纳米管中的碳—碳键以 sp^2 杂化存在,且在径向上尺寸为纳米级,降低了声子的维数,更有利于声子的传播,使其具有很高的热导性。据估算,长度大于10 nm 的碳纳米管,其导热系数大于 2 800 W/(m·K),理论预测室温下甚至可达 6 000 W/(m·K);碳纳米管具有独特的电学性能,可用于制作纳米电子器件。碳纳米管的电子能带结构特殊,波矢被限定于轴向,量子效应明显,是真正的量子导线,具有超导性能;碳纳米管具有发射阈值低、发射电流密度大、稳定性高等优异的场发射性能,可用于制作高性能平板显示器;碳纳米管还具有很好的吸附特性,可以作为高效储氢材料。

3.9.3　碳纳米管的改性

碳纳米管表面没有活性基团,往往很难与聚合物以化学键结合,必须对碳纳米管进行表面改性和功能化处理。处理后的碳纳米管,其纯度和分散性得到提高,表面结构也发生了变化,其端帽被打开,曲折点断裂处以及其他不饱和的碳原子被氧化为羟基、羰基和羧基等有机极性官能团,利用这些基团可以进行进一步的功能化处理,使其表面接枝多种官能团,使得改性后的碳纳米管可溶于水或有机溶剂,易于分散,提高了碳纳米管与聚合物之间的相互作用,从而能更好地制备新型功能材料。表面改性按其原理可以分为共价键改性法和非共价键改性法。

1. 共价键改性

共价键改性法主要是使碳纳米管与改性剂之间发生化学反应。碳纳米管的两端均为半个富勒烯"帽子",侧壁由碳六元环构成,在"端帽"处化学活性最大,管壁的活性则相对较小。因此,碳纳米管共价键改性是将管的端口切开,同时在开口处以共价键的形式接枝上其他活性基团(如羟基、羧基和羰基等),并进一步利用该活性基团在碳纳米管表面引入多种有机官能团,具体有酯化反应法、偶联剂法和表面接枝改性法。

酯化反应法就是利用酯化反应对碳纳米管进行改性,使原来亲水疏油的表面变成亲油疏水的表面,这种表面的功能改性在实际应用中十分重要。一般用强酸氧化多壁碳纳米管,然后聚丙烯酰氯通过与碳纳米管表面产生的羟基及少量羧基之间的化学反应共价接枝到碳纳米管表面;加入端羟基聚氨酯,与表面的聚丙烯酰氯发生酯化反应,实现了聚氨酯对碳纳米管的表面共价接枝。也有报道采用 3 - 异氰基丙烷基三乙基烷基硅烷(IPTES)改性多壁碳纳米管,将 IPTES 与酸化后的碳纳米管反应,达到对碳纳米管表面改性的作用。

2. 非共价键改性

碳纳米管在共价改性过程中,其表面结构受到一定的破坏,长径比降低和导电导热性能下降。因此,为得到结构与性能完整的碳纳米管,可以采用非共价键改性,即利用吸附、包覆和涂敷等作用改变碳纳米管的表面特性,提高其与橡胶基体的相容性。也可以利用碳纳米管表面高度离域化的 π 电子与其他含有 π 电子的化合物进行 π - π 非共价结合改性。常用的非共价键改性剂为表面活性剂和离子液体等。其中,表面活性剂有十二烷基苯磺酸钠、辛基苯磺酸钠、苯甲酸钠、十二烷基硫酸钠和高分子表面活性剂(如有机硅聚醚共聚物)。

3.9.4 碳纳米管对橡胶性能的影响

1. 力学性能

碳纳米管的模量最大可达到 1 TPa,拉伸强度是钢的 100 倍,良好的物理机械性能与独特的结构使其成为橡胶复合材料理想的增强填料。碳纳米管能够提高橡胶材料的力学性能,如 25 份的球磨处理的碳纳米管能使 NR 的 300%定伸应力和拉伸强度分别提高至 12.3 MPa 和 25.5 MPa,断裂伸长率下降到 490%。碳纳米管还可以与传统填料进行并用,如与白炭黑并用时会有显著的协同作用,对橡胶硫化胶的力学性能有较大的影响。随着碳纳米管用量的增加及白炭黑用量的减少,硫化胶的拉伸强度由 14 MPa 提高至 17 MPa,但断裂伸长率基本不变;当碳纳米管的用量达到 10 份、白炭黑为 80 份时,硫化胶的断裂伸长率由原来的 400%降至 300%。

2. 电性能

碳纳米管不仅具有良好的导电性能,而且长径比大,因此只要在橡胶中添加少量碳纳米管,便可形成完整的导电网络结构,改善橡胶的导电性能。如在丁苯橡胶中添加 2～4 质量份碳纳米管时,橡胶的体积电阻由原来的 10^{14} Ω·cm 下降至 10^6 Ω·cm。与填充炭黑的丁苯橡胶相比,填充碳纳米管的硫化胶在 8～18 GHz 下具有较高的介电常数及低介电损耗,随着碳纳米管填充量的增加,碳纳米管/丁苯橡胶硫化胶的电导率逐渐升高,当碳纳米管加入量为 60 份时,与纯胶样品及添加 60 份炭黑样品相比,电导率提高近 10 个数量级。

3. 热稳定性

碳纳米管自身具有高热传导性、抗氧化性,且酸化处理后其表面与断口处存在大量的官能团,可以直接与橡胶分子链相连,使基体内部的交联密度增大,因此将碳纳米管加入橡胶中,可以提高橡胶的热降解温度,降低热降解速度,提高橡胶在高温、高压这种极端环境中的稳定性。例如,填充了碳纳米管的氟橡胶能够在 260 ℃、239 MPa 的条件下持续工作 14 h 而不发生断裂与泄漏。

4. 导热性能

橡胶作为一种传统的绝缘隔热材料,其导热率通常为 0.1～0.2 W/(m・K)。碳纳米管具有良好的导热性能,并且具有较大的长径比,能使其在橡胶中形成完整有效的导热网络结构。因此,碳纳米管是填充型导热橡胶的理想填料。当碳纳米管用量为 4 份时,丁苯橡胶/聚丁二烯橡胶并用胶的导热率从 0.08 W/(m・K)增加到 0.14 W/(m・K)。

延伸阅读

习　题

1. 炭黑 N330 中的字母和数字分别代表什么? 中文和英文名称分别是什么?

2. 槽法炭黑与炉法炭黑相比,哪一种方法生产的炭黑会加速橡胶的硫化? 为什么?

3. 白炭黑可分为哪几类? 分别具有哪些结构特点?

4. 白炭黑在橡胶中使用时,为什么常常需要改性? 常用的改性剂有哪些? 请举例说明。

5. 炭黑-白炭黑双相粒子具有怎样的表面结构? 与白炭黑相比,其补强性能如何?

6. 碳酸钙的表面有哪些基团? 为何要对碳酸钙表面进行改性,以提高其对橡胶的补强效果?

7. 蒙脱土的主要成分是什么? 为何要对蒙脱土进行改性? 如何改性才能提高其对橡胶的补强效果?

8. 凹凸棒土的主要成分是什么? 如何提高凹凸棒土对橡胶的增强效果?

9. 氧化石墨烯表面有哪些基团? 如何提高氧化石墨烯对橡胶的增强效果? 请举例说明。

10. 举例说明氧化石墨烯、碳纳米管及炭黑-白炭黑在橡胶补强中的应用效果?

知识拓展

石墨烯

碳是最重要的元素之一,它有着独特的性质,是所有地球生命的基础。纯碳能以截然不同的形式存在,可以是坚硬的钻石,也可以是柔软的石墨。2010年诺贝尔物理学奖所指向的,是碳的另一张奇妙脸孔:石墨烯。其由英国曼彻斯特大学的安德烈·盖姆(Andre Geim)和康斯坦丁·诺沃肖洛夫(Konstantin Novoselov)两位科学家发现。

石墨烯是迄今为止最薄的二维碳材料,厚1 mm的石墨大约包含300万层石墨烯。它存在于自然界,只是难以剥离出单层结构。石墨层与层之间附着得很松散,容易滑动,使得其非常软、容易剥落。铅笔在纸上轻轻划过,留下的痕迹就可能是几层甚至仅仅一层石墨烯。

石墨烯对物理学基础研究有着特殊意义,它使一些此前只能纸上谈兵的量子效应可以通过实验来验证,如电子无视障碍,实现幽灵一般的穿越。但更令人感兴趣的,是它那许多"极端"性质的应用前景。石墨烯既是最薄的材料,也是最强韧的材料,断裂强度比最好的钢材还要高出百倍。同时它又有很好的弹性,拉伸幅度能达到自身尺寸的20%。如果用一块面积1 m² 的石墨烯做

图3-9 安德烈·盖姆

成吊床,可以承受一只猫的重量,而吊床本身重量不足1 mg,只相当于猫的一根胡须。

石墨烯的导电性比铜更好,导热性远超一切其他材料。它几乎是完全透明的,只吸收2.3%的光。此外,它非常致密,即使是氦原子——最小的气体原子也无法穿透。

科学家认为,利用石墨烯制造晶体管,有可能最终替代现有的硅材料,成为未来超高速计算机的基础。晶体管的尺寸越小,其性能越好。硅材料在10 nm的尺度上已开始不稳定,而石墨烯可以将晶体管尺寸极限向下拓展到1个分子大小。盖姆和诺沃肖洛夫已于2008年制造出1个原子厚、10个原子宽的晶体管。

石墨烯还可用于制造透明的触摸显示屏、发光板和太阳能电池板。在塑料里掺入百分之一的石墨烯,就能使塑料具备良好的导电性;加入千分之一的石墨烯,能使塑料的抗热性能提高30 ℃。在此基础上可以研制出薄、轻、拉伸性好和超强韧新型材料,用于制造汽车、飞机和卫星。由于具备完美结构,石墨烯还能用来制造超灵敏的感应器,即使是最轻微的污染也能察觉。

[参考文献:https://www.163.com/news/article/6IA3Q6LK00014AED.html(有删减)]

第4章 橡胶的老化及防护

延伸阅读

4.1 概 论

在加工、贮存或使用过程中,生胶或橡胶制品受热、光、氧和应力等外界因素的作用,使得橡胶发生物理或化学变化,如长时间贮存的天然生胶会变软、发黏;长期使用后的轮胎胎侧会产生龟裂,使得橡胶的性能逐渐下降,这样的现象称为老化。

4.2 老化的分类及防护

橡胶的老化主要受外部因素的影响,这些外部因素可分为物理因素(如热、光和电等)、化学因素(如氧、SO_2 和酸等)和生物因素(如微生物、昆虫等)三种类型。这些外界因素在橡胶老化过程中,往往不是独立地起作用,而是相互影响,加速了橡胶的老化进程。例如,热与氧一起产生了热氧老化,光与氧一起产生了光氧老化,热与臭氧一起加速了臭氧老化,交变应力与应变同氧及臭氧一起加速了疲劳老化。一般橡胶制品的老化主要是它们中的一个或数个因素共同作用的结果,最普遍的是热氧老化,其次是臭氧老化、疲劳老化和光氧老化。

 延伸阅读:影响橡胶老化的外部因素的种类,请扫本章标题旁二维码浏览(P77)。

4.2.1 热氧老化及防护

橡胶在实际使用过程中,往往要受热的作用,并与空气中的氧接触。当生胶或橡胶制品在热和氧两种因素的共同作用下产生老化时,其中热促进了橡胶的氧化,氧促进了橡胶的热降解,这称为热氧老化。热氧老化是橡胶老化中最普遍而且最重要的一种老化形式。

 延伸阅读:热氧老化的机理,请扫本章标题旁二维码浏览(P77)。

1. 结构及性能变化

橡胶在热氧老化过程中的结构变化可分为两类:一类是以分子链降解、氧化断链为主,如天然橡胶、聚异戊二烯橡胶、丁基橡胶、二元乙丙橡胶、均聚型氯醇橡胶及共聚型氯醇橡胶等,这类橡胶在热氧老化后的外观表现为变软、发黏;另一类是以分子链之间交联为主,如顺丁橡胶、丁腈橡胶、丁苯橡胶、氯丁橡胶和三元乙丙橡胶等,这类橡胶在热氧老化后,外观表现为发硬、变脆。

随着结构的变化,橡胶在热氧老化后,性能也发生相应的变化。无论是以氧化断链为主的天然橡胶,还是以氧化交联为主的丁苯橡胶,老化后硫化胶的拉伸强度和伸长率都下降。不同的是,天然橡胶热氧老化过程中定伸应力呈下降的趋势,而丁苯橡胶在热氧老化过程中定伸应力呈上升的趋势。随着橡胶的热氧老化,橡胶中的应力松弛速度变大,橡胶的永久变形增大,弹性下降。

2. 热氧老化的防护

前面讲到,橡胶的热氧化是一种自由基链式自催化氧化反应。因此,可以通过终止自由基链式反应或者防止自由基产生,抑制或延缓橡胶的氧化反应。根据作用方式不同,橡胶热氧老化的防老剂可分为两大类。第一大类称为链断裂型防老剂,也称为链终止型防老剂或自由基终止型防老剂,主要是通过截取链增长自由基 R· 或 ROO·,终止断链式反应,抑制或延缓氧化反应,其效果显著。第二大类称为预防型防老剂,是指能够以某种方式延缓自由基引发过程的化合物,这种物质不参与自由基的链式循环过程,只是抑制自由基的引发。

4.2.2 金属离子的催化氧化及防护

橡胶在产生热氧老化或光氧化老化时,若有某些金属离子存在,这些金属离子可大大加速老化进程,这称为金属离子的催化氧化。

 延伸阅读:橡胶中金属离子的来源及种类,请扫本章标题旁二维码浏览(P77)。

研究表明,金属离子主要通过单电子的氧化还原反应,催化橡胶老化过程中的氢过氧化物,使其分解成自由基,从而增加自由基引发橡胶分子链断链的速率。因此,要抑制金属离子的催化作用有以下几个基本途径:(1) 将金属离子稳固地络合至最高配位数;(2) 将金属离子稳定在一个价态,摒弃其他价态;(3) 形成不溶性产物(如橡胶中硫黄与铁离子形成的FeS)。

凡是能使金属离子失去催化活性的物质称为金属离子钝化剂或金属离子失活剂。具有这种作用的物质有,作为配位体化合物的3,5-二叔丁基-4-羟基苯基乙酸、亚乙基二氮基四乙酸等和可作为螯合化合物的烷基二硫代磷酸镍、二烷基二硫代氨基甲酸锌和乙酰丙酮钴等。作为金属离子钝化剂的各种配位体化合物,是通过与金属离子配位形成稳固的络合物来钝化金属离子的。但是,配位体型的金属离子钝化剂,有时是不能完全抑制金属离子的催化作用的。将金属离子钝化剂与常用的胺类或酚类防老剂并用,有时可以提高其钝化效果。例如将防老剂 4,4′-硫代双(3-甲基-6-叔丁基苯酚)与金属离子钝化剂 N,N′-二苯基乙二酰胺并用,钝化金属离子的效果更为显著。

4.2.3　臭氧老化及防护

正常大气环境中,存在着少量的臭氧。受臭氧的影响,橡胶发生老化龟裂的现象称为橡胶的臭氧老化。

对于未受应力的橡胶,其臭氧老化发生在表面,即橡胶表面的双键与臭氧反应,反应深度为 $10\sim40$ 个分子厚,或 $10\times10^{-6}\sim50\times10^{-6}$ mm 厚,当表面上的双键完全反应掉后,臭氧老化终止,橡胶表面上形成一层类似喷霜状的灰白色的硬脆膜,橡胶失去光泽。对于受应力拉伸的橡胶,当所受的应力超过临界应力(表 4-1)时,橡胶的表面会产生臭氧龟裂。与光氧老化所致的龟裂不同,臭氧老化所致的裂纹方向与受力的方向垂直。

表 4-1　各种硫化胶在 20 ℃时的临界应力

橡胶	临界应力/MPa
NR	0.006 5
SBR	0.006 4
NBR	0.007 0
IIR	0.012
CR	0.021

 延伸阅读:橡胶臭氧老化机理,请扫本章末尾二维码浏览(P86)。

因此,对于臭氧的防护,主要为隔绝臭氧和橡胶的接触,以及减少橡胶周边的臭氧浓度两个方面。

1. 物理防护

通过某些手段,在橡胶表面形成防护层,隔绝臭氧,从而实现对橡胶样品的臭氧老化防护。具体的方法有:(1) 在橡胶表面覆盖或涂刷防护层;(2) 在橡胶中加入蜡;(3) 在橡胶中混入耐臭氧的聚合物。其中,最常见的方法是将蜡加入橡胶中,当硫化完冷却后蜡在橡胶中处于过饱和状态,因此不断向橡胶表面喷出,形成一层薄的蜡膜,从而在橡胶表面形成一层屏障,阻止空气中的臭氧对橡胶的进攻,防止臭氧龟裂的产生。

一般说来,物理防护手段在橡胶的静态使用条件下,具有良好的防护效果。但是在经常屈挠的动态条件下,橡胶的表面防护层易剥落,丧失保护作用。

2. 化学防护

在对污染性要求不高的条件下,在橡胶中加入 $1.5\sim3.0$ 份的化学抗臭氧剂是目前广泛使用的防止臭氧老化的方法。研究表明,很多化合物都可以用作化学抗臭氧剂,它们几乎都是含氮化合物。其中,N,N'-二取代的对苯二胺类是最有效的化学抗臭氧剂。在对苯二胺类抗臭氧剂中,N,N'-二(1-烷基)取代的对苯二胺与臭氧的反应性最高,有良好的防臭氧老化性能。二烷基对苯二胺对静态臭氧老化有着非常有效的防护效能,但它们易导致焦烧。二芳基取代的对苯二胺促进焦烧的倾向小,但它们与臭氧的反应性很差,而且在橡胶中有很低的溶解性。这类物质不能作为 NR、BR、IR 及 SBR 的抗臭氧剂使用。烷基芳基混合取代的对苯二胺的特性处于上述两者之间,有着很好的综合性能,对动态条件下的臭氧老化具有优越的防护效果,是市场上的主要抗臭氧剂。近来的研究表明,二芳基取代的对苯二胺与烷基芳基混合取代的对苯二胺并用,在制品的长期使用过程中可以获得持久的抗臭氧效果。

二硫代氨基甲酸的镍盐、硫脲及硫代双酚也具有抗臭氧性。后两者可以作为非污染性的抗臭氧剂使用,但其防护效果远远不及污染性抗臭氧剂。

4.2.4 疲劳老化及防护

橡胶的疲劳老化是指在交变应力或应变作用下,橡胶的物理机械性能逐渐变坏,以致最后丧失使用价值的现象。如受拉伸疲劳的橡胶制品,在疲劳老化过程中逐渐产生龟裂,以致最后完全断裂。在实际使用的橡胶制品中,经受疲劳老化的例子有汽车轮胎、橡胶传动带及减震橡胶制品等。

研究表明,橡胶的疲劳老化过程是在力作用下的一个化学反应过程,主要是在力作用下的活化氧化过程。因此,起初有不少人认为疲劳老化是由氧化老化或臭氧老化引起的,并为防止这一老化在橡胶中加入了防止热氧老化的防老剂或防止臭氧老化的防老剂。结果发现,具有优良的防止臭氧老化的对苯二胺类防老剂,尤其是 IPPD(防老剂 4010NA),也有着优异的防止疲劳老化的效果(防老剂 H 或 DPPD 在对苯二胺类中有着非常大的防疲劳老化的效果,但因易喷霜使其应用受到限制),对 NR 的热氧老化具有防护效果而对其臭氧老化无防护效能的防老剂 D,对 NR 的疲劳老化也表现出一定的防护效果。对 SBR 的研究发现,防老剂 IPPD 对其疲劳老化具有防护效果,但防老剂 D 则无效。因此有人认为,防老剂对疲劳老化的抑制机理处于防止臭氧老化与防止热氧老化的机理之间。这进一步说明,橡胶的疲劳老化与热氧老化及臭氧老化在机理上是不同的。因此,针对疲劳老化,防老剂的选择应区别于热氧老化及臭氧老化。

 延伸阅读:疲劳老化的机理,请扫本章末尾二维码浏览(P86)。

4.3 橡胶的防老剂

橡胶的老化过程是橡胶实用价值逐渐丧失的过程,是一种不可逆的化学反应过程。针对橡胶老化的规律,采取适当的措施,可延缓老化速度,达到延长使用寿命的目的。因此,根据橡胶的老化机理,人们开发出了各种防护手段,能不同程度地延缓橡胶的老化进程。防护方法可概括为两种,即物理防护法和化学防护法。物理防护是指能够尽量避免橡胶与老化因素相互作用的方法,如橡塑共混、表面镀层或处理、加光屏蔽剂和加石蜡等;化学防护是指通过加入化学防老剂如胺类或酚类防老剂,干预橡胶的老化反应来阻止或延缓橡胶老化反应继续进行的方法。

由于不同的因素所引起的橡胶老化的机理不同,因而应根据具体情况采用相应的防老剂或防护方法。

4.3.1　常用橡胶防老剂

根据防老剂对各种不同老化现象的防护作用,可将其分成抗氧剂、抗臭氧剂、抗疲劳剂或屈挠龟裂抑制剂和金属离子钝化剂等几类防老剂。事实上,多数防老剂都同时具有几种防护功能,因此将某一防老剂严格地按功能分类是比较困难的。因此,橡胶工业上通常采用化学结构对防老剂进行划分。

1. 胺类防老剂

胺类防老剂主要用于抑制热氧老化、臭氧老化、疲劳老化及重金属离子的催化氧化,防护效果突出。其缺点是具有污染性。根据其结构,胺类防老剂可进一步分成如下几类:

(1) 苯基萘胺类

这类防老剂主要有苯基-α-萘胺(防老剂甲或 A,PANA)和苯基-β-萘胺(防老剂丁或 D,PBNA),具有良好的耐热氧老化和疲劳老化性能。但是有毒,目前这类防老剂在国外已较少使用。

(2) 酮胺类

这类防老剂主要包括丙酮与二苯胺的缩合物和丙酮与伯胺的缩合物。对于丙酮与二苯胺的缩合物,广泛使用的为防老剂 BLE,该类防老剂可赋予二烯类橡胶很好的耐热氧老化性能,在某些情况下还可赋予二烯类橡胶很好的耐屈挠龟裂性,因此被广泛应用在要求耐热的轮胎、电缆及重型机械配件。但是这类防老剂对于抑制金属离子的催化氧化和耐臭氧老化的效果欠佳。

丙酮与伯胺的缩合物是二氢化喹啉聚合体和单一的二氢化喹啉。其中,二氢化喹啉聚合体是一种非常有前途并被广泛使用的通用防老剂,能抑制条件较苛刻的热氧老化,并能钝化铜、锰、镍及钴等重金属离子,它的分子量取决于聚合度的大小,该种防老剂的污染性比其他常用的胺类防老剂小。由于它能增加 CR 的硫化活性(易焦烧),因而很少用于 CR 中。常用

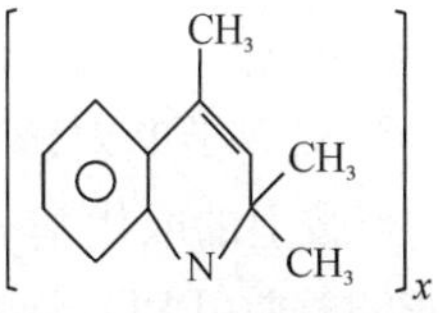

图 4 - 1　防老剂 RD 的
分子结构图

的品种是防老剂 RD,如图 4 - 1 所示。单一的二氢化喹啉防老剂常用的有两种,6 -十二烷基- 2,2,4 -三甲基- 1,2 -二氢化喹啉(防老剂 DD)和 6 -乙氧基- 2,2,4 -三甲基- 1,2 -二氢化喹啉(防老剂 AW)。前者是一种液体,具有抑制热氧老化和疲劳老化的功能,是 CR 的有效抗氧剂,后者不仅具有抗氧剂的功能,而且常作为抗臭氧剂使用。

(3) 二苯胺衍生物

这类防老剂的结构为 R—◯—NH—◯—R′,R 和 R′表示取代基,该类防老剂具有轻微的污染性。其中,当取代基为烷基时,烷基化的二苯胺(DPA)具有良好的耐屈挠和耐热性,该类产品有辛基化二苯胺(ODPA)、苯乙烯化二苯胺(SDPA)、异丙苯基化二苯胺(CDPA)。一般情况下,CDPA 的防护性能最好,特别是高温下的防护效果较好,常用作硫黄硫化橡胶(EPDM、ACM、FKM 等)的防老剂。另外,当 CDPA 与 N -异丙基- N′

-苯基对苯二胺(防老剂 4010NA)并用时,可改善轮胎的动态疲劳性能。市场上出售的 DPA,是一元、二元烷基取代的混合物,一元、二元的比例不同,老化性能也不同,二元取代得多时,耐屈挠性下降(如 SDPA)。此外,还有硫黄环化的二苯胺(TDPA),在 CR 中使用时,虽然耐热方面不如烷基化的二苯胺(DPA),但是其耐屈挠性良好(特别是在高温下的耐屈挠性)。

(4) 对苯二胺类衍生物

这类防老剂是目前橡胶工业中使用最广泛的一类,其分子结构为 R—NH—◯—NH—R′,可以抑制橡胶制品的臭氧老化、疲劳老化、热氧老化及金属离子的催化氧化,是防护效果比较全面的一类防老剂。根据取代基的不同,可分为二烷基、烷基/芳基、二芳基对苯二胺类防老剂。总的来说,从防老化的速效性、抗臭氧性(静态)上考虑,二烷基>烷基/芳基>二芳基;从耐久性、耐屈挠性和耐热性上考虑,二芳基>烷基/芳基>二烷基。对橡胶的污染性排列顺序为:二烷基>烷基/芳基>二芳基,并且在硫化胶中有喷霜的现象,特别是二芳基的 N,N′-二苯基对苯二胺(防老剂 DPPD)。

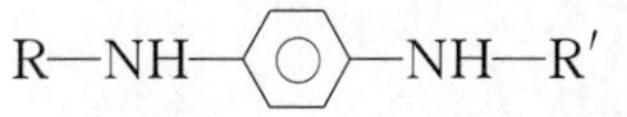

① 二烷基对苯二胺

这类防老剂有着突出的防静态臭氧老化的效能,尤其是无石蜡时能较好地防静态臭氧老化,并具有良好的抑制热氧老化的作用,但是对于混炼胶有促进焦烧的倾向,如防老剂 UOP 788(图 4-2)。一般总是将该类防老剂与烷基芳基对苯二胺并用,以确保硫化胶在静态及动态条件下具有良好的耐臭氧老化性能。

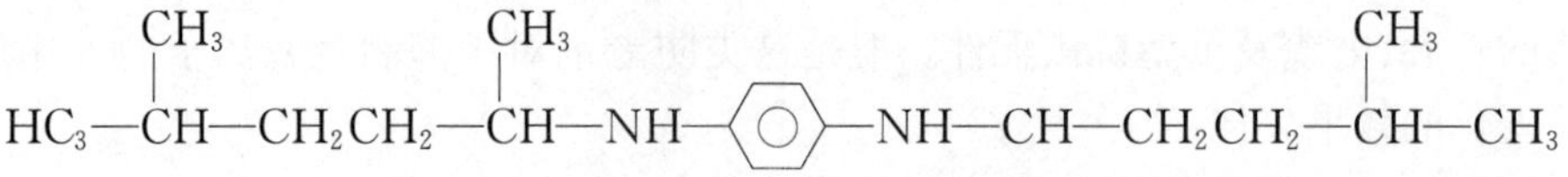

$$HC_3—CH—CH_2CH_2—CH—NH—◯—NH—CH—CH_2CH_2—CH—CH_3$$

图 4-2 防老剂 UOP788 的分子结构

② 烷基芳基对苯二胺

当胺上的取代基一个为烷基、另一个为芳基时,称为烷基芳基对苯二胺(如防老剂 UOP588 或 6PPD,图 4-3)。这个芳基通常是苯基。这类物质对动态臭氧老化有着突出的防护效果,当与石蜡并用时,对静态臭氧老化也表现出突出的防护作用。它们在橡胶中,通常不存在喷霜问题。这类物质中最早的品种是防老剂 4010NA,且到目前仍被广泛应用。但是,由于 4010NA 刺激皮肤会引起皮炎,在某些情况下的应用逐渐减少。6PPD 是目前这类物质中经常被采用的防老剂,其原因有:它不引起皮炎;与其他的烷基芳基对苯二胺及二烷基对苯二胺相比,它对加工安全性的影响小,即促进焦烧的倾向小;与其他广泛使用的烷基芳基及二烷基对苯二胺相比,它的挥发性小。

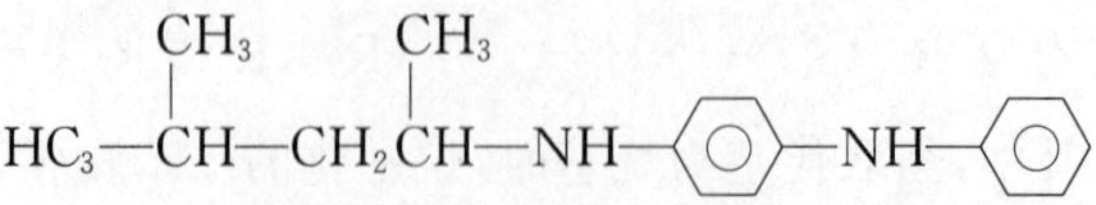

$$HC_3—CH—CH_2CH—NH—◯—NH—◯$$

图 4-3 防老剂 UOP588 或 6PPD 的分子结构

③ 二芳基对苯二胺

当两个取代基均为芳基时,称为二芳基对苯二胺。与烷基芳基对苯二胺相比,二芳基对苯二胺的价格低,但抗臭氧活性也低。由于它们的迁移速率很慢,所以这类物质的耐久性很好,是有效的抗氧剂。它们的主要缺点是在橡胶中的溶解性低,当使用量超过 1.0~2.0 份时就产生喷霜。不同的橡胶,不产生喷霜的最高使用量不同,例如,对于 NR,当用量为 1 份,也会产生喷霜。

2. 酚类防老剂

酚类防老剂主要作为抗氧剂使用,个别品种还具有钝化金属离子的作用,但其防护效能均不及胺类防老剂。这类防老剂的主要优点是非污染性,适用于浅色橡胶制品中。根据其结构,酚类防老剂可进一步分成如下几类:

(1) 受阻酚类

这类防老剂中广泛使用的是防老剂 264 和防老剂 SP(苯乙烯化苯酚),具有中等程度的防护效能,并且防老剂 264 可用于与食品接触的橡胶制品中。但是,这类防老剂的挥发性大,耐久性差。

(2) 受阻双酚类

这类防老剂是指通过亚烷基或硫桥将两个一元受阻酚的邻位或对位桥连在一起的双酚,如防老剂 2246 和 2246S(图 4-4)。这类物质的防护效能及非污染性优于前述的受阻酚类,但其价格较高。亚烷基桥连的双酚具有较好的非污染性,而硫桥连的双酚在高温下具有很好的防热氧老化的效能。这两类物质能对橡胶海绵制品提供有效的防护,同时也常用于胶乳制品中。

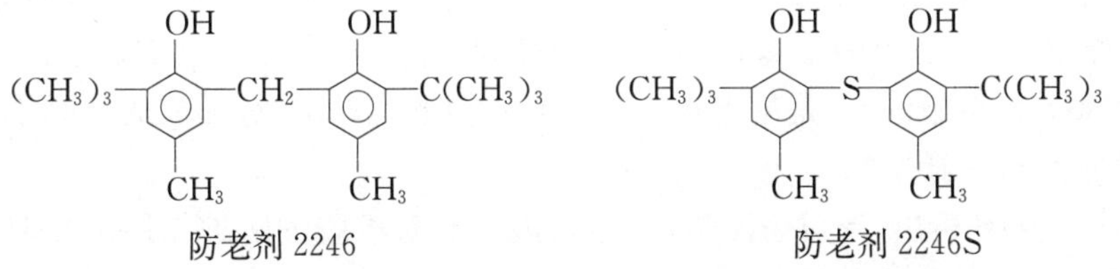

图 4-4　防老剂 2246 和 2246S 的化学结构

(3) 多元酚类

主要是指对苯二酚的衍生物,如 2,5-二叔戊基对苯二酚(防老剂 DAH)。这类物质主要用于保持未硫化橡胶薄膜及粘合剂的粘性,同时也可用于某些合成橡胶(NBR、BR)的稳定剂。这类物质仅在未硫化橡胶中具有防护活性,而在硫黄硫化的橡胶中没有防护效能。

3. 有机硫化物类防老剂

在橡胶中应用较多的有机硫化物类防老剂是二硫代氨基甲酸盐类和硫醇基苯丙咪唑等,其主要起到破坏橡胶中产生的氢过氧化物的作用。

二硫代氨基甲酸盐类中应用比较多的是二丁基二硫代氨基甲酸锌,常被用作生产丁基橡胶的稳定剂和橡胶基的粘合剂的抗氧剂。但是,本身二硫代氨基甲酸盐类就是一种高效促进剂,容易导致焦烧,降低加工安全性,因此在应用时应有选择地采用。另一种二丁基二硫代氨基甲酸盐是二丁基二硫代氨基甲酸镍,即防老剂 NBC,能用作 NBR、CR 及 SBR 的静态抗臭氧剂,也能用作 CR、氯醇橡胶及氯磺化聚乙烯橡胶的抗氧剂。

硫醇基苯丙咪唑(防老剂 MB)及其他的锌盐(防老剂 MBZ)也是橡胶常用的防老剂，污染性很小，适用于透明橡胶制品及白色或浅色橡胶制品中，对 NR、BR、SBR 及 NBR 的氧化老化有中等程度的防护作用，并有抑制铜离子的催化氧化功能。

4. 非迁移性防老剂

橡胶制品在长时间使用后，由于高温挥发、表面迁移或者受外界溶剂抽提，导致橡胶中的防老剂损失，一方面造成了制品中防老剂量减少，防老化性能降低。另一方面，挥发/迁移/抽提出来的防老剂会危害身体健康。因此，减少橡胶制品中防老剂的损失，提高防老剂在橡胶中的持久性，一直是防老剂领域的重要议题之一。

凡是能在橡胶中持久发挥防护效能的防老剂称为非迁移性防老剂，有的也称为非抽出性防老剂或持久性防老剂。非迁移性防老剂与一般防老剂相比，主要是具有难抽出性、难挥发性和难迁移性。目前，提高防老剂在橡胶中的持久性，主要有以下几种方法：(1) 提高防老剂的分子量；(2) 在加工过程中防老剂与橡胶化学键合；(3) 在加工前将防老剂接枝在橡胶上；(4) 在橡胶制造过程中，使具有防护功能的单体与橡胶单体共聚。有文献报道，将防老剂接枝到填料上，也能显著提高防老剂的持久性。

5. 物理防老剂

物理防老剂，是指在橡胶表面形成隔离膜，将橡胶与老化因素隔离开，避免发生相互作用的一类防老剂。

橡胶物理防老剂中，应用最广泛的是蜡，主要用作橡胶臭氧老化的防老剂。蜡可分为石蜡和微晶蜡两种。石蜡主要由线型直链烷烃构成，分子量较低，约为 350~420，结晶度高，可形成大的结晶，其熔点范围为 38~74 ℃。微晶蜡来自高分子量石油的残余物，分子量范围为 490~800，比石蜡的高，是由支化的烷烃或异构链烷烃组成，形成的结晶小且很不规整，熔点范围为 57~100 ℃。

由于蜡是通过溶解-析出，形成表面防护蜡膜，因此蜡对橡胶的防护作用主要取决于它的析出特性及所形成的蜡膜的特性。

4.3.2　防老剂的并用及相互作用

橡胶制品的实际使用环境往往比较复杂，多种老化因素并存。因此，在实际应用中，经常选用多种具有不同作用机理的防老剂并用。不同防老剂存在复杂的相互作用，有时能够使得防护效果更为显著，有时反而使得防护效果下降。因此，在选用防老剂并用时，必须通过实验进行认真选择。根据并用后防护效果的变化，防老剂之间的相互作用可以分为以下三种。

1. 对抗效应

当两种或两种以上的防老剂并用时，所产生的防护效能小于它们单独使用时的效果之和，这种相互作用称为对抗效应。在实际使用中应尽量避免这种效应产生。例如，当显酸性的防老剂与显碱性的防老剂并用时，由于两者产生了类似于盐的复合体，因而产生对抗效应。另外，通常的链断裂型防老剂与某些硫化物尤其是多硫化物之间也会产生对抗效应，如含有 1% 的 4010NA 的硫化天然橡胶中，加入多硫化物后使氧化速率提高，这也是对抗效应。在含有芳胺或受阻酚的过氧化物硫化的纯化天然橡胶中，加入三硫化物，也发现有类似的现象。一般单硫化物的影响比多硫化物小。

2. 加和效应

当防老剂并用后所产生的防护效果等于它们各自作用的效果之和时,称为加和效应。在选择防老剂并用时,能产生加和效应是最基本的要求。

同类型的防老剂并用后通常只产生加和效应,但有时并用后会获得其他好处。例如,两种挥发性不同的酚类防老剂并用,不但能产生加和效应,而且与等量地单独使用一种防老剂相比能够在更宽广的温度范围内发挥防护效能。另外,大多数防老剂在使用浓度较高时显示助氧化效应,这可通过将两种或几种防老剂以较低的浓度并用予以避免,并用后的效果为各组分通常效果之和。

3. 协同效应

当两种或多种防老剂并用时,其防护效果大于每种防老剂单独使用的效果之和,这种相互作用称为协同效应。当防老剂并用时,根据产生协同效应的机理不同,又可分为杂协同效应、均协同效应和自协同效应。

(1) 杂协同效应

两种或两种以上按不同机理起作用的防老剂并用所产生的协同效应,称为杂协同效应。

例如,链断裂型防老剂与破坏氢过氧化物型防老剂并用所产生的协同效应,属杂协同效应。破坏氢过氧化物防老剂分解氧化过程中所产生的氢过氧化物为非自由基,使作为自由基来源的氢过氧化物的链引发作用减小到可忽略不计的程度,从而减少了链断裂型防老剂的消耗,使其能在更长的时间内有效地终止产生链传递的自由基,使氧化的动力学链长(每个引发的自由基与氧反应的氧分子数)缩短,仅生成少量的氢过氧化物,从而大大减慢了破坏氢过氧化物型防老剂的消耗速率,延长了其有效期。因此,在这样的并用体系中,两种防老剂相互依存,相互保护,并且共同起作用,从而有效地使聚合物的使用寿命延长,防护效果远远超过各成分之和。

(2) 均协同效应

两种或两种以上的以相同机理起作用的防老剂并用所产生的协同效应称为均协同效应。

例如,当两种不同的链断裂型防老剂并用时,其协同作用的产生是氢原子转移的结果,即高活性防老剂与过氧自由基反应使活性链终止,同时产生一个防老剂自由基,此时低活性防老剂向新生的这个高活性防老剂自由基提供氢原子,使其再生为高活性防老剂。这些能提供氢原子的防老剂是一种特殊类型的防老剂,一般称为抑制剂的再生剂。两种邻位取代基位阻程度不同的酚类防老剂并用,或两种结构和活性不同的胺类防老剂并用,或者一种仲二芳胺与一种受阻酚并用,都可产生良好的协同效应。原因就在于并用后高活性防老剂能有效地清除体系内发生链传递的自由基,而低活性防老剂又不断地提供氢原子,使高活性的防老剂再生,从而延长了高活性防老剂的有效期。

(3) 自协同效应

如果同一防老剂分子上同时具有按不同机理起作用的基团时,它本身将产生自协同效应。一个最常见的例子就是既含有受阻酚的结构,又含有二芳基硫化物结构的硫代双酚类防老剂。例如4,4′-硫代双(2-甲基-6-叔丁基苯酚),该防老剂既可以像酚类防老剂那样终止链传递自由基,又可以像硫化物那样分解氢过氧化物。还有,前文述及的二硫代氨基甲酸盐,除破坏氢过氧化物外,还可以清除过氧自由基。有机硫化物在抑制氧化过程中,也有终止过氧自由基的能力。

另外,某些胺类防老剂除起到链终止作用外,还可以络合金属离子,防止金属离子引起的催化氧化,甚至具有抑制臭氧老化的能力。二烷基二硫代氨基甲酸的衍生物既有金属离子钝化剂的功能,又有过氧化物分解剂的功能。二硫代氨基甲酸镍不仅可以分解氢过氧化物,而且还是一种非常有效的紫外线稳定剂。

延伸阅读

习　题

1. 橡胶的热氧老化机理是什么?
2. 橡胶的臭氧老化机理是什么?
3. 橡胶的金属离子的催化氧化机理是什么?
4. 简单介绍橡胶的疲劳老化机理。
5. 胺类防老剂的作用原理是什么? 列举1~2种胺类防老剂。
6. 酚类防老剂的作用原理是什么? 列举1~2种酚类防老剂。
7. 列举1~2种有机硫化物防老剂,并说明其原理。
8. 防老剂之间可能有哪些相互作用? 这些作用对橡胶的老化有什么影响?
9. 将防264与防MB并用时,会产生什么效果? 说明为什么。
10. 什么叫橡胶的物理防老化? 物理防老剂有哪些?

知识拓展

我国首例"零碳"橡胶防老剂面世
—— 中国石化南化公司"兰花牌"橡胶防老剂产品成为全球
首例获得权威认证的橡胶防老剂碳中和产品

2022年5月13日,据中国石化新闻办消息,中国石化南化公司"兰花牌"橡胶防老剂产品6PPD和TMQ被国际权威认证公司TUV南德意志集团认证为碳中和产品。该系列产品成功实现产品全生命周期"零碳"排放,成为全球首例获得权威认证的橡胶防老剂碳中和产品,这将有力推动下游产品减少碳排放,助力精细化工产品实现碳中和,促进行业绿色低碳高质量发展。

TUV南德意志集团依据国际标准和相关论证规范,对中国石化南化公司两个产品进行全生命周期碳足迹核算、评估。据悉,中国石化南化公司通过采购低碳原材料、优化物流环节等手段降低原材料生产及运输过程的碳排放;自主研发"贵金属催化剂制备防老剂 6PPD 生产工艺"并投入工业化、大力开展节能减排等,减少生产过程中的碳排放;通过购买碳信用的方式抵消生产及使用过程的碳排放量,从而实现产品全生命周期碳中和。此前,中国石化南化公司橡胶防老剂产品品牌"兰花牌"商标已通过欧盟《化学品注册、评估、许可和限制》,即俗称的 REACH 认证,这是欧盟对进入其市场的所有化学品进行预防性管理的法规。

防老剂是指能延缓高分子化合物老化的物质。中国石化南化公司生产的橡胶防老剂 6PPD 和 TMQ 主要应用于飞机、商用车、乘用车轮胎等领域,可延长产品使用寿命、防止老化开裂等。该系列产品是目前最新且最重要的一类防老剂,约占国内市场份额的 15%,其中 20% 销往国际十大著名轮胎橡胶企业。

近年来,中国石化南化公司以开发"零碳"橡胶防老剂为突破口,推动企业逐步实现零碳、高效的可持续发展。中国石化南化公司通过对比产品原料、生产、使用和废弃过程的碳排放数据,找出影响产品碳足迹的关键要素,有针对性地升级生产技术和改造生产工艺、优化供应链,从而实现节能、降耗、减排目标。防老剂 TMQ 连续 20 年保持优级品率 100%。三年来,中国石化南化公司通过各种节能措施共减少碳排放超 6.5 万吨,相当于种植 114 万棵树。

中国石化始终致力于推进绿色低碳进程,加大天然气、电替代步伐,大力发展绿氢炼化,不断提高原料低碳化比例,培育发展循环经济,减少产品全生命周期碳足迹。积极参与甲烷减排行动,建成百万吨级 CCUS 示范项目,开发碳中和林、碳中和加油站等各具特色的碳中和模式,把绿色洁净打造成中国石化的亮丽名片。中国石化将坚定不移迈向净零排放,确保高质量完成碳达峰、碳中和目标,为应对全球气候变化做出新贡献。

(参考文献:http://www.xinhuanet.com/energy/20220513/e2bdde2014bd45128d54bfdf4b999c13/c.html)

第 5 章　橡胶的增塑和增塑体系

5.1　概　论

延伸阅读

　　橡胶的增塑剂通常是一类分子量较低的化合物,将其加入橡胶后,能够降低橡胶分子链间的作用力,使生胶很好地浸润粉末状配合剂,从而改善了混炼工艺,使配合剂分散均匀,混炼时间缩短,减小混炼过程中的生热现象,同时增加胶料的可塑性、流动性和粘着性,便于压延、压出和成型等工艺操作。除此之外,橡胶的增塑剂还能改善硫化胶的某些物理机械性能,如降低硫化胶的硬度和定伸应力、赋予硫化胶较高的弹性和较低的生热、提高其耐寒性。某些增塑剂的价格较低,并在某些橡胶中能大量填充,可用来降低橡胶成本。因此橡胶的增塑剂在橡胶的配合及加工过程中非常重要。

　　按作用原理,增塑剂可以分为物理增塑剂和化学增塑剂。化学增塑剂是在生胶机械塑炼时参与大分子的力化学反应,促进大分子的降解而实现增塑,如苯硫酚、五氯硫酚及其锌盐类等。本章所谈及的增塑剂主要是物理增塑的增塑剂,主要利用低分子增塑剂对橡胶的溶胀和渗透作用,增塑剂进入橡胶分子内,增大橡胶分子间距离,减弱大分子间作用力(降低黏度),使大分子链变得较易滑动,在宏观上增大了胶料的柔软性和流动性。

　　根据生产使用要求,增塑剂应具备下列条件:增塑效果大,用量少,吸收速度快,与橡胶相容性好,挥发性小,不迁移,耐寒性好,耐水、耐油和耐溶剂,耐热、耐光性好,电绝缘性好,耐燃性好,耐菌性强,无色、无臭、无毒和价廉易得。实际上,目前还没有真正能全部满足上述要求的增塑剂。因此,多数情况是把两种或两种以上的增塑剂混合使用,以提高其增塑效果,用量多的叫主增塑剂,起辅助作用的叫助增塑剂。

5.2　橡胶增塑机理

5.2.1　润滑理论

　　润滑理论于 1940—1943 年提出,认为增塑剂存在于胶料的聚合物分子之间,将聚合物分子相互隔开,主要起润滑作用。增塑剂用量越少,这种润滑分离的作用也越小,所引起的胶料刚性的损失也就越小。反之,如果增加增塑剂用量,则刚性就会减小。润滑理论最适用于增塑剂用量较少的场合,因为这时增塑剂在结晶聚集体的聚合物分子链之间起物理润滑作用,增塑剂与结晶聚集体表面接触,使原来几乎不存在的运动得以产生。在这种运动状态下,增塑剂实际上同聚合物结晶是不相容的,尽管它完全溶于聚合物的无规区。当聚合物呈非结晶而分子量又很大时,增塑剂就可能作为溶质而被吸收,其分子起介质作用,将聚合物的长链分开,以免它们被冻结而处于静止不动的状态。

如果把润滑理论所指的润滑看成是两个表面之间的离散润滑,那么可以推知,溶剂化能力越差的增塑剂,增塑效果就越佳。

5.2.2　凝胶理论

凝胶理论认为,在未交联聚合物结构中,长链分子可能呈有规状(结晶体),也可能呈无规状。刚性主要是由于聚合物链的活泼点互相作用、互相吸引而产生的。聚合物链的作用取决于它的链结构、链长、组成和极性基团(如 O、Cl、N、S、—COO—等),在范德华力、氢键、路易斯酸-碱反应及分子间其他的吸引力或排斥力的影响下,这种作用就会产生较强的联结点。

按照凝胶理论,增塑剂具有两个功能:一是通过本身分子的分散,将大分子链分开,从而使聚合物发生溶剂化;二是抵消聚合物链段间的吸引力或排斥力。增塑剂凭借这两个功能促使聚合物刚性减弱。

5.2.3　自由体积理论

如果使一种可结晶的液体增塑剂冷却直至固化点开始结晶为止,则它的体积便随温度的下降而逐渐减少。当达到固化点温度时,增塑剂由液态变为固态,体积会发生骤减。这种现象可用"自由体积理论"来解释。冷却与结晶会使自由体积减小,加热和熔融则使其增加。任何温度下聚合物的流动性主要取决于剩余的自由体积。聚合物由于体积大,热运动又受到一定的限制,所以自由体积较小。

聚合物自由体积与其黏度之间的关系为:

$$\ln n_0 = \ln A + B(V - V_t)/V_t \tag{5-1}$$

式中:n_0 为黏度;A 与 B 为经验常数,B 约等于 1;V 为总体积;V_t 为自由体积。因此,如果增大聚合物的自由体积,则其黏度减小,流动性增大,对形变的敏感性增大,即聚合物的塑性增加。

相比之下,小分子比大分子聚合物具有更多潜在的自由体积。因此,当加入小分子增塑剂后,由于增塑剂具有较大的自由体积,聚合物链段可渗入其内,聚合物的自由体积增大,因此体系的黏度降低,聚合物链段的流动性增加。

5.3　增塑剂的种类及其选择

增塑剂按其来源不同可分为如下五类:(1) 石油系增塑剂;(2) 煤焦油系增塑剂;(3) 松油系增塑剂;(4) 脂肪油系增塑剂;(5) 合成增塑剂。

5.3.1　石油系增塑剂

石油系增塑剂是橡胶加工中使用最多的增塑剂之一。它具有增塑效果好、来源丰富和成本低廉的特点,几乎在各种橡胶中都可以应用。我国有较多的石油资源,可为橡胶工业提供多种石油系增塑剂,如操作油、三线油、变压器油、机油、轻化重油、石蜡、凡士林、沥青及石油树脂等。

1. 操作油

操作油是石油的高沸点馏分,是分子量在 300～600 的复杂烃类化合物,具有很宽的分子量分布。这些烃类可分为芳香烃类、环烷烃类和链烷烃类。此外还含有烯烃、少量的杂环混合物。可以用如下结构表示它们:

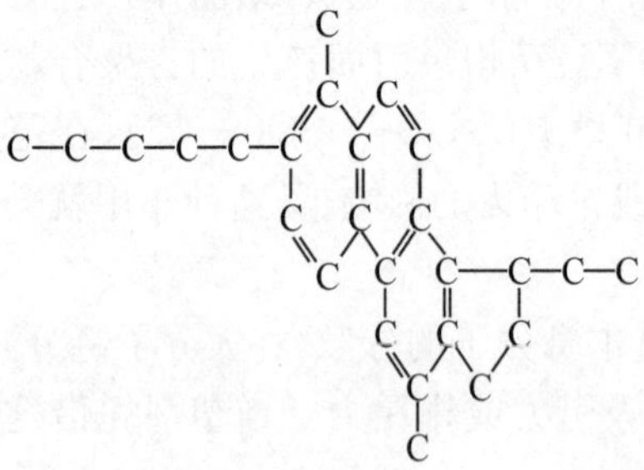

芳香烃

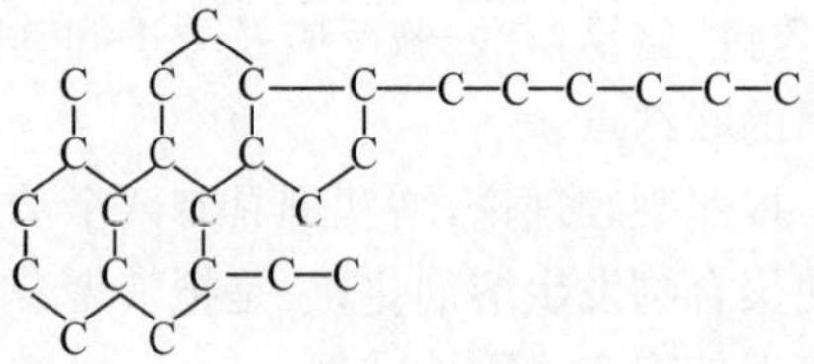

环烷烃

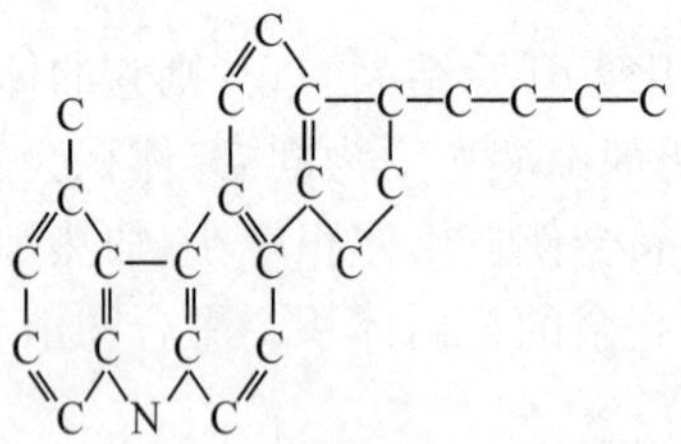

含氮的典型极性或杂环化合物

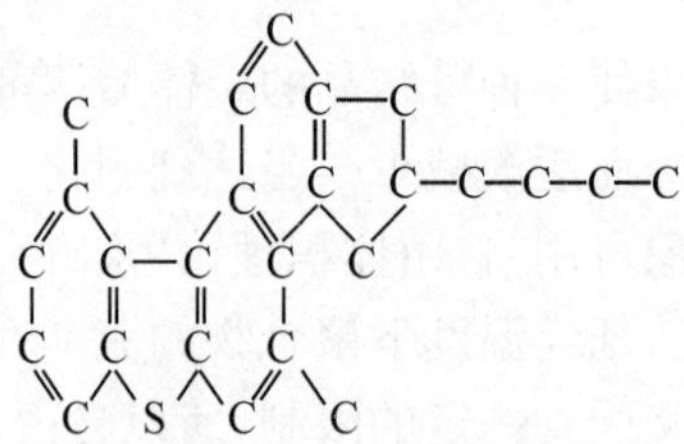

含硫的典型极性或杂环化合物

饱和链烷烃

C—C—C—C—C—C—C—C—C

链烯烃

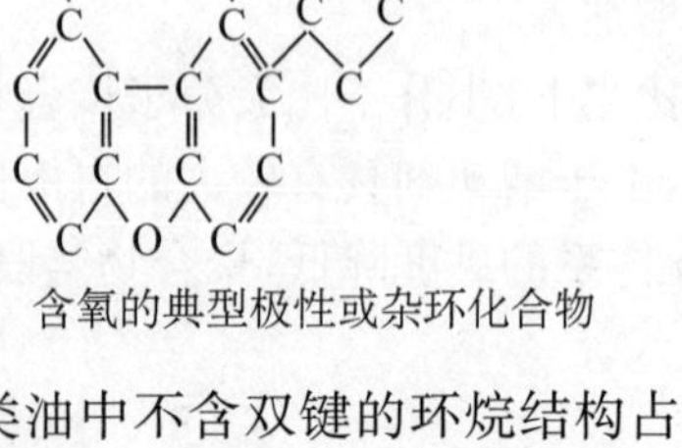

C—C—C=C—C=C—C—C

含氧的典型极性或杂环化合物

在芳香烃类油中芳香族结构占优势,在环烷烃类油中不含双键的环烷结构占支配地位,在链烷烃类油中主链饱和,且分子中只有较少的环与较大数目的侧链相连接。

芳香烃油类与环烷烃油和链烷烃油相比,其加工性能较好,在橡胶中的用量也较前两种高些,适用于天然橡胶和多种合成橡胶,但具有一定的污染性,宜用于深色橡胶制品。

环烷烃油是对含芳烃少的油类进行脱蜡、脱色,从而得到的浅色环烷油,其性能介于芳香烃油和链烷烃油之间,适用于天然橡胶和多种合成橡胶,污染性比芳香烃油小。

链烷烃油又称石蜡油,它与橡胶的相溶性较差,加工性能差,但对橡胶物理机械性能的影响比较好。它用作一般的增塑剂,当用量小于 15 份时,可适用于天然橡胶和合成橡胶,用于饱和性橡胶如乙丙橡胶的效果则更好。链烷烃油因其污染性小甚至不污染,所以可用作浅色橡胶制品的增塑剂,对胶种的弹性、生热无不利影响,其产品稳定,耐寒性也好。

此外,上述油类为了改善胶料加工性能而在混炼时加到橡胶中的称为"操作油"或"加工油";而在合成橡胶生产时,为了降低成本和改善胶料的某些性能,直接加到橡胶中的、用量在 15 质量份以上的称为"填充油",14 质量份以下时也称作"操作油"。

2. 工业凡士林

工业凡士林是一种淡褐色至深褐色膏状物,污染性小,相对密度 0.88～0.89,由石油残油精制而得。在橡胶中它主要作润滑性增塑剂用,能使胶料有很好的压出性能,提高橡胶与金属的粘合力,但对胶料的硬度和拉伸强度有不良影响,有时会喷出制品表面,一般用于浅色制品。由于凡士林含有地蜡成分(微晶蜡),所以具有物理防老剂作用。

3. 工业用石蜡

工业用石蜡为白色结晶体,由天然石油或页岩油的重馏分加工而得的粗蜡进行再精制而成。它对橡胶有润滑作用,使胶料容易压延、压出和脱模,并能改善成品外观。它也是橡胶的物理防老剂,能提高成品的耐臭氧、耐水和耐日光老化等性能。在胶料中的用量在 1～2 质量份,增大用量会降低胶料的粘合性并降低硫化胶的物理机械性能。

4. 石油树脂

石油树脂是黄色至棕色树脂状固体,能溶于石油系溶剂,与其他树脂的相溶性好,分子量为 600～3 000。它是由裂化石油副产品烯烃或环烯烃进行聚合或与醛类、芳烃、萜烯类化合物共聚而成。石油树脂的用途、用法与古马隆树脂相似,在橡胶中用作增塑剂和增粘剂。它用于丁基橡胶,可以提高其硬度、撕裂强度和伸长率;用于丁苯橡胶可改善胶料的加工性能,并提高硫化胶的耐屈挠性和撕裂强度;在天然橡胶中可提高胶料的可塑性。在橡胶中的用量一般为 10 质量份左右。

5.3.2　煤焦油系增塑剂

煤焦油系增塑剂包括煤焦油、古马隆树脂和煤沥青等。此类增塑剂含有酚基或活性氮化物,因而与橡胶相容性好,并能提高橡胶的耐老化性能,但对促进剂有抑制作用,同时还存在脆性温度高的缺点。在这类增塑剂中,最常用的是古马隆树脂,它既是增塑剂又是一种良好的增粘剂,特别适合于合成橡胶。

1. 古马隆树脂

古马隆树脂是苯并呋喃与茚的共聚物,其化学结构式如下:

$$\left[\begin{array}{c} CH-CH \\ \diagdown O \diagup \end{array} - \begin{array}{c} CH-CH_2 \end{array} \right]_n$$

它是煤焦油中 160～200 ℃的馏分经浓硫酸处理,并在催化剂作用下,经聚合得到的产物。根据聚合度的不同,古马隆树脂分为液体古马隆树脂和固体古马隆树脂。固体古马隆树脂为淡黄色至棕褐色固体;液体古马隆为黄至棕黑色黏稠状液体,有污染性。根据古马隆软化点的范围不同其应用也有所不同,一般软化点为 5～30 ℃的是黏稠状液体,属于液体古马隆,在除丁苯橡胶以外的合成橡胶和天然橡胶中作增塑剂、粘着剂及再生橡胶的再生剂;软化点在 35～75 ℃的粘性块状古马隆,可用作增塑剂、粘着剂或辅助补强剂;软化点在 75～135 ℃的脆性固体古马隆树脂,可用作增塑剂和补强剂。

使用古马隆树脂具有以下优点:

(1) 胶料的压型工艺顺利,制品表面光滑。

(2) 改善胶料的粘着性,特别是对于合成橡胶,由于粘性差,成型困难,有时甚至在硫化后出现剥离现象,加入古马隆树脂能明显增加胶料的粘着性。

(3) 减缓胶料焦烧现象。由于古马隆树脂能溶解硫黄,能减缓胶料在贮存中的自硫现象和混炼过程中的焦烧现象。

(4) 对硫化胶物性调节较为广泛。不同分子量的古马隆树脂软化点不同,对硫化胶物理机械性能的影响也有差异,可以采用不同分子量的古马隆树脂对不同的橡胶进行增塑,调节某些物理机械性能。例如在丁苯橡胶中使用高熔点古马隆树脂时,硫化胶的压缩强度、撕裂强度、耐屈挠性和耐龟裂性能等有显著的改善;丁腈橡胶中用低熔点的古马隆树脂比高熔点的好,对其可塑性及加工性能均有所改善,硫化胶具有较高的拉伸强度、定伸应力和硬度;古马隆树脂对氯丁橡胶有防焦烧作用,可以减少橡胶在加工贮存中所发生的自硫现象,还可以防止炼好的胶料硬化。

2. 煤焦油

煤焦油是由煤高温炼焦产生的焦炉气经冷凝后制得,是一种黑色黏稠液体,有特殊臭味,成分是稠环烃和杂环化合物,和橡胶的相容性好,是极有效的活化性增塑剂,可以改善胶料的加工性能。煤焦油主要用作再生胶生产过程中的脱硫增塑剂,也可作为黑色低级胶料的增塑剂。煤焦油能溶解硫黄,可防止胶料硫黄喷出。此外,因煤焦油含有少量酚类物质,对胶料有一定的防老作用,但有迟延硫化和提高脆性温度的缺点。

5.3.3 松油系增塑剂

松油系增塑剂是橡胶工业早期使用较多的一类增塑剂,包括松焦油、松香、松香油及妥尔油等。该类增塑剂含有有机酸基团,能提高胶料的粘着性,有助于配合剂的分散,但由于多偏酸性而对硫化有迟缓作用。最常用的是松焦油,它在全天然橡胶制品中使用非常广泛,合成橡胶中也可使用。

1. 松焦油

松焦油是干馏松根、松干除去松节油后的残留物质,成分很复杂,主要包括烯类、树脂酸、脂肪酸及水溶性酚类、萜烯类及松香烯类等成分,其干馏加工方法不同,质量也有所不同。

 延伸阅读:松焦油的主要组成,请扫本章标题旁二维码浏览(P88)。

2. 松香

松香是由松脂蒸馏,除去松节油后的剩余物。它除有一定的增塑作用外,还可以增大胶料的自粘性,改善工艺操作,主要用于擦布胶及胶浆中。松香主要含松香酸,是一种不饱和的化合物,能促进胶料的老化,并有迟延硫化的作用。此外,耐龟裂性差,脆性大,经氢化处理制成氢化松香可克服上述缺点。

3. 妥尔油

妥尔油是由松木经化学蒸煮、萃取后所余的纸浆皂液中取得的一种液体树脂再经氧化改性而得,主要成分是树脂酸、脂肪酸和非皂化物。妥尔油对橡胶的增塑效果好,使填料易于分散,且成本低廉,主要用作生产再生橡胶时的增塑剂,适用于水油法和油法再生胶的生产。它的增塑效果近似松焦油,可使制得的再生胶光滑、柔软,并有一定粘性、可塑性和较高的拉伸强度,同时不存在返黄污染的缺点,用量一般为 4~5 份。

5.3.4　脂肪油系增塑剂

脂肪油系增塑剂是由植物油及动物油制取的脂肪酸、干油和黑油膏、白油膏等。植物油的分子大部分由长烷烃链构成,因而与橡胶的相溶性低,仅能供润滑作用。它们的用量一般很少,主要用于天然橡胶中。

1. 油膏

油膏分为黑油膏和白油膏两种。前者是不饱和植物油(如亚麻仁油、菜籽油)与硫黄在 160~170 ℃下加热制得的,是略带有弹性的黑褐色固体,相对密度 1.08~1.20。白油膏是不饱和植物油与一氯化硫共热而得到的白色松散固体,相对密度 1.00~1.36。

油膏能促使填充剂在胶料中很快分散,能使胶料表面光滑、收缩率小、挺性大,有助于压延、压出和注压操作,能减少胶料中硫黄的喷出,硫化后易脱模。油膏还具有耐日光、耐臭氧和电绝缘性能,但用量过多时有迟延硫化和不耐老化的作用,其中白油膏用量多时对制品物性的影响较黑油膏大。由于油膏中含游离硫黄,使用时硫黄用量应少些。油膏易皂化,不能用于耐碱和耐油制品中。

2. 硬脂酸

硬脂酸是由动物固体脂肪经高压水解,用酸、碱水洗后,再经处理而制得,它与天然橡胶和合成橡胶均有较好的相溶性(丁基橡胶除外),能促使炭黑、氧化锌等粉状配合剂在胶料中均匀分散。此外,硬脂酸还是重要的硫化活性剂。

5.3.5　合成增塑剂

合成增塑剂是合成产品,主要用于极性较强的橡胶中,如丁腈橡胶和氯丁橡胶。由于其价格较高,总的使用量一般较石油系增塑剂少。但是,合成增塑剂除了能赋予胶料柔软性、弹性和加工性能外,经过合理选择配合,还可以满足胶料的一些特殊性能要求,如耐寒性、耐老化性、耐油性和耐燃性等。因此,合成增塑剂的应用范围不断扩大,使用量日益增多。

合成增塑剂的分类有多种,按化学结构分有以下八类:(1) 邻苯二甲酸酯类;(2) 脂肪二元酸酯类;(3) 脂肪酸类;(4) 磷酸酯类;(5) 聚酯类;(6) 环氧类;(7) 含氯类;(8) 其他。

1. 邻苯二甲酸酯类

该类增塑剂通式为：

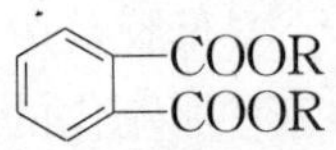

$$\text{COOR}\\\text{COOR}$$

结构式中，R 是烃基（从甲基到十二烃基）、芳基或环己基等。这类增塑剂在橡胶工业中用量最大，用途较广。由于基团 R 的不同，不同的邻苯二甲酸类增塑剂对胶料性能的影响存在着差异。一般说来，R 基团小，其与橡胶的相容性好，但挥发性大，耐久性差；R 基团大，其耐挥发性、耐热性等提高，但增塑作用、耐寒性变差。例如，邻苯二甲酸二丁酯（DBP）与丁腈橡胶等极性橡胶有很好的相溶性，增塑作用好，耐屈挠性和粘着性都好，能改善橡胶的低温使用性，但 DBP 的挥发性和水中溶解度较大，因此耐久性差。邻苯二甲酸二辛酯（DOP）在互溶、耐寒、耐热以及电绝缘等性能方面，具有较好的综合性能。邻苯二甲酸二异癸酯（DIDP）和邻苯二甲酸双十三酯具有优良的耐热、耐迁移和电绝缘性，是耐久型增塑剂，但它们的互溶性、耐寒性都较 DOP 稍差，受热会变色，需要与抗氧剂并用。

2. 脂肪二元酸酯类

脂肪二元酸酯类可用如下通式表示：

$$R_1-O-\overset{O}{\overset{\|}{C}}-(CH_2)_{\pi}-\overset{O}{\overset{\|}{C}}-O-R_2$$

式中：n 一般为 $2\sim11$；R_1、R_2 一般为 $C_4\sim C_{11}$ 的烷基，也可为环烷基，如环己基等。

脂肪二元酸酯类增塑剂主要作为耐寒性增塑剂。属于这一类增塑剂的有己二酸二辛酯（DOA）、壬二酸二辛酯（DOZ）、癸二酸二丁酯（DBS）和癸二酸二辛酯（DOS）等。其中DOS 具有优良的耐寒性、低挥发性以及优异的电绝缘性，但耐油性较差。DOA 具有优异的耐寒性，但耐油性也不够好，挥发性大，电绝缘性差。DOZ 耐寒性与 DOS 相似，但其挥发性低，能赋予制品很好的耐热、耐光和电绝缘性能。DBS 适合用于丁苯、丁腈、氯丁等合成橡胶和胶乳，有较好的低温性能，但挥发性大，易迁移，易被水、肥皂和洗涤剂溶液抽出。

3. 脂肪酸酯类

此类增塑剂的种类较多，除脂肪二元酸酯外的脂肪酸酯都包括在此类，如油酸酯、蓖麻酸酯、季戊四醇脂肪酸酯和柠檬酸酯，以及它们的衍生物等。单酯的增塑剂耐寒性极好，但互溶性差。脂肪酸酯类增塑剂的互溶性与其结构有关，一般按下列顺序逐渐下降：

烷基环氧化合物≥有机酸酯≥烷基苯≥脂肪醚≥芳香醚≥含氯类脂肪酸酯≥烷基环己烷＞脂肪类烯烃。

常用的脂肪酸酯类有油酸丁酯，具有优越的耐寒性和耐水性，但耐候性和耐油性很差。

4. 磷酸酯类

磷酸酯具有如下通式：

$$O=P{\begin{array}{c}O{-}R_1\\O{-}R_2\\O{-}R_3\end{array}}$$

式中：R_1、R_2、R_3 分别是烷基、卤代烷基和芳基。

磷酸酯类是耐燃性增塑剂，其增塑胶料的耐燃性随磷酸酯含量的增加而提高，并逐步由自熄性转变为不燃性。磷酸酯类增塑剂中烷基成分越少，耐燃性越好。在磷酸酯中并用卤族元素的增塑剂更能提高胶料的耐燃性。常用的有磷酸三甲苯酯(TCP)、磷酸三辛酯(TOP)。采用 TCP 作增塑剂的橡胶制品具有良好的耐燃性、耐热性、耐油性及电绝缘性，但耐寒性差。为了提高使用 TCP 的橡胶的耐寒性，必须与 TOP 并用。单用 TOP 的橡胶制品比单用 TCP 的耐寒性好，还具有低挥发性、耐菌性等优点，但迁移性大，耐油性差。

5. 聚酯类

聚酯类增塑剂的分子量较大，一般在 1 000～8 000 范围内，所以它的挥发性和迁移性都小，并具有良好的耐油、耐水和耐热性能。聚酯增塑剂的分子量越大，它的耐挥发性、耐迁移性和耐油性越好，但耐寒和增塑效果随之下降。

聚酯类增塑剂通常以二元酸的成分为主进行分类，称为癸二酸系、己二酸系、邻苯二甲酸系等。癸二酸系聚酯增塑剂的分子量为 8 000，增塑效果好，对汽油、油类、水和肥皂水都有很好的稳定性；己二酸系聚酯增塑剂的分子量为 2 000～6 000，增塑效果不及癸二酸系，耐水性差，但耐油性好；邻苯二甲酸系聚酯增塑剂价廉，但增塑效果不太好，无显著特性，未广泛采用。

6. 环氧类

此类增塑剂主要包括环氧化油、环氧化脂肪酸单酯和环氧化四氢邻苯二甲酸酯等。环氧增塑剂在它们的分子中都含有环氧结构 $*\;{-}\!\!\left({\begin{array}{c}CH{-}CH\\{\diagdown}\;\;{\diagup}\\O\end{array}}\right)\!\!{-}\;*$，具有良好的耐热、耐光性能。

环氧化油类，如环氧化大豆油(DOA)、环氧化亚麻仁等，环氧值较高，一般为 6%～7%，其耐热、耐光、耐油和耐挥发性能好，但耐寒性和增塑效果较差。

环氧化脂肪酸单酯的环氧值大多为 3%～5%，一般耐寒性良好，且增塑效果较 DOA好，多用于需要耐寒和耐候的制品中。常用的环氧化脂肪酸单酯有环氧油酸丁酯、辛酯和四氢糠醇酯等。

环氧化四氢邻苯二甲酸酯的环氧值较低，一般仅为 3%～4%，但它们却同时具有环氧结构和邻苯二甲酸酯结构，因而改进了环氧油相容性不好的缺点，具有和 DOP 一样的比较全面的性能，热稳定性比 DOP 好。

7. 含氯类

含氯类增塑剂也是耐燃性增塑剂。此类增塑剂主要包括氯化石蜡、氯化脂肪酸酯和氯化联苯。

氯化石蜡的含氯量在 35%～70%，一般含氯量为 40%～50%。氯化石蜡除耐燃性外,还有良好的电绝缘性,并能增加制品的光泽。随氯含量的增加,其耐燃性、互溶性和耐迁移性增大。氯化石蜡的主要缺点是耐寒性、耐热稳定性和耐候性较差。

氯化脂肪酸酯类增塑剂多为单酯增塑剂,因此,其互溶性和耐寒性比氯化石蜡好。随氯含量的增加其耐燃性增大,但会造成定伸应力升高和耐寒性下降。

氯化联苯除耐燃性外,对金属无腐蚀作用,遇水不分解,挥发性小,混合性和电绝缘性好并有耐菌性。

5.3.6 新型增塑剂

采用物理增塑剂的橡胶制品,在高温下增塑剂易挥发,在使用中接触溶剂时易被抽出,或产生迁移等现象,从而使制品体积收缩、变形而影响使用寿命。近年来,又发展了新型增塑剂,此类增塑剂在加工过程中起到物理增塑剂的作用,但在硫化时可与橡胶分子相互反应,或本身聚合,提高成品的物性,防止挥发或被抽出等,热老化后物性下降也较小,此类增塑剂称为反应性增塑剂。例如,端基含有乙酸酯基的丁二烯及分子量在 10 000 以下的异戊二烯低聚物等。它们作为通用型橡胶的增塑剂,不仅能改善胶料的加工性能,还能提高制品的物理机械性能。

液体丁腈橡胶对丁腈橡胶具有优越的增塑作用,它与丁腈橡胶有理想的互溶性,不易从橡胶中抽出,高温下也不易发生挥发损失。常用液体丁腈橡胶的分子量在 4 000～6 000。

氯丁橡胶 FB 和 FC 是分子量较低的半固体低聚物,在 55 ℃下熔化。可以作为氯丁橡胶的增塑剂,不易被抽出,胶料挤出性能好,用量较多时也不会降低橡胶的硬度。

由四氯化碳及三溴甲烷作调节剂合成的苯乙烯低聚物,可作为异戊橡胶、丁腈橡胶、丁苯橡胶和顺丁橡胶的增塑剂。这种低聚物能改善橡胶的加工性能,硫化时可与橡胶反应提高其产品性能。

低分子偏氟氯乙烯和六氟丙烯聚合物,亦称氟蜡,可用作氟橡胶的增塑剂。

习　题

1. 橡胶的增塑机理是什么?
2. 增塑剂的选择原则是什么?
3. 常用的增塑剂的种类有哪些?请列举 1～2 种物理增塑剂及其增塑效果。
4. 列举 1～2 类合成增塑剂,并说明其应用。
5. 松焦油的主要成分是什么?
6. 什么叫反应性增塑剂?举例说明。

知识拓展

可替代 DOP 的环保增塑剂

增塑剂,或称塑化剂、可塑剂,是一种可以增加材料的柔软性或使材料液化的添加剂,其作用原理主要是降低聚合物分子间的范德华力,从而增加聚合物的可塑性,使聚合物的硬度、软化温度下降。增塑剂的种类很多,目前,应用较为广泛的当以邻苯二甲酸酯为主,占商品增塑剂市场的 88%。其中,最具代表性的是邻苯二甲酸二辛酯(DOP),因其能够改善产品性能且价格低廉,广泛应用于医药制品助剂、食品包装材料、儿童玩具等领域。近几年来,研究发现邻苯二甲酸酯类增塑剂可诱发癌症,国内外严格控制其使用。随着人们对健康、安全的认识越来越深入,对可替代 DOP 的环保增塑剂的需求量也越来越大。因此,多种类型的环保增塑剂被开发出来,用以替代 DOP,实现更好的功能性效果。

1. 偏苯三酸酯

偏苯三酸酯主要包括偏苯三酸三辛酯、偏苯三酸三甘油酯等。偏苯三酸三辛酯(TOTM)被认为是比 DOP 更环保、更安全的增塑剂,主要应用于电器零件、半导体、绝缘层、密封条、汽车装饰材料等领域,且已基本实现了清洁化生产。国内外针对 TOTM 在健康安全方面的应用做了研究,报告表明 TOTM 没有基因毒性,且对生殖系统没有明显影响;不具有急性毒性,重复剂量毒性较低。应用于医疗用品中对血液、药物等均无明显负面影响,且迁出量较 DEHP 更低;但是在人体代谢过程中仍会有一定的积累,需要更多安全性的研究。

偏苯三酸酯类的优点是耐高温性、耐久性好,适用于环境温度高、易老化的使用环境;缺点是低温性能较差,熔点较高,常温下流动性较差。

2. 脂肪族二元酸酯类

脂肪族二元酸酯主要是指二元酸与异构醇反应形成的酯类化合物,因其耐低温性好、塑化效率高、生物降解率高等优点而得到广泛应用。主要产品包括己二酸酯、壬二酸酯、癸二酸酯等。二元酸酯的低温性能非常显著,即使用于-60 ℃的环境仍然能保持一定的增塑性能,远超 TOTM 和 TBC 等增塑剂。低分子量的二元酸合成的酯类增塑剂增塑效果较差,塑化效率与传统增塑剂相比,提升并不明显。

3. 柠檬酸酯类

柠檬酸酯是一种应用广泛的环保类增塑剂,被认为是邻苯二甲酸酯的理想替代品,广泛应用于食品包装、儿童玩具、医疗器械等领域,主要包括柠檬酸三乙酯(TEC)、柠檬酸三正丁酯、柠檬酸三正己酯和柠檬酸三辛酯及其乙酰基产品。柠檬酸酯类增塑剂除了具备传统增塑剂的增塑功能,更突出的优点是其较高的可生物降解性和耐寒性,其耐低温性可达-50 ℃以下,生物降解率达到 80% 以上。其缺点是耐高温性较差,当使用环境温度高于 200 ℃ 时会极大加速增塑剂的迁移和挥发,从而造成材料增塑效果丧失。

4. 聚酯类

聚酯类增塑剂是指由多元酸与多元醇聚合形成的大分子量增塑材料。其优点是超低的挥发性、耐油和耐抽出性能。由聚酯改性的 PVC 材料,柔软性和可加工性方面优于其他类型增塑剂;缺点是低温性较差。

5. 环氧脂肪酸及酯类

环氧脂肪酸类增塑剂是目前使用较多的一种安全性较高的增塑剂,主要类型包括环氧大豆油、环氧脂肪酸甲酯等。有研究表明,环氧脂肪酸甲酯可有效增加环氧树脂体系的柔韧性,增强材料的力学性能。其缺点在于耐冲击性要低于 DOP 和 DOTP。

6. 醚酯类增塑剂

醚酯类增塑剂是近年来开发应用的一种新型高效环保增塑助剂,代表性产品是丙二醇醚乙二醇二异辛酯。与 DOP 相比,醚酯具有更显著的增塑效果;与 TOTM 相比,醚酯具有更好的耐寒性;抽出性低于 TOTM 和 DOA。该类增塑剂可单独使用或混合使用,适用于橡胶、聚氨酯、聚乙烯、丙烯酸树脂等。有研究人员分析了醚酯对丁腈橡胶性能的影响,实验表明,醚酯对丁腈橡胶具有明显的增塑效果,可显著降低门尼粘度和邵氏硬度,能有效改善橡胶的低温性能。但随着用量增大,橡胶力学性能和热老化性能有所下降。

7. 长碳链二元酸酯类增塑剂

长碳链二元酸酯主要是指十个碳以上的二元酸与醇类反应形成的酯类化合物。常见的产品主要为十一、十二、十三碳二元酸酯。随着二元酸碳链的增加,合成产物的柔顺性进一步提高,有利于提高基材的低温性能和柔软度。长碳链二元酸酯的可生物降解性非常高,生物降解率可达 90% 以上,非常适合作为环保型增塑剂产品。

8. 多元醇酯

多元醇酯是指由多元醇与一元酸合成的酯类化合物,比较典型的是多元醇苯甲酸酯、多元醇异辛酯、脂肪酸季戊四醇酯、三醋酸甘油酯等。该类增塑剂兼具聚酯和邻苯二甲酸酯的优点,具有较强的普遍适用性、较高的塑化效率,具有一定的开发价值。

第6章　橡胶共混

延伸阅读

6.1　概　论

单一种类橡胶在某些情况下不能满足产品的要求,采用两种或两种以上不同种类橡胶或塑料互相混合,能获得许多优异性能(如良好的机械性能、加工性能)并降低成本,从而满足产品的使用要求。目前,世界橡胶耗用量中约有 75% 是以互相混合形式消耗的。这种将两种或两种以上不同性质的聚合物进行混合制成具有所需综合性能的产品的方法通常称为并用。

两种聚合物并用的方法有许多种,其中采用机械方法将两种或两种以上不同性质的聚合物混合在一起制成宏观均匀混合物的过程即称共混。因此,并用共混已成为橡胶工业中的基本工艺之一。

6.2　聚合物的相容性

在聚合物的共混中,聚合物相容性对聚合物性能具有重要的影响,因此有必要先讨论聚合物的相容性。

当摩尔体积 V_1 为 $100 \text{ cm}^3/\text{mol}$,所处温度为 25 ℃ 时,聚合物之间的相互作用参数 χ_{12} 可以由聚合物的溶解度参数 δ 计算得到:

$$\chi_{12} = \frac{(\delta_1 - \delta_2)^2}{6} \tag{6-1}$$

因此,为了预测两种聚合物共混后的相容性,可以按照以下步骤来进行计算:

(1) 计算两种聚合物相容临界点的相互作用参数 $(\chi_{12})_{cr}$:

$$(\chi_{12})_{cr} = \frac{1}{2} \left(\frac{1}{m_1^{1/2}} + \frac{1}{m_2^{1/2}} \right)^2 \tag{6-2}$$

式中:m_1 和 m_2 分别为聚合物 1 和聚合物 2 的聚合度。

(2) 根据式(6-1)和 $(\chi_{12})_{cr}$,计算 $|\delta_1 - \delta_2|_{cr}$,将 $|\delta_1 - \delta_2|_{cr}$ 与 $|\delta_1 - \delta_2|$ 进行比较。当 $|\delta_1 - \delta_2| < |\delta_1 - \delta_2|_{cr}$ 时,共混体系相容;当 $|\delta_1 - \delta_2| > |\delta_1 - \delta_2|_{cr}$ 时,共混体系不相容,即两聚合物将在某些组成范围内不相容,且这两个数值相差越大,可以相容的范围越小。

延伸阅读:聚合物溶度积参数的估算方法,请扫本章标题旁二维码浏览(P99)。

上述预测得到的相容性是指热力学相容性,它只表明并用胶达到平衡状态的情况。然而共混体系内的混合和分离是一个扩散过程,它需要相当长的时间才能建立平衡。因此,在聚合物的共混工艺上,聚合物的工艺相容性与热力学相容性有所不同。聚合物的工艺相容性,除考虑热力学因素外,还要考虑动力学因素。

有的共混体系虽然在热力学上是相容的,但因分子过大,黏度过高以及混合工艺条件不一定合适,仍然不能达到热力学相容。反之,当两种聚合物的相容性较差,通过机械方法或其他条件将其混合,也可以获得足够稳定的并用胶,满足长期使用要求。这是因为,这种不相容体系,尽管在热力学上有自动分离成两相的趋势,但实际上常因聚合物的黏度特别大,分子链段移动困难,产生相分离的速度极为缓慢,以至于在极长的时间里也很难将共混体系分离成两个宏观相。也就是说,这种并用胶在微观区域内分成了两个相、构成多相形态,但在宏观上仍能保持其均匀性。并用胶的这种特性,常称为工艺相容性。

热力学相容性与工艺相容性虽然有所不同,但二者有密切关系。聚合物之间有适当的热力学相容性,才能有良好的工艺相容性,才能形成良好的界面层,进一步提高并用胶的稳定性。

目前,大多数重要并用胶都是热力学不相容体系。为了制得良好工艺相容性的制品,设计好工艺参数是相当重要的。

6.2.1　聚合物并用胶的形态结构及影响

聚合物并用胶是由两种或两种以上的聚合物组成,因此可能形成两个或两个以上的相。由双组分构成的两相聚合物并用胶,按照相的连续性,可以分成三种基本类型。

　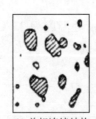　

(a) 均相结构　　　(b) 单相连续结构　　　(c) 两相连续结构

图 6-1　并用胶形态结构示意图

均相结构:聚合物混合过程中,当混合热焓为负时,即混合过程中为放热时,组分间可以按任意比例混合而不产生相分离,并用胶实现均相结构。这种混合体系称为均相混合体系,如图 6-1(a)所示。均相混合体系是热力学稳定体系。

当低分子共混时,多数可以形成互溶的均相体系。但聚合物与聚合物混合能形成均相体系的极少,如果能形成均相体系,则并用胶的物性(如模量、强度、硬度、弹性和玻璃化温度)等介于两组分性质之间。一般是组分物性的加和值。

单相连续结构:单相连续结构是指并用胶中一个组分为分散相,另一组分为连续相的多相结构,如图 6-1(b)所示。它是多相结构并用胶中的一种。从相结构角度看,多相结构必然存在连续相和分散相。由于连续相包有分散相,所以也称连续相为"海相",分散相为"岛相"。因此单相连续的多相结构也常被称作"海-岛"结构。单相连续的多相并用胶,在橡胶与塑料的并用胶中最为常见。

两相连续结构:两相连续结构是并用胶中两个组分都是连续相或是相互贯穿交错的结构,如图 6-1(c)所示。两个都是连续的多相结构又叫作"海-海"结构。

聚合物并用胶的形态结构是决定其性能的最基本因素之一。在橡塑共混体系中,同一种橡胶与塑料共混,虽然其化学结构及分子量完全相同,但产品的性能不一定相同。如在海-岛结构并用胶中,哪个组分是连续(海)相,哪个组分是分散(岛)相,对并用胶起决定性作用。尤其是橡塑并用胶,如果塑料是连续相,则并用胶的模量、强度、力学性能类似于塑料,若橡胶是连续相则反之。分散相对内耗生热、气体透过性能、热传导性能及光学性能等影响较大。

此外,并用胶中分散相粒径(相畴)大小对其性能影响也很大。在并用胶中有许多种粒子,不仅有聚合物分散相粒子,而且还存在着配合剂粒子,其中聚合物分散相粒子常因配方、工艺不同而变化较大。分散相的最佳粒径为多大,目前尚无定论,但各种共混材料的各种性能有其最佳粒径范围。研究表明,并用胶中分散相的粒径超过 5 μm 时物性较差,在一般情况下,要求在 3 μm 以下,最好在 0.5~1 μm。分散相粒径太小,对物性也没有好处。因此,在聚合物中控制形态结构十分重要。

6.2.2　聚合物相态的影响因素

聚合物相态的影响因素包括共混分散过程、相容性、黏度、温度、时间及混合工艺。

共混过程一般在开炼机或密炼机上进行。在共混过程中,分散相随混炼时间的增加而渐渐破碎,但破碎随着粒径的进一步减小而越来越困难,即使增加混炼强度也决不会破碎到分子状态。另一方面,分散相的加入量超过某一体积分数后,粒径随用量增多而增大。当多数共混体系并用比在 50/50 左右时,并用胶呈现出两相贯穿的结构形态。

热力学相容性是聚合物之间均匀混合的主要推动力。两种聚合物的相容性越好,越容易相互扩散而达到均匀混合。分散相粒子越小,相界面越模糊,界面层越厚,两相之间的结合力也越大。聚合物相容性有两种极端情况,一是两种聚合物完全不相容,两种聚合物链段之间相互扩散的倾向小,分散相粒子很大,相界面清晰,相间结合力很弱,并用胶性能不好;二是两种聚合物完全相容或相容极好,这时并用胶形成均相体系或成为分散相粒子极小的分散体系,并用胶性能也不理想,两种极端情况都不利于共混改性。为了获得更好的改性并用胶,往往要求两种聚合物有适中的相容性、分散相大小适宜和相之间结合力较强的多相结构。

当并用胶中两聚合物的初始黏度和内聚能接近时,浓度大者易形成连续相,浓度小者易形成分散相。当两组分近似等量混合时,黏度低的组分容易形成连续相,而黏度近似相等的两组分等量混合时,并用胶容易形成两相都是连续的"海-海"结构。一般,当两种橡胶黏度接近时,分散相尺寸小。当两种橡胶黏度相差较大时,由于炼胶机的剪切应力集中在较软的橡胶上,导致混合不均匀,所以分散相粒径较大。因此通常情况下为调整黏度,常常采用在黏度大的组分中加入软化剂以降低其黏度,或在黏度小的组分中加入炭黑等填充剂的方式提高黏度。在橡塑共混体系中,可以通过橡胶与塑料的黏度对温度和剪切速率的敏感性不同,找一个黏度相等的合适加工条件。

聚合物的分子量对黏度影响很大,也可以通过选用合适的牌号或调节可塑度来达到调节黏度的目的。

温度对聚合物相态有较大的影响,如 SBR/LDPE 共混体系,当共混温度为 90 ℃时,该温度低于 LDPE 的熔点,LDPE 呈卵石状存在,其颗粒较大,最大颗粒高达 10 μm 以上,且粒径分布相当宽。若共混温度为 110 ℃时,LDPE 呈不规则的长条颗粒分布在 SBR 中,其最大颗粒尺寸为 1 μm 左右,且 LDPE 颗粒多数呈带状,并伴有串联现象,其颗粒直径为 3~4 μm,这是因为温度太高,两组分掺混不均的缘故。

共混时间对并用胶的分散有重要影响,时间过短,不利于分散,粒子粗大;时间过长会使聚合物裂解,不利于并用胶的物性,同时还会过多地消耗能量。

共混工艺不同,制备的并用胶形态结构也不尽相同,其中尤以溶液混合、加料顺序二阶共混等工艺影响较大。

6.2.3 并用胶的界面

1. 界面的形成

并用胶中的多相体系存在三种区域结构:两种聚合物各自独立的相以及这两相之间的界面层。界面是指异种聚合物互相扩散所形成的溶解层。聚合物并用胶界面层的形成可分为两个步骤。第一步是分别由两种聚合物组分所构成的两个相之间的接触;第二步是两种聚合物大分子链段之间的相互扩散。例如,白球链橡胶和黑球链橡胶共混所组成的二元体系图(图 6 - 2),由于热运动,两橡胶相互扩散。在两橡胶相互扩散的过程中,白球链由于配位上的约束而无法穿过平面 B;黑球链也无法穿过平面 A。平面 A 和平面 B 之间的区域称为界面,λ 为界面厚度。

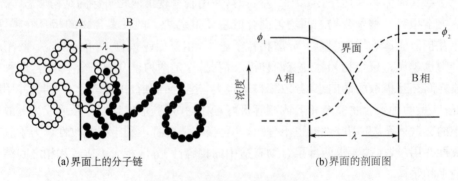

(a)界面上的分子链　　　　　　　(b)界面的剖面图

图 6 - 2　界面的分子链示意图

图 6 - 2(a)按照分子链段浓度的观点可表示成图 6 - 2(b)。对于这种分子链浓度相对连续变化的区域,可以用有浓度梯度的非均相体系的热力学来表示,Cahn 和 Hilliard 曾在 1958 年提出了通式,可根据此通式描述相分离体系的界面。当 A、B 聚合物接触且 A、B 的分子量非常大时,其能量变化 ΔE 可近似写成:

$$\Delta E = \frac{A\Omega}{16}\left(\lambda + \frac{\pi^2}{6\lambda}t^2\right) \tag{6-3}$$

式中：A 为界面面积；Ω 为相互作用能参数，它与 Flory 参数 χ 有 $2\chi = \Omega V_A/KT$ 的关系，与溶解度参数 δ 有 $\Omega = 2(\delta_A - \delta_B)^2$ 的关系；t 为 Debey 相互作用距离，$t = \sqrt{3}r_0$，当分子间的距离 r_0 为 0.5 nm，则 $t=0.87$ nm。

如果共混聚合物的分子量在 10^4 以上，而且 Ω 在 41.9 J/cm² 左右，则界面处的混合熵要比混合时的能量变化小得多，可以忽略不计。在不计混合熵的情况下，其混合自由能经推导可用界面张力 $\gamma_{1,2}$ 表示。

$$\gamma_{1,2} = \frac{\Omega}{16}\left(\lambda + \frac{\pi^2 t^2}{6\lambda}\right) \tag{6-4}$$

由式(6-4)可看出，界面层的厚度主要由相互作用参数决定，即溶解度参数及界面张力。溶解度参数差小的体系，由于界面张力小，界面层厚，如 BR/SBR 体系；而对于如 CR/EPDM 体系，溶解度参数差较大，界面张力大，界面层薄。界面层厚薄对并用胶的性质，特别是力学性质有着决定性的影响。界面层厚，并用胶的力学强度高，反之，力学强度下降。因此，为提高共混体系中聚合物间的相容性，常常在共混体系中添加界面活性剂，以增加界面层厚度，从而提高并用胶的性能。

2. 界面相容

界面活性剂(也称增容剂、增混剂或相容剂)，用以改善两相界面的相容性，提高界面的粘着性和并用体系的稳定性。随着共混理论的发展，除了添加界面活性剂外，也可以采用其他增容手段，如界面原位(in situ)共聚、界面共硫化和互穿网络结构等。根据相容剂与高分子基体之间的作用特征，可以将其分为非反应型相容剂和反应型相容剂。

非反应型相容剂：在 A，B 组成的两种高分子体系中，当添加了 A-B 型嵌段共聚物后，共聚物的 A 嵌段部分进入 A 高分子相，共聚物的 B 嵌段部分进入 B 高分子相，使界面具有较高的结合强度，同时使体系的相态稳定。这一类共聚物，通常为嵌段共聚物、接枝共聚物和无规共聚物，如 NBR-PP 嵌段共聚物、EPDM-PP 接枝共聚物、BR-PMMA 嵌段共聚物、EPDM-PMMA 接枝共聚物、PS-PI 嵌段共聚物、PDMS-PEO 嵌段共聚物和 PE-PS 接枝共聚物等。一般情况下，非反应型相容剂容易混炼、副反应较少，但用量较大。

反应型相容剂：在 A，B 组成的两种高分子体系中，当添加 A-Y 型或 B-Y 型反应型相容剂时，相容剂中 Y 基团在挤出或混炼条件下具有较好的活性，常见的有环氧基、羧基和酸酐，相应地在 A 或 B 高分子中，其分子上也必须有一种能和 Y 反应的活性官能团 X，常见的有—NH₂、—OH 和—COOH 等。因此，加入的 A-Y 或 B-Y 可以和体系中的高分子发生反应，生成 A-B 型共聚物并起到相容剂的作用。像这类分子上带有能和共混体系中某种高分子基体发生反应的活性官能团，并能在高分子合金制备条件下发生有效反应的相容剂称为反应型相容剂。这类相容剂一般为大分子，其活性官能团可以在分子链的末端，也可以在分子链的侧链上，主链则可以和共混体系中的一种高分子基体相同，如马来酸酐化 SBR 充当 SBR 和 NBR 的相容剂，马来酸酐化 PP/羧化的 EPDM 充当 PP 和 EPDM 的相容剂等。反应型相容剂只需少量就能起到很明显的效果，但是会影响加工性能，降低物性。

6.3 聚合物并用胶中的助剂分布

在橡胶工业中,并用胶除了使用橡胶、塑料等聚合物外,还必须添加各种配合剂,如炭黑、增塑剂、硫化剂和促进剂等,还要通过混炼和硫化等工艺将聚合物和配合剂进行混合等。因此共混的并用胶是一个非常复杂的体系。

研究表明炭黑、增塑剂、硫化剂和促进剂等配合剂在共混体系各相中的分布是不均匀的,这对并用胶的性能影响非常大。如在 BR/PE 体系中加入炭黑,如果炭黑尽可能多地分布在 BR 中,则聚合物最终的力学性能较好。反之,得到的并用胶具有比较差的力学性能。因此,必须了解配合剂在并用胶中的分布规律,控制配合剂在并用胶中的分配,才能得到性能良好的并用胶。

6.3.1 补强剂在并用胶中的分布

炭黑等细粒子是橡胶重要的补强剂,影响炭黑在并用胶中分布的主要因素包括聚合物组分黏度、炭黑与聚合物的亲和性及共混方法。

橡胶的黏度对炭黑在并用胶中的分布起重要作用,一般情况下,炭黑容易进入黏度小的橡胶相中。

不饱和度大的橡胶与炭黑的亲和性大。炭黑对橡胶的亲和性按下列顺序递减:BR>SBR>CR>NBR>NR>EPDM>IIR(CIIR)。橡胶的极性也会影响炭黑与橡胶的亲和性。

共混工艺对炭黑在并用胶中的分布有明显的影响,此外填料的表面改性及其用量也会影响填料在并用胶中的分布。

 延伸阅读:共混工艺对橡胶填料分布的影响,请扫本章标题旁二维码浏览(P99)。

6.3.2 硫化剂在并用胶中的分布

并用胶的硫化是指在硫化剂、促进剂及活性剂等硫化助剂存在下的化学反应。硫化剂在并用胶各相中的浓度对并用胶的交联动力学、硫化程度及最终的力学性能具有较大的影响。

硫化剂在并用胶中的分布取决于硫化剂在橡胶中的溶解度以及硫化剂在并用胶中的扩散速度。

硫化助剂与橡胶的极性相近,则容易溶解,溶解度也大,硫化温度越高,硫化助剂在橡胶中的溶解度越高。

在共混体系中,硫化剂会从吉布斯自由能高的相扩散到吉布斯自由能低的相,硫化剂在多相体系中达到平衡时的浓度由其在各项聚合物中的溶解度决定。不同的硫化助剂的溶解度参数如表 6-1 所示。硫化剂在橡胶中的扩散速度,可以用扩散系数表示。

表 6-1 硫化助剂的溶解度参数

硫化助剂	$\delta/(J^{1/2}/cm^{1/2})$	硫化助剂	$\delta/(J^{1/2}/cm^{1/2})$
硫黄	29.94	二硫化二吗啉(DTDM)	21.55
过氧化二异丙苯(DCP)	19.38	过氧化苯甲酰(BPO)	23.91
对醌二肟	28.55	对二苯甲酰苯醌二肟	25.12
酚醛树脂(2123)	33.48	叔丁基苯酚甲醛树脂(2402)	25.99
二甲基二硫代氨基甲酸锌(PZ)	28.27	二乙基二硫代氨基甲酸锌	25.59
乙基苯基二硫代氨基甲酸锌(PX)	26.75	二丁基二硫代氨基甲酸锌(BZ)	22.94
硫醇基苯并噻唑(M)	26.82	二硫化二苯并噻唑(DM)	28.66
二硫化四甲基秋兰姆(TMTD)	26.32	环己基苯并噻唑次磺酰胺(CZ)	24.47
氧联三亚乙基苯并噻唑次磺酰胺(NOBS)	25.15	六次亚甲基四胺(H)	21.36
二苯胍(D)	23.94	亚乙基硫脲(NA-22)	29.33
硬脂酸	18.67	硬脂酸铅	18.85

Ⓔ **延伸阅读**：硫化助剂在橡胶中的扩散系数，请扫本章末尾二维码浏览(P108)。

6.4 聚合物并用胶的共交联

由于并用胶中各组分的交联能力不同，或者硫化剂的浓度不同，导致各相中聚合物的硫化速度不同，如一相交联不足，一相交联过度等，最终使得聚合物的性能变差。因此理想的共交联要求并用胶两相能同步硫化，不同相之间又能产生相交联。

6.4.1 并用胶交联结构类型

并用胶的交联结构包括聚合物相内和聚合物界面层相间的交联。如图 6-3 所示，图中 A、B 代表两种不同聚合物。

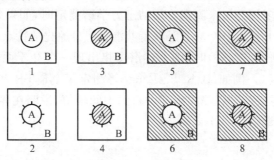

图 6-3 共混聚合物的交联结构

A、B 间的圆周线表示界面层。斜线和圆周上的短线表示交联。对于橡胶/橡胶共混来说,正常的交联结构为 7、8;如有一相未交联呈 5、6 状态,用少量塑料改性的橡胶/塑料并用胶,多数交联结构为 5、6,即塑料相未交联,也有可能呈 7、8 状态;3、4 则是典型的共混型热塑性弹性体的交联结构状态;2 很罕见,1 显然是没有交联的状态。

6.4.2　并用胶的硫化速度

并用胶中多数聚合物相的硫化速度各不相同,同时并用胶中硫化助剂在各相中的分布又不均匀,这些都会严重影响并用胶中各聚合物相的交联动力学。经常出现两相硫化速度不同步,甚至使两相硫化程度显著不同,结果使并用硫化胶性能变差。因此需要调节各相中硫化剂的浓度,使得各相之间的硫化速度相当,达到同步硫化。

为提高并用胶的硫化同步性,对于两相硫化速度相差不大的共混体系,应选择分配系数近于 1 的硫化助剂;对于两相硫化速度相差较大的共混体系,应选择那些在硫化速度较慢的胶相中溶解度大的硫化助剂。

6.4.3　并用胶的相间交联

并用胶的同步硫化,只能解决并用胶各相之间硫化程度均衡问题,不能加强两相之间的界面。而共混聚合物多呈相分离状态,其力学性能的薄弱部位便是相界面处。只有通过界面处产生相间交联(界面交联、不同的聚合物交联),加强多相体系的界面,使相分离体系处于分相而不分离的统一网络结构状态,才能获得更好的改性效果。

并用胶相间交联,本质上是异种聚合物之间产生交联,因此相间交联特性主要取决于聚合物的化学性质,尤其是产生交联活性点的特性,如 C=C、C—H、C—Cl、—COOH、—NH$_2$、NCO、Si—H、C—OH、C—SH、C—C 等。为实现具有不同交联活性点的聚合物的交联,可选择相应的硫化体系:如果参与共混的聚合物具有相同性质的交联活性点,可选用共同的交联体系;如果共混聚合物的交联活性点性质不同时,可用多官能交联剂,也可以对聚合物进行化学改性,使其有新的活性点,与另一聚合物的活性点相同或能相互反应。

两界面之间可以通过化学反应形成化学键。这一过程称为共硫化,它对界面过渡层的结构稳定以及并用胶的整体性能都极为重要。从键能而言,化学键能大约在 209.3～334.9 kJ/mol,比一般范德华力的 10.5 kJ/mol 要高出二三十倍。因此利用界面化学键加强粘接而避免相分离和破裂是特别有效的措施。

共硫化结构可用多种方法来测定。用动态力学谱测定时,如果共混体系在两相之间不发生互相交联,其动力学谱中 tanδ 等保持共混各组分原先的特点,即其两个峰值不变。如果两相间产生共硫化(共交联)时,则上述谱图将出现一个介于两个单胶之间的 tanδ' 峰值(反应玻璃化温度)。例如,B. R. F. Bauer 等测定了 NR/BR 和 BR/CIIR 的动态力学性能,发现在两种橡胶的损耗峰间出现一新的中间峰值,说明在界面内产生了共交联,形成了新的界面层共聚物。

6.5　橡胶共混

6.5.1　天然橡胶共混

天然橡胶虽然可以单用,但更多是与其他橡胶,如 BR、SBR、NBR 和 CR 共混。BR 具有高弹性、低生热、耐寒性、耐屈挠和耐磨耗性能优异的特点,因此在轮胎制造中得到了广泛使用。充油 BR 及新近发展的中乙烯基聚丁二烯橡胶可以改善轮胎的抗湿润性能,因此 BR 在轮胎中的耗用量愈来愈大,其中 80％ 以上用于轮胎工业,主要用于胎面和胎侧胶中。

NR/BR 共混体系为多相体系,但 NR 与 BR 的相容性较好,两者的硫化机理相同,硫化速度相差不大。

BR 对炭黑的亲和力大于 NR 和 SBR,采用普通工艺便可使炭黑在这些共混相中的分配比较合理。在 NR/BR 中,NR 的补强主要靠结晶作用,BR 靠炭黑补强。因此,采用合适的工艺使 BR 相中的炭黑含量增多,对并用胶性能的提高有好处。

NR 与 NBR 共混可改善 NBR 的耐寒性。并用胶的脆性温度(T_b)随 NBR 用量的增加几乎直线升高。在-60 ℃附近,若使 NR/NBR 的模量不大于 10^3 MPa,NR 用量应在 40％左右,而在-50 ℃时,模量低于 10 MPa 的并用胶,其 NR 用量必须高于 60％。

NR 与 CR 共混可以改善 CR 的耐寒性,耐寒性随 NR 用量增加而提高。由于 NR、CR 二者的溶解度参数相差较大,相容性较差,此外二者的硫化机理也不相同,所以 NR/CR 的拉伸强度以及定伸应力一般随 CR 用量的增加而出现低谷。

6.5.2　顺丁橡胶共混

BR/SBR 主要用来制作轮胎胎面胶,也可以制作许多工业产品,如输送带和电缆等。

在由 BR 制备的橡胶制品中,由于其分子结构中存在很多双键,在热的作用及光的照射下易和臭氧发生化学反应,使制品表面出现严重的老化裂纹,导致制品报废,严重影响制品寿命。为提高该类制品的耐热氧、臭氧老化和耐候性能,常采用 BR 与氯化丁基橡胶共混。

6.5.3　硅橡胶的共混

与一般的橡胶相比,硅橡胶(Q)具有非常优良的耐热性、耐寒性、耐候性及电气特性,但机械强度低、耐油性差、价格高。因此改善硅橡胶的缺点,进一步降低成本是目前亟待解决的主要问题。

乙丙橡胶(EPDM)属于耐热、耐候、耐寒的非耐油橡胶,与其他橡胶相比,在性能上与 Q 比较接近,因此经常采用 EPDM 与 Q 并用。在该共混体系中,添加硅烷偶联剂,既可以提高 EPDM 的高温机械强度和压缩永久变形,又可以改善 Q 的机械强度及吸水性。

氟橡胶具有其他橡胶无法比拟的耐热性、耐油性和耐药品性,但弹性和耐寒性差。硅橡胶耐寒性和弹性好,耐热性仅次于氟橡胶。将硅橡胶与氟橡胶共混,则可以改善氟橡胶的耐寒性,降低成本,获得一种性能介于二者之间的材料。在该共混体系中,经常采用过氧化物作为共交联剂。

6.5.4　三元乙丙橡胶的共混

EPDM 是一种低不饱和橡胶,具有卓越的耐候性、耐臭氧性和良好的低温性能,是一种很有发展前途的橡胶。但是由于缺少极性基团,其粘着性比其他二烯类橡胶差。选用粘着性能好的强极性橡胶,如聚氨酯(PU),可以改善 EPDM 粘着性。

四丙氟橡胶与三元乙丙橡胶的并用胶能耐高浓度酸碱、耐压(0.98 MPa~1.47 MPa)和耐高温(180~200 ℃)。通常采用过氧化物 DCP 和 TAIC 作硫化剂和助硫化剂。

6.6　橡塑共混

塑料可以改善胶料的加工性能,提高硫化胶的物理机械性能,如拉伸强度、定伸应力、耐磨耗和耐介质等性能。目前用作橡胶并用共混的塑料主要有聚氯乙烯(PVC)、聚丙烯(PP)、乙烯-乙酸乙烯共聚物(EVA)、高苯乙烯橡胶和酚醛树脂等。

 延伸阅读:常见的几种橡塑并用共混,请扫本章末尾二维码浏览(P108)。

延伸阅读

习　题

1. 橡胶共混的目的是什么?
2. 共混胶的相容性如何表示? 请列举 1~2 种方法。
3. 橡胶共混有哪些共混工艺? 举例说明。
4. 共混工艺对橡胶填料的分布有什么影响?
5. 共混工艺对硫化剂的分布有什么影响?
6. 如何增加共混橡胶的相容性?
7. 列举 1~2 种非反应型相容剂并进行说明。
8. 列举 1~2 种反应型相容剂并进行说明。
9. 举例说明天然橡胶和其他橡胶的共混。
10. 举例说明常见的几种橡塑共混。

 **知识拓展**

湿法混炼——橡胶混炼新工艺

橡胶加工生产中,混炼作为最基本、最重要的加工工艺,其操作中需将各种配合剂均匀分散在生胶中,以获得良好力学性能,保证胶料组成、性能一致。在橡胶加工生产中,要求混炼工艺效率高、能耗低。传统的橡胶混炼工艺都是干法混炼,即将固体橡胶和各类配合剂在强有力的机械剪切下实现混合分散,能耗较大。

相较于干法混炼技术,湿法混炼技术将填料等配合剂制成均匀、稳定分散的浆料,并与橡胶胶乳进行共混、共沉,即可得到混炼胶。该技术的炼胶程序简化,减少了设备、人力和资源等方面投入,能耗可以降低30%左右,具有显著的节能减排效果。

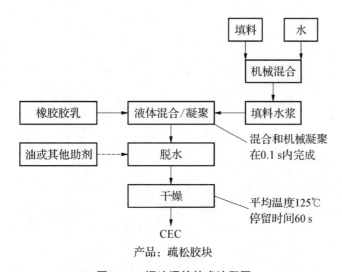

图 6-4　湿法混炼技术流程图

绿色轮胎的开发是轮胎工业的一次重要革命,这种轮胎中需要填充大量白炭黑,降低轮胎滚动阻力是其主要技术指标,在汽车中应用可以节油、降排。相关研究证明,全球二氧化碳排放中道路交通占比较大,而其中约有24%与轮胎有关,且轮胎还影响着汽车燃油油耗。汽车使用绿色轮胎可以节省燃油和二氧化碳排放,提高实际经济效益。同时在汽车行驶中,也可减少轮胎磨损,保证其实际使用性能。绿色轮胎使用与白炭黑使用相关,要达到绿色轮胎的标准,需添加大量的白炭黑,而白炭黑粒子细、容易飞扬和团聚,橡胶生产中难以通过普通混炼方法将白炭黑添加进去,无论是技术还是成本方面都存在阻碍。采用湿法混炼技术,可以在液态条件下将大量白炭黑添加到橡胶中,与普通干法相比,炭黑分散度更高,可降低轮胎滚动阻力,提升其节油效果,并使轮胎生热下降,且这种湿法橡胶未经塑炼,分子量高,轮胎使用性能得到满足,为制造绿色轮胎创造了条件。

当前白炭黑湿法混炼技术主要有乳液共沉法、乳液共凝法和溶胶-凝胶法。应用比较广泛的是较为简单的乳液共沉法,加工中使用分散剂和防沉剂等可以使白炭黑均匀分布在水介质中,通过机械力融合乳胶。乳液絮凝法与共沉法不同的是在乳液状态下可以使用白炭黑,省去了干燥工序,且有效提升了性能。溶胶-凝胶法主要分为两个步骤,首先需在橡胶基体中注入前驱体,其次就是进行水解反应、缩合反应生产白炭黑粒子,此方法下可以获得分布均匀、性能优良的白炭黑,最终得到质量较高的白炭黑混炼胶。除了白炭黑外,我国还开发了其他填充物的湿法混炼技术,比如高岭土和稀土等,稀土和高岭土掺杂界面稳定,均匀分布于 NR 基体,还可以使用填充硫来改善橡胶拉伸强度等。

第7章 橡胶的粘合

延伸阅读

7.1 概 论

橡胶的粘合,是指橡胶与同质或异质材料表面相接触,包括橡胶与金属、橡胶与织物、橡胶与橡胶、橡胶与塑料之间的粘合。橡胶粘合在橡胶制品或橡胶复合制品制造过程中发挥着十分重要的作用,如在成型加工过程中,混炼胶与混炼胶之间的粘合能保证成型过程的顺利进行,提高半成品及成品的质量。橡胶制品中90％以上要采用金属或纤维作为骨架或复合增强材料,要求橡胶与骨架材料牢固地结合成一个整体,才能充分发挥其增强作用。因此,橡胶的粘合牢固与否直接影响橡胶制品的质量,是橡胶工业中重要的技术之一。

橡胶粘合的方法主要有硬质胶法、镀铜法、胶粘剂法和直接粘合法。

硬质胶法和镀铜法较早用于解决橡胶与金属的粘合问题。硬质胶法在金属与软质橡胶粘合时被广泛应用。由于软橡胶和硬金属之间的模量差异大,在剪切力的作用下两者的粘合界面容易脱层。因此,为减小软-硬材料的界面模量差,可在软质橡胶与硬金属之间加设一层硬质胶,减小界面层的脱层现象。但硬质胶法不耐冲击,不耐热,只能在70 ℃以下使用,如实芯轮胎、胶辊的粘接。

黄铜是少数能与橡胶直接粘合的金属之一,因此在金属表面镀上一层铜,也是解决橡胶与金属的粘合问题的方法。镀铜金属与橡胶的粘合效果取决于镀制质量和镀层参数,此外,橡胶体系中必须含有硫黄,添加钴盐也能改善粘合效果。

胶粘剂法是将不易粘合的橡胶与橡胶以及橡胶与其他材料之间涂刷胶粘剂从而使两者牢固地粘合在一起。该技术得到的粘合件性能优良,解决了硬质胶法和镀铜法中无法解决的问题,并且技术简易有效,用途广泛,因此在橡胶粘合工艺中得到了广泛的应用,是目前最常用的一种方法。

直接粘合法是在胶料中加入某些增粘剂后,使橡胶在热硫化过程中直接与金属产生牢固的粘合,因而可省去浸胶或涂胶的烦琐工艺,消除胶粘剂施工时带来的溶剂毒性和溶剂的浪费,是一种很有前途的粘合方法。但不适用于已硫化橡胶的粘合。

7.2 粘合机理

7.2.1 粘合产生的条件

两种材料之间无论是"自粘"(相同材料之间的粘合)还是"互粘"(不同材料之间的粘合),如果两相之间能达到完全的分子接触,那么单靠范德华力就可获得足够强的粘附力。但是在实际情况下很难达到完全的分子接触,因此要想获得较为理想的粘附力,界面间必须具备良好的分子接触,即良好的浸润。

浸润可以用一滴液体滴在固体表面上所产生的现象来说明,当液滴在某一接触角 θ 建立平衡时(如图 7-1 所示),根据久普列方程:

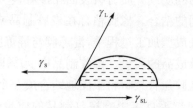

图 7-1　液滴在固体界面的接触平衡状态

$$W_{SL} = \gamma_S + \gamma_L - \gamma_{SL} \tag{7-1}$$

式中:W_{SL} 为固体与液体之间的粘附力;γ_S 为气体介质中的固体表面张力;γ_L 为固体介质中的液体表面张力;γ_{SL} 为固体与液体相接触的表面张力。

当三个张力达到平衡后,γ_S 和 γ_{SL} 的差值可以通过浸润角 θ 求出:

$$\gamma_S = \gamma_{SL} + \gamma_L \cdot \cos\theta \tag{7-2}$$

将式(7-2)代入式(7-1)得:

$$W_{SL} = \gamma_L(1 + \cos\theta) \tag{7-3}$$

当 $\theta = 0°$ 时,$W_{SL} = 2\gamma_L$,此时固体表面完全被液体所浸润,粘附力最大;当 $\theta = 180°$ 时,$W_{SL} = 0$,此时固体表面完全不浸润,粘附力等于 0;当 $\theta = 90°$ 时,$W_{SL} = \gamma_L$,在这种情况下,固体表面部分浸润,粘附力介于前两者之间。

然而浸润尚不能完全揭示粘附的本质,从上面的讨论中可见,当 $\theta = 0°$ 时,W_{SL} 达到最大值。可是,这个值还是相当小的。因此,两相界面间产生强大的粘附力,难以单纯地用浸润来解释,如玻璃纤维或无机填料用硅烷类偶联剂处理后,填料与聚合物基体之间的界面张力急剧下降,但粘附力却大大增加。因此浸润只是构成粘合结构的必要条件,不是唯一条件。形成强有力的粘合更重要的是被粘材料间具有较大的粘附力,粘附力越大,粘合越牢固。这种粘附力的来源可以是多样的,包括机械啮合力、界面静电引力和化学力(主价键力和次价键力)。

7.2.2　粘附力

粘合剂和被粘材料的物理和化学结构决定了被粘材料间的粘附力的组成和性质。

1. 机械啮合力

机械啮合力实际上是两粘合表面间的摩擦力,即由于一个表面分子渗透到另一表面的凹陷部位或孔隙中,形成嵌合、锚合、钉合或树根状结构,剥离时需克服摩擦力做功,从而提高粘合效果。

2. 界面静电引力

当金属与非金属材料(如高分子胶粘剂)紧密接触时,由于金属材料对电子的亲和力低,容易失去电子,而非金属材料对电子的亲和力高,容易得到电子。因此,电子可以从金属材料移向非金属材料,使粘合界面发生接触电势,从而形成双电层,产生静电引力。一切具有电子给予体和电子接受体性质的两种材料相互接触时都可能产生界面静电引力。

3. 主价键力(化学键合力)

主价键力,即化学键合力,存在于原子或离子之间,包括离子键、共价键和金属键,化学键具有较高的键能,形成的粘附力最强,两表面之间形成的化学键越多,粘附力越大。

(1) 离子键

离子键是依靠正、负离子间的静电引力而产生的一种化学键,由原子间价电子转移而形成,无方向性和饱和性,其强度与正、负离子电价的乘积成正比,与正、负离子间的距离成反比。离子键的键能为 $583.8 \sim 1\,042.5 \ \text{kJ/mol}$。

(2) 共价键

由两个原子通过共用电子对而形成的一种化学键称为共价键。每一共用电子对形成一个共价键。如果电子对是两个原子平均共有的,称非极性共价键;如果电子对不是平均共有的,而是偏属于某一原子的,称极性共价键。如果共用电子对由其中一个原子单独供给,这种特殊的共价键称作配位键。共价键的键能为 $62.5 \sim 708.9 \ \text{kJ/mol}$。

(3) 金属键

金属原子依靠流动的自由电子相互结合形成金属键。无论金属或合金,在其晶体或熔融体中,金属原子的自由电子(由原子上脱落下来的电子)都可以移动或流动形成金属键。金属键的键能为 $112.6 \sim 346.1 \ \text{kJ/mol}$。

4. 次价键力(分子间作用力)

次价键力,包括范德华力(取向力、诱导力、色散力)和氢键,这是粘合表面普遍存在的作用力。

(1) 范德华力

范德华力产生于分子或原子之间的静电相互作用,可分为取向力、诱导力、色散力。

① 取向力

取向力是极性分子永久偶极之间产生的引力,取向力与分子的偶极矩(其值等于分子内正、负电荷中心间距离与所带电荷的乘积)的平方成正比,与两分子间距离的六次方成反比,分子的极性越大,分子间距离越小,产生的取向力就越大。取向力与绝对温度成反比,绝对温度越高,分子间取向力越小。取向力的最大键能为 20.8 kJ/mol。

② 诱导力

诱导力是分子固有偶极和诱导偶极之间的静电引力。诱导偶极是由极性分子和非极性分子相互靠近时,极性分子固有偶极的电场作用使得非极性分子的电子云偏向偶极的正端,非极性分子的电子云与原子核之间因诱导发生了相对位移而产生,由此产生了静电引力。诱导力与极性分子偶极矩的平方成正比,与被诱导分子的变形度成正比,与两分子间距离的六次方成反比,诱导力与温度无关。诱导力的最大键能为 2.08 kJ/mol。

③ 色散力

色散作用是指分子内电子对原子核的瞬间不对称状态(由于电子处于不断运动之中,正负电荷中心的瞬时不重合状态总是存在的)产生了瞬时偶极,瞬时偶极又诱导邻近分子产生瞬时诱导偶极,从而形成瞬时偶极-偶极作用力,称为色散力。色散力与分子间距离的二次方成反比,与环境温度无关。低分子物质的色散力较小,由于色散力具有加和性,因此高分子材料的色散力相当可观。非极性高分子材料中,色散力占范德华力的 $80\%\sim 100\%$。色散力的最大键能为 41.7 kJ/mol。

对大多数分子来说,色散力是主要的,只有偶极矩很大的分子(如水),取向力才是主要的;而诱导力通常是很小的。尽管范德华力键能较小,但是范德华力具有加和性,因此在粘合过程中,范德华力所带来的粘附力也是相当可观的。

(2) 氢键

氢原子与电负性大的原子 X 以共价键结合,若与电负性大、半径小的原子 Y(O、F、N 等)接近,在 X 与 Y 之间以氢为媒介,生成 X—H···Y 形式的一种特殊的分子间或分子内相互作用,称为氢键。氢键力大小与电负性原子的电负性有关,电负性越大,氢键力越大。此外,电负性原子的半径越小,邻近氢原子接近它的机会越多,其氢键力也越大。氢键与化学键不同,其键长较长而键能较低,容易遭到破坏,但比范德华力要强。

氢键可以发生在分子内(分子内氢键),也可发生在分子之间(分子间氢键)。氢键力有饱和性和方向性,最大键能为 50.0 kJ/mol。

7.2.3 粘合理论

1. 机械理论

机械理论把粘附现象看作是粘合材料间的纯机械啮合或镶嵌作用。机械理论认为任何材料表面都不可能是绝对光滑、平整的。在粘合过程中,由于橡胶或胶粘剂具有流动性和对固体材料表面的浸润性,使其很容易渗入被粘合材料表面的微小孔隙和凹陷中。当橡胶或胶粘剂硫化后,就被"镶嵌"在孔隙中,形成了无数微小的"销钉"将两个被粘合物连接起来。

机械作用的存在已为人们所承认,但大量实践证明,机械作用不是产生粘附力的主要因素,因为它未能反映表面化学性能的改变及其对粘合强度的影响。

2. 吸附理论

吸附理论认为,粘合作用是由粘合界面上的分子接触并产生次价键力所引起的。在粘合过程中,橡胶或胶粘剂分子借助微布朗运动向被粘物表面富集并逐渐靠近被粘物表面。当橡胶或胶粘剂分子与被粘物表面分子间距离接近到 1 nm 以下时,次价键力便开始起作用,这种作用随距离的缩短而增加。

3. 化学键理论

化学键理论认为,某些橡胶或胶粘剂与被粘物表面能够形成化学键。化学键比一般分子间的范德华力大 1～2 个数量级,对粘合力,特别是对粘合界面抵抗老化的能力是有较大贡献的。

近年来被广泛使用的硅烷偶联剂,就是基于这一理论研制的。这种偶联剂既可以和橡胶或胶粘剂起化学反应,又能够与被粘物分子起化学反应,形成牢固的化学键。

4. 扩散理论

扩散理论认为,物质的分子始终处于不停的运动之中。由于橡胶或胶粘剂中高分子链具有柔顺性,在粘合过程中,高分子与被粘物表面分子相互产生扩散作用。在一般情况下这种扩散作用进行得较慢,因而产生的粘合力也较小。然而,当粘合材料的相容性较高时,如胶粘剂涂于可被它溶解或溶胀的高分子表面时,界面附近将逐渐形成胶粘剂与被粘高分子相互"交织"的扩散层,其粘合强度随时间的增加和温度的升高而增至最大值。如果胶粘剂和被粘物同属一种高分子,这种扩散作用就容易进行,甚至会使固液界面消失,这种现象称为高分子的自粘。

5. 静电理论

静电理论认为,由于橡胶(胶粘剂)和被粘物具有不同的电子亲和力,所以当它们接触时就会在界面上产生接触电势,形成双电层,类似一个电容器,界面两侧的表面相当于电容器的两个极板。

当从被粘物表面剥离胶层时,可以视作两极板的分离。如果剥离速度很快,由于缺乏足够的时间释放电荷,会在两极板间保持较高的电压差。当电压差增加到一定值,便会产生放电现象。此时,表现出来的剥离力很大。如果剥离速度很慢,将不会发生这种现象,所需的剥离力也显著减小。

尽管目前对于粘合有多种基于实验的理论解释,并能在某些场合满意地解释粘合现象,但是上述的各种理论都存在着一定的局限性。总的来说粘合理论到目前为止还没有一套完整的机理,这是由于粘合现象本身的复杂性和实验研究的局限性所致。

7.3　影响粘合强度的因素

粘合接头的机械强度取决于两方面的因素,一是被粘合材料界面之间的粘附力,这与被粘材料表面的性质和状态有关;二是被粘材料(包括胶粘剂本身)的内聚力,这与被粘材料(胶粘剂)自身的分子间的作用力有关。凡是影响粘附力和内聚力的因素都会直接影响粘合强度,其中任何一种力的丧失都将导致粘合接头的破坏。粘合接头的破坏形式有三种:粘附破坏、内聚破坏和混合破坏。当内聚力大于粘附力时,发生粘附破坏;当内聚力小于粘附力时,发生内聚破坏。这两种破坏现象在实际应用中都应该加以克服,在尽力提高粘附力和内聚力的前提下,使得这两种力大小相当,趋于均衡,可获得最佳粘合强度,此时既有部分粘附破坏又有部分内聚破坏即为混合破坏。影响粘附力和内聚力的因素主要有如下几个方面。

7.3.1　分子量

高分子化合物的分子量低、黏度小、流动性好,有利于浸润,其粘附性虽好,但内聚力低,最终的粘合强度不高;分子量大,胶层内聚力高,但黏度增大,不利于浸润。因此,对每一类高分子化合物,只有分子量在一定范围内才能既有良好的粘附力,又有较大的内聚力,以保证粘合接头具有较好的粘合强度。

7.3.2　极性

高分子化合物分子中含有极性基团,有利于对极性高分子化合物的粘合。对于非极性高分子化合物与极性高分子化合物,一般粘合强度不高。这是由于非极性高分子化合物的表面能低,不易再与极性高分子化合物形成低能结合,故浸润不好,不能很好粘合。非极性高分子化合物与非极性高分子化合物之间能产生良好的粘合,由此可见,结构相似,互容性较好,有利于扩散,容易粘合得牢固。

7.3.3　空间结构

高分子化合物分子主链上常常有侧链,构成了空间结构。在空间结构中,侧链的种类对粘合强度有较大影响。以聚乙烯醇缩醛类胶粘剂为例,缩丁醛与缩甲醛相比,缩丁醛的侧链长,链的柔顺性好,浸润性和粘附性较好,但是由于缩丁醛的侧链较长,易于热分解,所以耐热性差。缩甲醛的侧链短,在常温下粘合强度较高,耐热性较好,但胶层的韧性、浸润性和粘附性都较差。如果侧链含有苯基等,由于空间位阻大,分子链的柔性就下降,妨碍分子链运动,不利于浸润和粘附。例如,丁苯橡胶粘合赛璐玢时,当共聚物中的苯乙烯含量增加时,剥离强度下降,破坏形式为粘附破坏。

7.3.4　补强和硫化

通过补强和硫化可显著提高高分子材料的内聚力,在实际应用中非常普遍。如橡胶与各种材料的粘合中,由于橡胶是线型的,其内聚力主要取决于分子间的作用力,分子间易于滑动,所以它可溶可熔,表现出的耐热、耐溶剂性及粘合强度均不理想。为了克服上述缺点,配方中都需要加入补强剂(如炭黑等)和硫化剂(硫黄等)进行补强和硫化,以达到一定的内聚力。通常,内聚力是随补强剂的用量增加和硫化交联密度的增加而增加,如果补强剂用量过大,交联密度太高,致使橡胶刚性过大,发硬、变脆,其粘合强度反而下降。

7.3.5　被粘表面的处理

被粘合材料的表面是否清洁、有无活性是粘附牢固与否的关键。由于被粘材料在加工、运输和存放过程中,不可避免地会产生锈蚀、氧化,粘上油污,吸附灰尘及其他杂物,这些物质直接影响粘附力,所以在粘合过程中应根据粘合材料的性质首先进行表面的清洗处理,常用的方法有溶剂清洗、砂布打磨、喷砂和化学处理等。经过适当的表面处理后可显著提高粘合接头的强度、耐久性和疲劳寿命,在轮胎、胶带、胶管、减震制品和胶辊等生产中,非橡胶骨架材料均需进行严格的处理,以提高粘合强度,确保制品质量。

7.3.6　粘合过程中的工艺因素

粘合过程中的操作工艺,如涂胶、晾置、固化温度和压力等也很重要,若工艺掌握得不好,会导致粘合强度大幅度下降,严重的甚至可能使粘合接头失败。因此粘合工艺需在粘合前通过试验决定。

7.4　粘合剂的分类及应用

粘合剂是将材料相邻表面粘合成一体的物质。根据不同的粘合机理和操作工艺,粘合剂可再细分为胶粘剂、粘结剂、键合剂、粘合促进剂、增粘剂和浸渍粘合剂等。

增粘剂(tackifier):是指能够增加未硫化胶粘性的物质,如石油树脂、古马隆树脂、苯乙烯-茚树脂、非热反应性的对烷基苯酚甲醛树脂和松焦油等。粘性是指两个同质胶片在小负荷、短时间压合后,将其剥离开所需的力或所做的功,即自粘性。增粘剂只是在多层橡胶制品加工过程中增加胶料的表面粘性,便于胶层间粘贴加工,主要通过增加物理吸附作用提高粘合效果,属于加工助剂范畴。

浸渍粘合剂:又称间接粘合剂,是指将含有粘合成分的浸渍液通过浸渍工艺覆盖在纤维织物的表面或渗透到织物内部缝隙中,在硫化温度下,浸渍液胶膜与橡胶及织物产生化学键合,这种浸渍液就称作浸渍粘合剂,如典型的间苯二酚、甲醛和胶乳三组分的 NaOH 乳液粘合体系,即 RFL 体系,这是提高橡胶与纤维结合效果的主要方法之一。针对不同的纤维,浸渍液的组成不一样,如其中的胶乳(L 组分)可以是 NRL,也可以是丁吡胶乳、丁苯吡胶乳,间苯二酚和甲醛的用量也可以发生变化。对聚酯、芳纶和玻璃纤维等难粘合的纤维,除了 RFL 组成外,还要添加其他有利于粘合的成分,如异氰酸酯、硅烷偶联剂等。

键合剂(bonding agent):又称直接粘合剂,在混炼时混入胶料中,在硫化时使被粘表面之间产生化学键合或强烈的物质吸附,形成牢固粘结的物质,如典型的间苯二酚给予体-亚甲基给予体-白炭黑粘合体系(间甲白体系,HRH 体系)、三嗪粘合体系。这种类型的粘合剂,在产生结合的两个材料表面上并不存在以粘合剂为主成分的中间层。这种粘合剂多用于橡胶与骨架材料之间形成牢固而持久的粘合。

粘结剂(粘着剂):是指将不连续的粉体或纤维材料粘附在一起形成连续整体的物质,如造纸用纸浆粘结剂、无纺布粘结剂、石棉粘结剂、粉体湿法造粒所使用的粘结剂等,多为液体或半流体物质,通过高速搅拌等方法实现粘合剂与粉体的均匀混合,靠粘结剂提供粘结力粘合。

粘合促进剂(adhesive promoting agent):是指自身不直接产生材料之间的物理吸附作用或化学键合作用,但能够促进粘合作用发生的化学物质,如在橡胶与镀黄铜金属粘合过程中使用的有机钴盐就是一种粘合促进剂。这种粘合促进剂也是作为配合剂直接加入胶料中,并在高温硫化过程中发挥作用。

胶粘剂(adhesive):是指将两种或两种以上的制件(或材料)连接在一起的一类物质,

多是胶液或粘带形式,通过喷、涂和贴等工艺达到粘合目的。这种粘合方式是在两种材料表面之间形成以胶粘剂粘料为主成分的中间粘合层,如硫化胶之间的粘合,硫化橡胶与皮革、木材和金属等粘合。胶粘剂自身的性质和性能、粘合工艺决定粘合效果。

在上述粘合剂中,适用面广、用量大和操作工艺最为简便的是胶粘剂。胶粘剂的品种繁多,性能各具特色,选择适当的品种可获得较高的粘合强度,因而胶粘剂发展很快,已成为粘合工艺中最常用的物质。

目前胶粘剂中,较常用的是异氰酸酯类胶粘剂、含卤胶粘剂和酚醛树脂胶粘剂等。其中异氰酸酯类胶粘剂是橡胶与各种金属的良好胶粘剂,特点是粘合强度高,抗震性优良,工艺简单,且有耐油、耐溶剂、耐液体燃料和耐酸碱等性能,耐温性能稍差。氢氯化橡胶是天然橡胶和氯化氢反应而得的产物,其化学稳定性好,不燃烧。将氯化橡胶溶解于适当的溶剂中即可得到粘合效果好的氯化橡胶胶粘剂,氯化橡胶胶粘剂主要用于极性橡胶(氯丁橡胶和丁腈橡胶等)与金属(钢、铝、铁、锌和镁)的粘合,由于其耐水及耐海水性能极佳,也可用作表面保护涂料。

 延伸阅读:常用的粘合剂的成分及其应用,请扫本章标题旁二维码浏览(P111)。

习 题

1. 影响橡胶粘合强度的因素有哪些?
2. 举例说明橡胶和金属粘合时,应如何选择粘合剂。
3. 天然橡胶常常与哪些橡胶共混? 举例说明共混后天然橡胶共混胶性能的提升。
4. 举例说明顺丁橡胶与丁苯橡胶共混后,哪些性能提高? 应用在哪些场合?
5. 为什么在硅橡胶和三元乙丙橡胶共混中常常需要加入硅烷偶联剂?
6. 聚氨酯与三元乙丙橡胶共混后,能改变三元乙丙橡胶的何种性能?

 知识拓展

爱国华侨——橡胶大王李光前

李光前,新加坡大学首任校长,生前是世界十大华人富商之一。他所创立的橡胶王国,对世界橡胶业有特别重要的影响,是当代新加坡和马来西亚,以至整个东南亚地区杰出的华人企业家、教育家和慈善家。

1893年,李光前出生在福建省南安县梅山芙蓉乡,原名李玉昆。在他小时候,家境特别贫寒,但难能可贵的是,他的父亲对子女的教育非常重视,哪怕节衣缩食,也要供孩子读书。1903年秋天,年仅10岁的李光前跟随父亲远渡重洋,去新加坡谋求生计,进入当地英印学堂就读。1909年,李光前得到当地中华总商会主席吴寿珍资助回国,继续在暨南学堂学习。两年后,他考入北京清华学堂(预科),之后转到唐山路矿专门学堂。1911 年,辛亥革命的爆发打断了李光前的学业,他被迫回到新加坡,幸而不久又考入当地政府办的测量专科学校,同时攻读美国一所大学的函授工程课。三年后,因生活所迫,他再次中断学业,开始谋生计。

李光前精通中英文,经朋友介绍,他来到爱国华侨庄希泉创办的中华国货公司负责英文文书及涉外工作,由此便开始进入商界。李光前辗转进入陈嘉庚的谦益公司,他勤奋好学,很快就掌握了橡胶生意的知识,而且还打通欧美市场。因为办事干练精明、业务熟练加上老成持重,他很快就荣升谦益公司橡胶贸易部经理,甚得陈嘉庚器重,并与陈嘉庚长女喜结良缘,也让他的才华得以充分发挥。

图 7 - 2　陈嘉庚与李光前

1927 年,李光前用 10 万元买下了麻坡的 1000 英亩胶园,命名为"芙蓉园",以纪念他的出生地。次年,这片胶园以大约 40 万元的高价售出,用这笔钱,李光前在麻坡创办了自己的第一家企业——南益橡胶公司。开业的第 3 年,正逢世界经济大萧条,在资本薄弱、惨淡经营的情况下,李光前凭着在谦益公司时与工商界建立的良好关系,勉强支撑。1931 年,经济危机即将过去,李光前一面发展对外贸易,一面又开展多种经营,除经营橡胶制造、种植、运送胶片和胶液外,还进行黄梨的种植与生产。到 20 世纪 30 年代末,李光前已是新加坡、马来西亚等地家喻户晓的橡胶与黄梨大王了。

之后,李光前继续进军金融业。他先与人合办华商银行,后与华侨银行、汇丰银行合并。凭着敏锐的眼光和精明的头脑,在他的主持下,华侨银行业务得到空前的发展,并将分行开设至全世界,成为东南亚地区最重要的金融机构之一,也成为李氏集团最重要的企业。如今,华侨银行已是新加坡国内银行业的龙头。

二战结束后,新加坡几乎是一片废墟,尤其是华侨的事业更是损失严重。李光前立即着手进行南益橡胶企业的恢复与重建,使之适应战后市场的巨大需求;与此同时,他也竭尽全力协助当地恢复经济,为重建战后新加坡做出了贡献。到 20 世纪 60 年代末期,他的橡胶园总面积已达 1.85 万亩,南益橡胶有限公司附属机构多达 35 家。

即使累积了巨额财富,李光前始终心系祖国,关注教育。1934年,他接任南洋中学的董事长,负责学校每年的经费、建筑费等,并修建校舍,新建国专图书馆。同时,他还兼任南益学校、道南学校、导侨学校、光华学校、侨南学校等9所中学和十几家会馆的董事。抗日战争时期,李光前在故乡南安梅山创办"国专小学"。1943年,又创办"国光中学"。1952年,他为家乡捐资数百万元,用于扩建梅山学村。除了恢复他于1939年创建的国专小学外,又扩建国光幼儿园、国光中学、国专医院和国专影剧院。1952年,李光前用他的大半财产设立了"李氏基金会",提出"取诸社会,用诸社会",积极捐助文教及社会公益事业。1953年,李光前的一位族侄提议建立东南亚第一所华文大学——南洋大学,李光前马上积极响应并给予赞助。

无论是内地还是海外,只要有关华人的事,有关教育的事,李光前都是竭尽全力,散尽钱财。他对教育、经济的发展和社会进步所做出的巨大贡献,博得海内外一致高度称赞。1957年,马来西亚柔佛苏丹授予他"拿督"荣衔。次年,马来西亚大学授予他名誉法学博士学位。1962年1月,新加坡政府《宪报》正式公布聘任李光前先生为新加坡大学首任校长。这是他一生中最高的荣誉。在就职典礼上,他说:"吾人对国家贡献莫大于教育青年……得天下英才而教育之,一乐也"。

1985年10月22日,新加坡福建会馆在南侨中学李光前纪念亭中竖起了一尊他的铜像,以纪念他做出的巨大贡献。同样,今天我们走进著名的"侨乡第一校"——福建南安国光中学,也会见到李光前先生的铜像。虽然他已经离开了人世,但他的教育理念,创业精神依然还会在他培植的地方生长、发芽,并发扬光大。

第8章 橡胶材料加工

延伸阅读

橡胶材料加工,是指将橡胶及其他原材料做成橡胶制品的工艺过程。橡胶制品的基本加工过程包括塑炼、混炼、压延或压出、成型和硫化等工序。

8.1 概 论

高弹性是橡胶最宝贵的性能,但却给加工带来极大的困难,这是因为在加工过程中施加的机械功会无效地消耗在橡胶的可逆变形上。为此,需将生胶经过机械加工、热处理或加入某些化学助剂,使其由强韧的弹性状态转变为柔软而便于加工的塑性状态,这种工艺过程称为塑炼。经塑炼得到的具有一定可塑性的生胶称为塑炼胶。

8.1.1 影响塑炼的主要因素

塑炼的本质在于通过机械加工等手段,促使橡胶长链分子断裂,形成分子量较小的、链长较短的分子结构,从而提高其流动性,增加可塑性。影响塑炼的主要因素有:

1. 机械力

当橡胶受到机械力作用时,卷曲的分子链会被拉直,使得分子链在中间部位发生断裂,产生橡胶分子自由基,自由基被氧气等物质稳定下来,形成两条较短的橡胶分子链,最终导致分子量降低。橡胶分子链断裂的概率与作用于橡胶分子链上的机械力(剪切力)成正比,机械力越大,分子链断裂效果越好,分子量降低越显著。需要注意的是,机械断链一般只对一定长度的橡胶分子链有效,一般分子量小于 10 万的天然橡胶和分子量小于 30 万的顺丁橡胶的分子链基本上不再受机械力作用而断裂。因此,在机械力作用下,橡胶平均分子量变小的同时,分子量分布会变窄,而且塑炼后分子量很低的成分较少。

此外,分子链的断裂还与组成分子链的化学键键能有关。组成分子链的化学键键能越高,分子链断裂越困难。不过,在塑炼过程中,橡胶所受的应力不可能平均地作用于每个分子链的化学键上,在受剪切力时,会产生应力集中于某些弱键上,扯断分子链。

2. 氧

如前文所述,当橡胶受到机械力作用形成自由基时,氧可以捕捉自由基,促使其形成稳定化合物。因此,氧在塑炼过程中也起到重要作用。试验表明,在氧气中进行塑炼时,橡胶的可塑性增加很快(如图 8-1 所示),而在相同温度下在氮气中长时间塑炼时,橡胶的可塑性几乎没有变化。

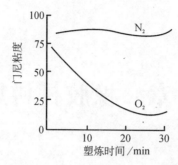

图 8-1　橡胶在不同介质中塑炼时门尼粘度的变化

除了能稳定由机械力扯断所产生的橡胶分子自由基外,氧还可以使得橡胶分子链产生氧化断链,降低分子量。前者的作用一般是在低温条件下产生,后者的作用一般是在高温条件下产生。氧还会参与橡胶的化学反应,提高橡胶中丙酮抽出物的含量。

> Ⓔ **延伸阅读**:橡胶丙酮抽出物含量和塑炼时间的关系,请扫本章标题旁二维码浏览(P121)。

3. 温度

图 8-2 为天然橡胶在不同温度下的塑炼效果(塑炼时间 30 min),呈现出一条近于"U"型的曲线。以最低值为界,可以将"U"型曲线近似认为是由左右两条不同曲线组合而成,并代表两个独立过程,其中 1 线代表低温塑炼,2 线代表高温塑炼。在低温塑炼阶段,由于橡胶较硬,受到的机械破坏作用较剧烈,较长的分子链容易被机械力所扯断。此时,氧的化学活泼性较小,对橡胶的直接引发氧化作用很小。因此,低温时,主要是靠机械破坏作用引起橡胶分子链的降解而获得塑炼效果。随着塑炼温度的不断升高,橡胶由硬变为柔软,分子链在机械力作用下容易产生滑动而难以被扯断,因而塑炼效果不断下降,在 110 ℃附近达到最低值。

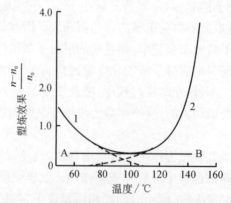

图 8-2　天然橡胶塑炼效果与塑炼温度的关系

当温度超过 110 ℃再继续升高时,此阶段氧的自动催化氧化破坏作用急剧增大,橡胶分子链的氧化降解大大加快。因此,尽管机械破坏作用进一步降低,但是橡胶的塑炼效果迅速增大。此时,机械力的作用主要是翻动和搅拌生胶,增加生胶和氧接触的机会。

因此,不同的范围,温度对塑炼的影响不同,即低温塑炼和高温塑炼的机理不同。低温塑炼时,主要是由机械破坏作用使橡胶分子断链;高温塑炼时,主要是由氧的氧化裂解作用使橡胶分子链降解。由于高温塑炼时,氧化概率与分子量大小无关,因此在高温塑炼中,橡胶平均分子量变小的同时,并不发生分子量分布变窄的情况,塑炼后,分子量很低的成分可能较多。

4. 化学塑解剂

化学塑解剂实质上是一种氧化催化剂。一方面,塑解剂本身受热、氧的作用,分解形成自由基,促使橡胶分子发生氧化降解;另一方面,塑解剂可以封闭塑炼时橡胶分子链断链的自由基端基,阻止其重新聚合。因此,生胶塑炼工艺中,使用化学塑解剂能增强生胶塑炼效果,缩短塑炼时间,提高塑炼效率。

5. 静电

塑炼时,生胶受到炼胶机的剧烈摩擦而产生静电。实验测定,辊筒或转子的金属表面与橡胶接触处产生的平均电位差在 $2\,000\sim6\,000$ V,个别可达 $15\,000$ V。因此,辊筒和堆积胶间经常有电火花产生。这种放电作用促使生胶表面的氧激发活化,生成原子态氧和臭氧,从而提高氧对橡胶分子链的断链作用。

8.1.2　塑炼方法

生胶塑炼方法有热塑炼和机械塑炼等多种,但目前广泛采用的是机械塑炼方法。按所用设备可分为开炼机塑炼、密炼机塑炼和螺杆机塑炼三种。

1. 开炼机塑炼

开炼机塑炼是最早使用的一种塑炼方法。它是将生胶置于两个圆柱形的回转中空辊筒之间,胶料受摩擦力作用被带入辊间,借助两辊间不同的回转速度所导致的剪切力作用,使得橡胶分子链受到拉伸断裂,从而获得可塑性(图 8-3)。

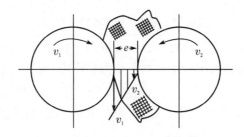

图 8-3　开炼机炼胶作用示意图

这种方法的自动化程度低、劳动强度大、生产效率较低、操作条件差,但塑炼胶可塑性均匀、胶料的耐老化性能和耐疲劳性能较好,动态下生热较小,适应面宽,比较机动灵活,投资较小,适用于塑炼胶质量要求高、胶种变化较多、耗胶量较少的场合。目前工厂(特别是生产规模较小的工厂)生产中仍在使用。

开炼机塑炼通常有薄通塑炼、一次塑炼、分段塑炼及添加化学塑解剂塑炼等方法,根据不同需求,在生产上得到了不同的应用。

 延伸阅读:开炼机塑炼方法,请扫本章标题旁二维码浏览(P121)。

2. 密炼机塑炼

密炼机是目前我国橡胶制品大规模生产的主要设备,主要组成部分有密闭室、转子、上下顶、加热冷却装置、润滑装置、密封装置和电机传动装置(图8-4)。

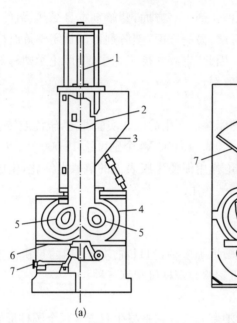

图 a—"F"系列 Banbury(标准)型密炼机
1—上顶栓拉杆;2—上顶栓;
3—加料斗;4—混炼室壁;5—转子;
6—下顶栓;7—卸料门。

图 b—GK 型密炼机
1—上顶栓拉杆;2—上顶栓;3—密闭室;
4—转子;5—下顶栓传动装置;
6—下顶栓;7—加料斗。

图 8-4 密炼机整体构造示意图

胶料从加料口进入密闭室后落在相对回转的两个转子之间的上部,在上顶栓压力及转子表面摩擦力作用下被带入辊距中受到剪切力的作用,通过辊距后,胶料被下顶栓分为两部分,分别随两转子回转通过转子与室壁间隙及其与上、下顶栓之间的空隙,同时亦受到剪切力作用,并重新返回到辊距上方,进入辊距中。因此,与开炼机相比,密炼机塑炼主要特点为:

(1) 转子转速高。每分钟 20 r、40 r、60 r,甚至高达 80 r 或 100 r,生产能力大。

(2) 转子间的速比大。变化转子的断面结构复杂,转子表面各点与轴心距离不等,产生的线速度不同,从而使得两转子间的转速比很大(1:0.91~1:1.47),促使生胶受到强烈的摩擦、撕裂和搅拌作用。

(3) 胶料受剪切位置多。胶料不仅在两转子的间隙中受到剪切作用,而且还在转子与密炼室腔壁之间以及转子与上、下顶栓的间隙之间受到剪切作用,塑炼效率较高。

(4) 自动捣胶。转子的短突棱具有一定导角(一般为 45°角),能使胶料做轴向移动和翻转,起到开炼机手工捣胶作用,使生胶塑炼均匀。

(5) 温度高。密炼室的温度较高(一般为 140 ℃左右),能使生胶受到剧烈的氧化裂解作用,使胶料能在短时间内获得较大的可塑性。

这种塑炼方法具有生产能力大、塑炼效率高、自动化程度高、电力消耗少、劳动强度较小和卫生条件较良好等优点。但是在密炼机塑炼时,由于胶料受到高温和氧化裂解作用,会使硫化胶的物理机械性能有所下降;设备造价较高,占地面积大,设备清理维修较困难,适应面较窄,适用于胶种变化少、耗胶量大的工业生产。

密炼机塑炼的方法通常有一段塑炼、分段塑炼和添加化学塑解剂塑炼。

 延伸阅读:密炼机塑炼方法,请扫本章节标题旁二维码浏览(P121)。

3. 螺杆机塑炼

螺杆机塑炼是借助螺杆和带有锯齿螺纹线的衬套间的机械作用,使生胶受到破碎、摩擦和搅拌,并在高温下获得塑炼效果的一种连续塑炼方法。使用设备主要是单螺杆一段塑炼机和双螺杆两段塑炼机。

螺杆机塑炼具有连续化、自动化程度高,生产能力大,动力消耗少,占地面积少和劳动强度低等优点。最适用于生胶品种少、耗胶量大的大规模工业生产。但从目前国内使用螺杆机塑炼来看,还存在如排胶温度高、塑炼胶热可塑性大、可塑性不均匀(夹生现象)和可塑性较低等缺陷,因此在应用上受到一定限制,仅适用于天然橡胶。

8.1.3　工艺参数对塑炼过程的影响

1. 开炼机塑炼参数

开炼机塑炼属于低温塑炼,因此与机械作用力有关的设备特性和工艺条件都是影响塑炼效果的重要因素。

(1) 辊温

当温度低时,橡胶的弹性大,所受到的机械作用力大,塑炼效率高。反之,温度升高,则橡胶变软,所受到的机械作用力小,塑炼效率低。实验表明,在 100 ℃以下的温度范围进行塑炼时,塑炼胶的可塑性与辊温的平方根成反比,即:

$$\frac{P_1}{P_2} = \sqrt{\frac{T_2}{T_1}} \tag{8-1}$$

式中:P_1、P_2 为塑炼胶可塑度;T_1、T_2 为辊筒温度,℃。

因此,开炼机塑炼时,为提高塑炼效果,应加强辊筒的冷却,严格控制辊温,尤其是合成橡胶塑炼时,严格控制辊温显得更为重要。辊温偏高,生胶会产生热可塑性,从而达不到塑炼要求。辊温偏低,虽能提高塑炼效果,但动力消耗大,且容易损伤设备。实际生产中的辊温,天然橡胶一般掌握在 45~55 ℃,合成橡胶一般掌握在 30~45 ℃。

生产中,由于辊筒冷却受到各种条件的限制,如辊筒导热性差和冷却水温度不易降低等,使辊温不易达到理想要求。因此,采用冷却胶片的方法是提高塑炼效果的有效措施,如使用胶片循环爬架装置,薄通塑炼和分段塑炼等也属于这类措施。

（2）辊距

当辊筒的速度恒定时,辊距减小会使生胶通过辊缝时所受的摩擦、剪切力、挤压力增大,同时胶片变薄易于冷却,冷却后的生胶变硬,所受机械剪切力作用增大,塑炼效果随之提高。例如,当辊距由 4 mm 减至 0.5 mm 时,天然橡胶门尼粘度迅速降低,可塑性则迅速提高(图 8-5)。

（3）辊速及速比

塑炼时,辊筒转速快,单位时间内生胶通过辊缝次数多,所受机械力的作用大,塑炼效果好(图 8-6)。但辊筒速度过快,塑炼胶升温快,反而会使塑炼效果下降,同时操作也不安全。因此辊筒转速不易过快,一般为 13~18 r/min。

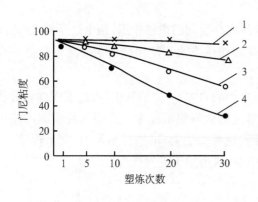

1—4 mm;2—2 mm;3—1 mm;4—0.5 mm。

图 8-5 辊距对天然橡胶塑炼效果的影响

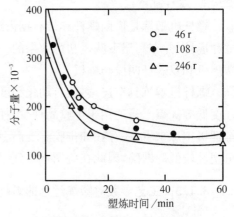

图 8-6 天然橡胶在不同转速下塑炼时的降解速度

辊筒之间速比越大,速度梯度越大,剪切力越大,塑炼效率越高。但速比太大时,过分激烈的摩擦作用会导致胶温上升快,反而降低塑炼效果,而且电机负荷大,安全性差,所以必须合理地选择速比,通常应控制速比在 1∶1.15~1∶1.35。

（4）时间

生胶塑炼效果与时间有一定关系。在一定的时间范围内,塑炼时间越长,塑炼效果越好。超过这个时间范围后,可塑性趋于平稳。例如在天然橡胶的塑炼过程中,在塑炼最初的 10~15 min 内,塑炼胶的可塑性增加得较快。但在超过 20 min 后,可塑性增加较少,并逐渐趋于平稳(图 8-7)。这是因为在经过一段时间的塑炼后,生胶的温度逐渐升高而软化,此时橡胶分子链容易滑移,不易被机械力破坏,从而导致塑炼效果降低。因此,在用开炼机做包辊塑炼时,一般塑炼时间不宜超过 20 min。为取得较大的可塑性时,应采取分段塑炼的方法。

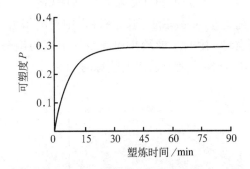

图 8-7　天然橡胶可塑度与塑炼时间的关系

（5）装胶容量

塑炼时的装胶容量主要取决于开炼机规格,规格一定时,容量过大,会因堆积胶过量而浮动,不易散热,塑炼效果差,且劳动强度大;容量太小,则生产效率低,在实际生产中,应与设备的尺寸相对应。此外,生胶的种类也会影响装胶容量,合成橡胶塑炼时因生热较大,装胶容量应比天然橡胶少 20%～25%。

（6）化学塑解剂

添加化学塑解剂塑炼,能提高塑炼效果(表 8-1),缩短塑炼时间,节省电力并减少胶料收缩。为了使化学塑解剂产生最佳效果,炼胶温度应适当提高。

表 8-1　促进剂 M 或 DM 对天然橡胶的塑炼效果

类别	促进剂用量/份数	辊温/℃	平均可塑度 P(威氏)
普通塑炼胶	0	50±5	0.20
M 塑炼	0.4	65±5	0.31
DM 塑炼	0.7	65±5	0.25

2. 密炼机塑炼参数

密炼机塑炼属于高温塑炼,温度一般在 120 ℃以上。生胶在密炼机中受高温和强机械力作用,产生剧烈氧化,短时间内即可获得所需的可塑性。因此,密炼机塑炼主要取决于塑炼温度及其他影响温度的设备特性和工艺条件。

（1）温度

塑炼温度是影响密炼机塑炼效果好坏的最主要因素,随着塑炼温度的提高,胶料可塑度几乎按比例迅速增大(图 8-8)。但是温度过高会导致橡胶分子过度降解,使橡胶物理机械性能下降。天然橡胶的塑炼温度一般以 140～160 ℃为宜;丁苯橡胶的塑炼温度则应控制在 140 ℃以下(温度过高,会发生支化、交联等反应,降低可塑性)。

（2）时间

通过延长塑炼时间,可以促使胶料受到长时间的高温氧化裂解,从而提高塑炼效果。

一般来说,在密炼机塑炼中,生胶的可塑性随塑炼时间的增长而不断地增大,最终逐渐变缓(图8-9)。这是因为随着塑炼时间的延长,密炼室中充满了大量的水蒸气和低分子挥发性气体,降低了氧气的浓度,阻碍了橡胶与周围空气中氧的接触,使橡胶的氧化裂解反应减慢。因此,应当根据实际情况确定适当的塑炼时间。

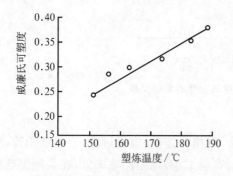

图8-8 密炼机塑炼天然橡胶时塑炼温度与可塑度的关系

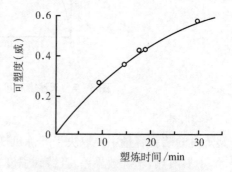

图8-9 塑炼时间与可塑度的关系

（3）化学塑解剂

在密炼机高温塑炼条件下,化学塑解剂分解,形成自由基,能有效促进橡胶分子链的裂解作用,缩短塑炼时间,降低塑炼温度,提高生胶的塑炼效果(图8-10)。

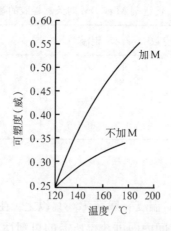

图8-10 塑解剂对可塑度的影响

（4）转子转速

改变转子转速,一方面提高翻胶速度,提高胶料在单位时间内与氧气的接触频率,提高氧化裂解效率;另一方面,转子转速快,胶料内生热高,温度上升,进一步提高氧化裂解效果。因此,在一定温度条件下,塑炼胶可塑度随转子转速的增加而增大。但是,转子转速不宜过快,否则会使生胶温度过高,致使橡胶分子剧烈氧化裂解,或引起支化交联而产生凝胶。

在实际生产中,特定密炼机的转速通常是不变的,因此在设定塑炼条件时,转速一般不是考虑的因素。

（5）装胶容量

密炼机塑炼时，如果容量过小，生胶会在密炼室中打滚，转子对胶料起不到挤压、剪切和翻胶等功能，因此塑炼效果差；容量过大，则翻胶不均匀，并且生热快，排胶温度高，设备因超负荷运转而易于损坏。因此，在使用之前，必须先确定合理的装胶容量（也称工作容量）。通常，装胶容量为密炼室容量的 55%~75%（即填充系数为 0.55~0.75）。

（6）上顶栓压力

上顶栓是为了抵住胶料，防止胶料在翻胶过程中上下浮动，因此当压力不足时，上顶栓被塑炼胶推动产生上下浮动，不能使胶料压紧，上顶栓对胶料的剪切力作用减小；当压力太大时，上顶栓对胶料阻力增大，使设备负荷增大。因此，上顶栓的压力对塑炼效果影响很大。实验表明，适当增加上顶栓压力，是缩短塑炼时间的有效方法。通常，20 r/min 密炼机上顶栓压力控制在 0.5 MPa~0.6 MPa，40~60 r/min 密炼机上顶栓压力一般为 0.6 MPa~0.8 MPa。

3. 螺杆机塑炼参数

螺杆机塑炼效果取决于机身温度、胶料温度、填胶速度和出胶空隙等因素。

（1）机身温度

机身温度是螺杆机塑炼时必须严格控制的主要工艺参数。温度过低，塑炼效果不良，设备负荷大；温度过高，则导致胶料严重氧化降解，影响橡胶的加工性能及物理机械性能。例如当机身温度低于 110 ℃时，生胶的可塑性增加不大；而当温度高于 120 ℃时，则排胶温度太高，使胶片（或胶粒）发黏而产生粘辊，不易进行补充加工，并使物理机械性能严重下降。

（2）胶料温度

生胶块在送入螺杆机之前，若胶料温度低于预热规定温度时，则容易产生塑炼不均匀（夹生）的现象，并易造成设备负荷过大而引起停机。

（3）填胶速度

填胶速度应均匀，与机身容量相适应。填胶速度过快，机筒内积胶多，形成较大的静压力，使胶料容易析出机头，胶料在机筒内的停留时间短，得不到充分的塑炼，因而塑炼胶的可塑性小且不均匀；反之，填胶速度过慢，胶料在机筒内的停留时间长，塑炼胶可塑性过大，严重时会呈现黏流状。实际操作时，为让胶块连续自动进入机身内，必要时可利用风筒适当加压，以帮助胶块顺利进入螺杆机内，使塑炼顺利进行。

（4）出胶空隙

出胶空隙主要指机头与螺杆端部之间的环形间隙，它可通过调整螺杆的装置来调节。当间隙大，机头部位阻力小，出胶量大，塑炼胶可塑性小；反之，间隙小，塑炼胶的可塑性较大。

8.2 胶料混炼

为了提高橡胶制品的使用性能,改善加工性能(压延、压出、注压等)以及节约生胶、降低成本,必须在橡胶中加入各种配合剂。在炼胶机上将各种配合剂均匀地加入具有一定可塑性的生胶中的工艺过程称为混炼。经混炼制成的胶料称为混炼胶。

混炼对胶料的加工和制品的性能具有决定性影响,是橡胶加工中最重要的基本工艺之一。混炼不好,会出现配合剂分散不均、胶料可塑性过低或过高、焦烧、喷霜等现象,导致压延、压出、滤胶和硫化等后续工序不能正常进行,并使制品物理机械性能不稳定或下降。

8.2.1 混炼的原理

1. 混炼过程

混炼过程是配合剂(主要是补强填充剂,如炭黑)在生胶中均匀分散的过程。由于生胶的黏度很高,不利于配合剂的分散。因此配合剂在生胶中的分散必须借助于炼胶机的强烈机械作用来强化混炼过程。

以炭黑为例。混炼过程主要是通过以下两个阶段完成的。首先,橡胶渗入炭黑凝聚体(二次结构)的空隙中,形成浓度很高的炭黑-橡胶团块,分布在不含炭黑的橡胶中;其次是这些浓度很高的炭黑-橡胶团块在大的剪切力下被搓开,团块逐渐变小,直至达到充分分散。

前一个过程称为湿润阶段或吃粉阶段。橡胶的黏度越低,对炭黑的湿润性越好,吃粉也越快。后一个过程称为分散阶段,增加胶料黏度和提高切变速率都能提高分散效果。因此,混炼的两个阶段对橡胶黏度的要求是相互矛盾的,为此,需要正确选择橡胶的可塑性和混炼温度。

2. 混炼胶的分散程度

混炼胶是各种配合剂分散于生胶中组成的分散体系。其中,生胶的分布呈连续状态,称为连续相,配合剂的分布呈非连续状态,称为分散相。

研究表明,只要配合剂的分散直径达到 $5\sim6~\mu m$ 时,就有良好的混炼效果。而粒子分散直径在 $10~\mu m$ 以上时,对胶料性能极为不利。因此,提高配合剂在胶料中的分散程度,是确保胶料质地均一和制品性能优异的关键。

3. 结合橡胶

混炼时,橡胶分子能与活性填料(主要是炭黑、白炭黑等)粒子相结合生成一种不溶于橡胶良溶剂的产物,称为结合橡胶。

形成结合橡胶的原因很复杂,一种可能是混炼时橡胶分子断链生成的橡胶自由基通过化学键与炭黑粒子表面的活性部位结合而成,或者是混炼时炭黑凝聚体破裂生成活性很高的新鲜表面直接与橡胶分子反应的结果;另一种可能是橡胶分子缠结在已与炭黑粒子结合的橡胶分子上,或与之发生交联作用等。

结合橡胶量通常按已结合的橡胶占原有橡胶量的百分数来表示。例如 100 质量份橡胶与 50 质量份炭黑混炼胶料的结合橡胶量为 30％时,即有 30 质量份橡胶与炭黑发生结合而不能溶于良溶剂中。

结合橡胶的生成不仅对硫化胶性能有利,而且,在混炼初期生成适量的结合橡胶,有助于提高胶料的黏度和剪切应力,这对克服炭黑凝聚体的内聚力(即进一步分散的阻力)也是有利的。当炭黑-橡胶团块被搓开后,炭黑粒子产生的新表面又可与另外的橡胶分子相结合,从而使炭黑凝聚体不断变小而最终达到良好的分散。但是,在混炼初期应避免生成大量的结合橡胶,尤其是应避免生成结合较强的、颗粒较大的炭黑凝胶硬块。因为这些炭黑凝胶硬块不易被剪切应力所搓开,难以进一步分散。

结合橡胶的生成量与补强填充剂的粒子大小、表面活性及用量有关,也与橡胶本身的活性和混炼加工条件等有关。粒度小、表面活性高的炭黑与生胶混炼后容易生成结合橡胶。炭黑用量增加,生成结合橡胶的数量也增加。而粗粒炭黑几乎不生成结合橡胶。活性大的橡胶,如天然橡胶和其他二烯类合成橡胶等,容易与炭黑形成结合橡胶。活性较小的饱和橡胶,如丁基橡胶、乙丙橡胶等较难生成结合橡胶。混炼时间长,则生成结合橡胶的数量相对增多(表 8 - 2)。提高混炼温度,也能增加结合橡胶的生成量。在混炼周期中,混炼初期结合橡胶的生成速度较快,以后就逐渐减慢,直至在很长时间后(甚至延长至停放一个星期)才趋于稳定。

表 8 - 2　结合橡胶与混炼时间的关系

混炼时间/min	1	1.5	2	3	4	5
结合橡胶量/％	16.2	16.4	18.3	22.2	27.8	30.2

8.2.2　混炼方法

混炼方法分间歇式和连续式两类。开炼机和密炼机混炼属于间歇式,此种方法应用最早,至今仍在广泛使用,并正在向着采用高压、高速密炼机进行快速混炼的方向发展。连续混炼主要采用的是螺杆混炼机。

1. 开炼机混炼

开炼机混炼是最早的混炼方法,其灵活性大,适用于小规模、小批量、多品种的生产,尤其适用于海绵胶、硬质胶等特殊胶料及某些生热量较大的合成橡胶(如高丙烯腈含量的硬丁腈橡胶)的混炼,因此在小型橡胶工厂中,开炼机混炼仍占有一定比重。但是随着工业化生产的加速,开炼机混炼的生产效率低、劳动强度大、环境卫生及安全性差、胶料质量不高,将逐渐趋于淘汰。

(1)生胶在辊上的行为

众所周知,天然橡胶加工性能好,包辊性好,混炼容易。合成橡胶中丁苯橡胶的加工性能不如天然橡胶,但是还算可以。而顺丁橡胶和乙丙橡胶,它们的包辊性能很不好,甚至有时几乎无法进行混炼(例如,顺丁橡胶对加工温度有较大的敏感性,很容易脱辊,难以混炼)。因此研究生胶在辊上的行为,分析橡胶的加工性能,有利于混炼过程的实现。

① 加工性能与断裂特性的关系

随着辊筒温度从低到高,生胶或胶料在开炼机辊筒间可能出现四个界限分明的行为区,或四种状态(图 8-11)。在第Ⅰ区,辊温较低时,生胶太硬,模量高,弹性大,伸长率小,易于滑动,难以通过辊距,而以"弹性楔"的形式留在辊距中,如果将其强行压入辊距,则橡胶断裂,形成碎块,所以不宜炼胶;随着温度升高而进入第Ⅱ区,生胶模量降低,伸长率变大,既有塑性流动又有适当高的弹性变形,可包于前辊而形成一条弹性的、不易破裂的胶带阶段最适宜于炼胶操作,混炼分散好;当温度进一步升高到第Ⅲ区时,橡胶的流动性进一步增加,分子间作用力减小,下降的生胶模量不足以使其紧包在辊筒上,出现脱辊或破裂现象,无法进行炼胶操作;在第Ⅳ区,温度更高,橡胶呈粘性液体状包在辊筒上,并产生塑性流动。

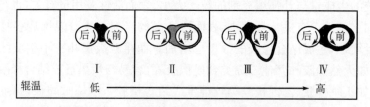

图 8-11　生胶在开炼机辊筒上的四种状态

　　因此,针对不同的生胶,必须选择适当的温度,使橡胶保持一定的模量和伸长率,从而具备良好的包辊性,即使橡胶处在第Ⅱ区,方能进行混炼。除了温度外,外加机械力所带来的形变速率也会影响橡胶在辊筒上的包辊行为。图 8-12 为橡胶模量和伸长率之间关系,其中,f 为橡胶所受的最大外加应力,λ_b 为橡胶的断裂伸长比,则(λ_b-1)表示断裂伸长率,$\dfrac{f \cdot \lambda_b}{(\lambda_b-1)}$ 为断裂模量。该直线可用式(8-2)表示:

$$\frac{f \cdot \lambda_b}{(\lambda_b-1)} = C_i (\lambda_b-1)^n \tag{8-2}$$

　　式中:C_i 为与结构有关的材料常数;n 为 ±1,与斜率有关。

　　当橡胶温度较低时或者所受的形变速率较高(图 8-12 上方,$n=-1$),橡胶显得强韧,模量较高,形变量小,因此受外力作用就断裂为碎块,相应于橡胶在第Ⅰ区的情况;当温度上升或形变速率下降时,橡胶模量降低,伸长率提高,此时在外力作用下,橡胶形变量较大,并具有一定的模量,使得橡胶能在辊筒上形成强韧的弹性胶带,当通过一个临界点之后,则 $n=+1$,此时橡胶变得不那么强韧,模量较低,伸长率较高,即便是超过最大点之后,伸长率变小,但是橡胶的弹性模量仍较高,因此橡胶依然能在辊筒上形成强韧的弹性胶带,此时橡胶处于第Ⅱ区;当温度进一步上升或形变速率进一步降低时,则出现另一个最小伸长率的临界点,此后斜率 n 再次变为 -1。由此可较明显地看出存在的四个区域。

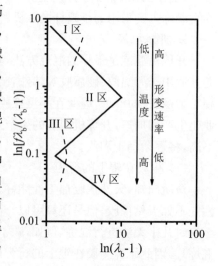

图 8-12　橡胶模量和伸长率的关系

② 影响因素

（a）温度

如上所述,随着温度的升高,橡胶在辊筒上状态的转变为第 Ⅰ 区→第 Ⅱ 区→第 Ⅲ 区→第 Ⅳ 区。在一定的辊距和转速条件下,当辊温逐渐升高时,生胶虽受剪切力作用,但尚未达到断裂点,故能形成紧密包住前辊的弹性胶带（Ⅱ 区）。随后,辊温逐渐升高,生胶的伸长率比值减小,即发生断裂而进入第 Ⅲ 区,于是脱辊、破裂,不能炼胶。当温度进一步升高,黏度减小,生胶进入粘流态而达到 Ⅳ 区。

不同橡胶的包辊最佳的 Ⅱ 区温度不同。天然橡胶和乳聚丁苯橡胶混炼时只出现 Ⅰ 区和 Ⅱ 区,在一般操作温度下没有明显的 Ⅲ 区,所以包辊性能好;结晶温度低、模量低的顺丁橡胶要在较低温度下（40～50 ℃）方能包辊（Ⅱ 区）,超过 50 ℃时即转变到 Ⅲ 区,出现脱辊,难以炼胶,此时即使把辊距减到最小,提高切变速率也难以回到 Ⅱ 区,但辊温升至120～130 ℃时,则胶料进入 Ⅳ 区,包辊性能又会好转。

（b）切变速率

对于炼胶机而言,辊筒直径、转速是一定的,切变速率与辊距成反比。根据时温等效原理,提高切变速率（缩短作用时间）相当于降低温度,降低温度,可使生胶的伸长率比值增大,所以缩小辊距、提高切变速率,相当于降低温度,可使伸长率比值增大,扩大第 Ⅱ 区的温度范围或使胶料从第 Ⅲ 区变回第 Ⅱ 区。因此在实际生产中,如发现脱辊,将辊距调小,对解决脱辊问题有一定帮助。

（c）分子量及其分布

随着生胶分子量的增大,伸长率比值增大,粘流温度升高,所以第 Ⅰ 区→第 Ⅱ 区→第 Ⅲ 区→第 Ⅳ 区的转变温度也相应提高。生胶分子量分布的宽窄直接影响其包辊性能,分布宽则伸长率比值增大,使第 Ⅱ 区→第 Ⅲ 区的转变温度提高,第 Ⅱ 区范围扩大,因而包辊性能好;同时,分子量分布宽,也导致生胶的粘流温度降低,进而使得第 Ⅲ 区→第 Ⅳ 区的转变温度降低,因而使包辊性能不好的第 Ⅲ 区缩小。二者都对混炼有利,因此,分子量分布适当宽一些的橡胶,其加工性能较好。

（2）开炼机混炼历程

开炼机混炼可分为包辊、吃粉和翻炼三个阶段。

包辊是开炼机混炼的前提,包辊之后,进入混炼的第二个阶段——吃粉,所谓的吃粉是指配合剂混入胶料的整个过程。橡胶包辊后,为使配合剂尽快混入橡胶中,在辊缝上端应保留有一定的堆积胶。当加入配合剂时,由于堆积胶的不断翻转和更替,便把配合剂带进堆积胶的皱纹沟中（图 8 - 13）,进而带入辊缝中,借助辊筒的剪切力混入橡胶中。

配合剂进入处

（黑色部分表示配合剂随皱纹沟进入胶料内部的情况）

图 8 - 13　堆积胶断面图

在吃粉过程中,堆积胶量必须适中。如无堆积胶或堆积胶量过少时,一方面配合剂只靠后辊筒与橡胶间的剪切力擦入胶料中,不能深入胶料内部而影响分散效果;另一方面未被擦入橡胶中的粉状配合剂会被后辊筒挤压成片落入接料盘,如果是液体配合剂则会粘到后辊筒上或落到接料盘上,造成混炼困难。若堆积胶过量,则有一部分胶料会在辊缝上端旋转打滚,不能进入辊缝,使配合剂不易混入。堆积胶的量常用接触角(或咬胶角)来衡定,接触角一般取值为 $32°\sim45°$。

混炼的第三个阶段为翻炼。由于橡胶黏度大,混炼时胶料只沿着开炼机辊筒转动方向产生周向流动,而没有轴向流动,而且,沿周向流动的橡胶也仅为层流,因此大约在胶片厚度约 1/3 处的紧贴前辊筒表面的胶层不能产生流动而成为"死层"或"呆滞层"(图 8-14)。此外,辊缝上部的堆积胶还会形成部分楔形"回流区"。以上原因都使胶料中的配合剂

图 8-14　混炼胶吃粉时的断面图

分散不均。因此,必须经多次翻炼,左右割刀、打卷、打三角包和薄通等,才能破坏死层和回流区,使混炼均匀,确保质地均一。

(3) 开炼机混炼方法

开炼机混炼有一段混炼和分段混炼两种工艺方法。对含胶率高或天然橡胶与少量合成橡胶并用,且补强填充剂用量少的胶料,通常采用一段混炼法。对天然橡胶与较多合成橡胶并用,且补强填充剂用量较多的胶料,可采用两段混炼方法,以便两种橡胶与配合剂混炼得更均匀。

无论是一段混炼还是两段混炼,在混炼操作时,都先沿大牙轮一侧加入生胶、母炼胶或并用胶,然后依据配方加入各种配合剂进行混炼。

混炼加料有抽胶加料和换胶加料两种方法。抽胶加料适用于生胶含量高的胶料,配合剂在辊筒中间加入。换胶加料一般适用于生胶含量低的胶料,配合剂在辊筒一端加入。在吃粉时注意不要割刀,否则粉状配合剂会浸入前辊和胶层的内表面之间,使胶料脱辊,也会通过辊缝被挤压成硬片,掉落在接料盘上,造成混炼困难。当所有配合剂吃净后,加入余胶,进行翻炼。翻炼操作方法主要有薄通法、三角包操作法、斜刀法(八把刀法)、打扭操作法、割倒操作法和打卷操作法。这几种翻炼方法,在生产中往往不是单独进行的,通常是几种方法相伴进行。

 延伸阅读:翻炼操作方法,请扫本章标题旁二维码浏览(P121)。

(4) 工艺参数对开炼机混炼的影响

① 加料顺序

适合的加料顺序有利于混炼的均匀性。加料顺序不当,轻则影响分散均匀性,重则导致脱辊、过炼,甚至发生焦烧。以天然橡胶为主的混炼加料顺序如下:

塑炼胶(再生胶、合成胶)或母炼胶→固体软化剂→小料(促进剂、活性剂、防老剂)→大料(补强剂、填充剂)→液体软化剂→硫黄、超速促进剂

加料顺序是根据配方中配合剂的特性和用量而定的。一般原则是固体软化剂(如古马隆树脂)较难分散,所以先加;小料用量少、作用大,为提高分散效果,应先加入;液体软化剂一般待补强填充剂吃净以后再加,以免补强填充剂结团和胶料打滑;若补强填充剂和液体软化剂用量较多时,可分批(通常为两批)交替加入,以提高混炼速度;最后加入硫化剂、超速促进剂,以防焦烧。

以上为一般加料顺序,生产中可根据具体情况予以更动。当混炼特殊胶料时,需采用特定的加料顺序。如制备硬质胶胶料,由于硫黄用量高(30~50 份),因此先加硫黄后加促进剂;制备海绵胶料,生胶可塑性特别大,软化剂用量又特别多,为避免因胶料流动性太大而影响其他配合剂的分散,软化剂应最后加入;内胎胶料和胶布胶料应在滤胶后、压出或压延前在热炼机上加硫黄和超速促进剂,以防滤胶时发生焦烧。

② 装胶容量和辊距

装胶容量与混炼胶质量有密切关系。容量过大,会使堆积胶量过多,容易产生混炼不均的现象;容量过小,不仅设备利用率低,而且容易造成过炼。适宜的装胶容量可参照炼胶机规格计算出的理论装胶容量,再依据实际情况加以确定。

合理的装胶容量下,辊距一般以 4~8 mm 为宜。辊距过小,剪切力较大,这虽对配合剂分散有利,但对橡胶的破坏作用大,而且辊距过小,会导致堆积胶过量,胶料不能及时进入辊缝,反而降低混炼效果;辊距过大,则导致配合剂分散不均匀。混炼过程中,为了保持堆积胶量适当,配合剂不断混入、胶料总容量不断递增的情况下,辊距应逐渐增大。

③ 辊温

适当的辊温有助于胶料流动,容易混炼。辊温过高,则导致胶料软化而降低混炼效果,甚至引起胶料焦烧和低熔点配合剂熔化结团无法分散。辊温一般应控制在 50~60 ℃。但在混炼含高熔点配合剂(如高熔点的古马隆树脂)的胶料时,辊温应适当提高。为了便于胶料包前辊,应使前、后辊温保持一定温差。天然橡胶包热辊,此时前辊温度应稍高于后辊;多数合成橡胶包冷辊,此时前辊温度应稍低于后辊。由于大部分合成橡胶或生热量较大,或对温度的敏感性大,因此辊温应低于天然橡胶 5~10 ℃以上。常用橡胶开炼机混炼的适用辊温如表 8-3。

表 8-3　常用橡胶开炼机混炼的适用辊温

胶种	辊温/℃		胶种	辊温/℃	
	前辊	后辊		前辊	后辊
天然橡胶	55~60	50~55	丁基橡胶	40~45	55~60
丁苯橡胶	45~55	50~60	顺丁橡胶	40~50	40~50
丁腈橡胶	35~45	40~50	三元乙丙橡胶	60~75	85 左右
氯丁橡胶	≤40	≤45	聚氨酯橡胶	50~60	55~60

④ 混炼时间

混炼时间是根据胶料配方、装胶容量及操作熟练程度,并通过试验而确定的。在保证混炼均匀的前提下,可尽量缩短混炼时间,以免造成动力浪费、生产效率下降以及过炼现象。过炼时,胶料可塑性会增大(天然橡胶)或降低(大多数合成橡胶),从而影响胶料的加工性能和硫化胶物理机械性能。混炼时间一般为 20～30 min,特殊胶料可在 40 min 以上。另外,合成橡胶混炼时间约比天然橡胶长 1/3 左右。

⑤ 辊筒转速和速比

开炼机混炼时,辊筒转速一般控制在 16～18 r/min,速比一般为 1∶1.1～1∶1.2。增加转速,虽可缩短混炼时间,提高生产效率,但操作不安全。速比越大,剪切作用越大,虽可提高混合速度,但摩擦生热多,胶料升温快,易于焦烧。合成橡胶混炼时的速比应比天然橡胶胶料小。

2. 密炼机混炼

密炼机混炼是在快速、高温、高压条件下进行的,其装胶容量大、混炼时间短、生产效率高;设备占地面积小;投料、混炼及排料操作易实现机械化、自动化;劳动强度小,操作安全;配合剂飞扬损失小,环境卫生条件较好。但炼胶温度难以控制(通常在 140 ℃以上),易出现焦烧现象,冷却水耗量大;不适宜混炼对温度敏感的胶料、浅色胶料、特殊胶料及品种变换频繁的胶料;设备投资高。

(1) 胶料在密炼机中的行为

开炼机的工作部件主要是两个转向相向的辊筒,混炼时胶料在辊筒表面呈稳定的层流,真正起混炼作用的只在堆积胶部分和两个辊筒间隙处。在密炼机中,其主要工作部位为密炼室,由密炼室壁、转子以及上、下顶栓组成,胶料在密炼室中不仅受到两个相对回转的转子的剪切作用,并且在转子与密炼室壁的间隙以及转子与上、下顶栓的间隙中,胶料都受到了剪切、挤压作用。因此,密炼机中胶料的流动状态及混炼过程要比开炼机混炼复杂得多。

以椭圆形转子的 Banbury 型密炼机为例。在两个转子相对旋转下,装入密炼室的生胶和配合剂等通过转子的间隙被挤压到密炼室的底部,碰到下顶栓的突棱时被分割为两部分,随后这两部分胶料随着转子的回转挤向室壁再回到密炼室上部,在转子不同转速的影响下,两部分胶料以不同的速度再重新汇合,因此胶料在密炼室中形成两个周向流动(图 8-15)。另外,由于转子表面有螺旋短突棱(图 8-16),当两转子相对回转时,胶料不仅随转子做周向运动,同时还沿着转子螺旋沟槽顺着转子轴向移动,使胶料得以从转子两端向转子中部汇合,即存在轴向流动,使胶料受到充分混合(图 8-17)。

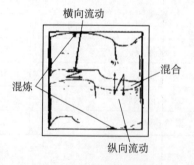

图 8-15 Banbury 密炼机橡胶混炼特性示意图

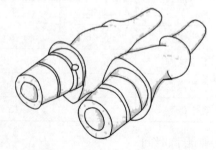

图 8-16 Banbury 式转子突棱

与开炼机炼胶相似,在密炼机中也可通过胶料的断裂模量和断裂伸长率的特性来探究其加工性能。当胶料的模量大、伸长率小时,胶料进入混炼室壁与转子突棱之间的狭缝,则断裂成碎片,此状态类似于开炼机混炼的Ⅰ区;而当加入模量较小、伸长率大的胶料时,胶料在混炼室壁表面滑动,类似于开炼机混炼Ⅱ区;当加入的橡胶模量和伸长率都较小时,胶料进入狭缝便成柱塞流动(内流动)类似于Ⅲ区(图 8 - 18)。

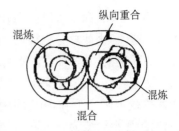

图 8 - 17　截面内混炼特性示意图

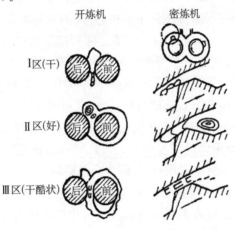

图 8 - 18　开炼机与密炼机胶料行为的相似性

因此,为了获得良好密炼效果,应该控制适宜的转子转速和温度,使得胶料具有适宜的模量和伸长率。

（2）密炼机混炼历程

密炼机混炼分湿润、分散及捏炼三个历程,现通过混炼时的电机负荷功率、密炼室温度以及容积的变化曲线(图 8 - 19)进行阐述。

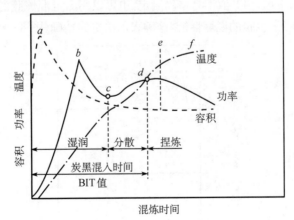

a—加入配合剂,落下上顶栓;b—上顶栓稳定;c—功率低值;
d—功率二次峰值;e—排料;f—过炼及温度平坦。

图 8 - 19　密炼时容积、功率和温度变化曲线图

第一阶段,润湿阶段。当开始混炼时(a点),由于所加入的炭黑中存有大量空隙,吸附大量空气,因此总容积很大。此后,上顶栓落下,其压力和混炼作用力使胶料容积迅速减小。相应的,功率曲线随混炼的开始逐渐上升。当上顶栓落在最低位置,功率曲线出现第一次高峰(b点)。随后,当橡胶逐渐渗入炭黑凝聚体的空隙之中,胶料容积继续下降,功率曲线也随之下降,并达到第一个低峰时(c点),此时橡胶已充分湿润了炭黑颗粒表面,与炭黑混合成为一个整体,变成了包容橡胶,胶料容积也即趋于稳定。因此,把该过程称为湿润阶段,对应的时间为湿润时间。

第二阶段,分散阶段。润湿阶段结束后,密炼机转子突棱和室壁间产生的剪切作用,使炭黑凝聚体进一步搓碎变细,分散到生胶中,并进一步与生胶结合生成结合橡胶。一方面,搓碎炭黑凝聚体消耗能量,并且生成的结合橡胶使胶料弹性渐增,因此功率曲线由c点开始逐渐回升;另一方面,在炭黑凝聚体被搓开、分散之前,对胶料流动性来说,包容橡胶分子也起着炭黑的作用,因而炭黑的有效体积份数增大,胶料黏度变大。随着炭黑凝聚体被逐渐分开,炭黑有效体积分数逐渐减小,所以胶料黏度逐渐下降。当黏度下降至剪切应力与炭黑颗粒内聚力相平衡时,即功率曲线表现出最大值时(d点),此时外加的剪切作用力已经无法使得炭黑凝聚体进一步分开、分散。因此,把混炼过程中,功率曲线由c点开始再次上升至第二个高峰(d点)的阶段称为分散阶段。

第三阶段,捏炼阶段。分散阶段结束后,填料及配合剂的分散已基本完成,继续混炼可进一步增进胶料的匀化程度,但也会导致胶料力化学降解而使胶料的黏度继续降低,功率曲线缓慢下降。因此把功率曲线上d点以后的阶段称为捏炼阶段或塑化阶段。在整个混炼过程中,由于挤压、摩擦和剪切,胶料温度不断上升。只是在功率最低值(c点)前后上升暂时缓慢,在超过第二功率峰值后,则上升到平衡值。

在密炼机的混炼历程中,主要的混炼作用集中在前两个阶段。判断一种生胶混炼性能的优劣,常以被混炼到均匀分散所需的时间来衡量。一般以混炼时间-功率图上出现第二功率峰的时间作为分散终结时间,称为炭黑混入时间BIT值,数值越小,表示混炼越容易。有时第二功率峰值较为平坦,BIT值不易精确测定,也可以用测定混炼胶的挤出物达到最大膨胀值的时间来表征炭黑-生胶的混炼性能,这种表示法更为精确(图8-20)。

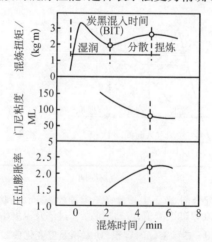

图8-20 混炼时间与扭矩、门尼粘度、压出膨胀率之间的关系

（3）密炼机混炼的工艺方法

国内密炼机混炼的工艺方法有一段混炼法、二段混炼法、引料法和逆混法等。

① 一段混炼法

一段混炼是指从加料、混合，到下片冷却，其间各种工序不做停留，一次完成。因此，整个胶料的制备周期短，中间无须长时间的停放和冷却步骤，占地面积少，但是胶料容易过热，热可塑性增大，配合剂分散程度降低，胶料质量不高，并且容易产生焦烧现象，一般只适用于普通制品（如工业胶板、普通工业胶管）胶料的制备。

一段混炼时，为避免胶料温度过快上升，一般采用慢速密炼机（转速 20 r/min），其混炼程序为：生胶→硬脂酸→小料→大料（或 1/2 炭黑→1/2 炭黑）→油类软化剂→排料→压片机薄通散热加硫黄和超速促进剂（100 ℃以下，以防硫黄液化结团而影响分散）→下片→冷却、停放。混炼时间一般为 10～12 min，混炼特殊胶料（如高填料）时间为 14～16 min。对于转速为 40 r/min 的密炼机，混炼时间一般为 4～5 min，排胶温度应控制在 120～140 ℃。

② 二段混炼法

随着合成橡胶用量的增大及高补强性炭黑的应用，对生胶的互容性以及炭黑在胶料中的分散性要求更为严格。特别是当混炼胶中合成橡胶的用量超过 50％时，为改进并用胶的掺和和炭黑的分散，应采用二段混炼法。

所谓的二段混炼，是先在密炼机上进行除硫黄和促进剂以外的母炼胶混炼、压片（或造粒），并且冷却停放一定时间（一般在 8 h 以上）后，将胶料重新投入密炼机（或开炼机）中进行补充加工、加入硫黄和促进剂的混炼工艺方法。

在二段混炼中，停放的温度和时间对混炼的质量有重要的影响。在较低温度下，橡胶分子在混炼中产生的剩余应力可使其重新定向。此外胶料中结合橡胶的含量逐渐增加，最终导致胶料变硬，促使胶料在第二段混炼时受到更为激烈的机械作用，从而将一段混炼中不可能混炼均匀的炭黑粒子搓开。因此，在停放的温度和时间上，必须保证胶料能够充分冷透。

由于二段混炼能够促使配合剂更加均匀分散在胶料中，因此得到的胶料的工艺性能良好，焦烧现象较少产生，硫化胶物理机械性能显著提高，通常用于高级制品胶料（如轮胎胶料）的制备。但是，由于需要长时间的停放，因此二段混炼的生产周期长、胶料的贮备量及占地面积大。

③ 引料法（或种子胶法）

所谓的引料法，是先在密炼机中加入预混好的（硫黄未加）胶料 1.5～2.0 kg，然后再投料混炼，提高吃粉速度，缩短混炼时间，有利于提高胶料的均一性，特别适用于橡胶与配合剂之间湿润性差、吃料困难的体系，如丁基橡胶。

④ 逆混法（或倒混法）

逆混法是指其加料顺序与常规方法相反，其加料顺序为：补强填充剂→橡胶→小料、软化剂→加压混炼→排料。由于所有配合剂一次加入，减少混炼过程中上顶栓升降次数，因此逆混法能有效缩短混炼时间，特别适用于大量添加补强填充剂的胶料（如乙丙橡胶胶料、顺丁橡胶胶料）的制备。

（4）工艺参数对密炼机混炼的影响

密炼机混炼效果的好坏除了受采用的方法和加料顺序的影响外，还取决于混炼温度、装胶容量、转子转速、混炼时间以及上顶栓压力。

① 混炼温度

混炼温度是影响混炼效果的重要因素，当温度太低时，胶料硬度大，容易造成胶料压碎、压散，难以捏合；当温度过高时，胶料变软，则胶料所受机械剪切作用减弱，不利于配合剂的分散，容易引起焦烧。此外，高温可能会导致胶料产生过量凝胶，不利于胶料加工；不仅如此，高温还会加速橡胶的热氧裂解，最终降低胶料的物理机械性能。

密炼机混炼的温度与胶料性质有关，以天然橡胶为主的胶料，混炼温度一般控制在 $100\sim130\ ^{\circ}\mathrm{C}$。

② 转子转速与混炼时间

提高转子转速能加大对胶料的剪切力作用，从而缩短混炼时间，提高密炼机生产能力。目前，密炼机转速已由原来的 20 r/min 提高到 40 r/min、60 r/min，有的甚至达到 80 r/min 以上，大大缩短混炼时间。

需要注意的是，随着转子转速的提高，密炼机冷却系统的效能必须加强，否则会使胶温过高，混炼均匀程度和物理机械性能下降。为了获得最好的混炼效果，应依据胶料的特性确定适当的转速。混炼时间对胶料质量影响较大。混炼时间短，配合剂分散不均，胶料可塑性不均匀；混炼时间太长，则易产生"过炼"现象，使胶料物理机械性能严重下降。

③ 装胶容量

装胶容量对混炼胶料质量有直接影响。容量过大或过小，都不能使胶料得到充分的剪切和捏炼，而导致混炼不均匀，引起硫化胶物理机械性能的波动。适宜的装胶容量与胶料性质、设备等因素有关。一般装胶容量可根据密炼机的容量系数（即一次装胶容量与密炼室总容积之比）来定，容量系数一般为 0.48～0.75。随着密炼机使用时间的增长，由于磨损，转子之间和转子与密炼室壁之间的间隙增大，所以应根据实际情况相应增大装胶容量。

④ 上顶栓压力

上顶栓压力也是影响混炼胶质量的重要因素。上顶栓压力不足，则上顶栓会浮动，使上顶栓下方、室壁上方加料口处形成死角，在此处的胶料得不到混炼。因此适当提高上顶栓压力，可使胶料与设备以及胶料内部更为迅速有效地相互接触和挤压，加速配合剂混入橡胶中的过程，从而缩短混炼时间，提高混炼效率。当然，如果上顶栓压力过大，一方面动力消耗较大；另一方面会导致混炼温度急剧上升，胶料黏度下降，不利于配合剂的分散，降低胶料的性能。慢速密炼机上顶栓压力一般应控制在 0.50 MPa～0.60 MPa，快速密炼机（转子转速在 40 r/min 以上）上顶栓压力可达 0.60 MPa～0.80 MPa。

3. 连续混炼

连续混炼是指橡胶与各种配合剂连续自动地投入、混炼、排胶的一种炼胶方法，其自动化程度高，混炼时间短，生产能力大，与间歇混炼相比，连续混炼过程中功率和温度不发生激烈的周期性变化，并且可以利用其剧烈生热区所散发的热量来预热加料区的生胶和配合剂，大大提高了对设备的有效利用，保证了稳定的混炼条件。但是，连续混炼技术水平高、难度大，其称量加料系统复杂，不适合批量小、配方多变的小规模生产。

8.2.3 胶料混炼后的补充加工

混炼后的胶料，一般必须进行冷却、停放及滤胶等补充加工，才能进入下一道工序。

1. 冷却

混炼胶料经压片（或造粒）后温度较高（一般为 80～90 ℃），必须将其强制冷却至 35 ℃ 以下，否则胶料容易产生焦烧和粘连现象。另外，为避免停放时的自粘，需涂隔离剂（如油酸钠溶液或陶土悬浮液等）进行隔离处理。最简单的方法是将开炼机上割下的胶片浸入加有隔离剂的水槽中，然后取出挂置晾干，也可以将胶片挂至有喷淋装置的悬挂式运输链上（喷涂陶土悬浮液等），然后用冷风吹干。但是这种方法需要手工操作，劳动卫生条件较差。

2. 停放

胶片（或胶粒）冷却后必须在室温下停放 8～24 h，才可供下道工序使用。停放的目的主要是促进配合剂在胶料中的进一步扩散，提高分散程度；促进橡胶与炭黑进一步作用，生成更多的结合橡胶，提高补强效果。实际生产中，也有不经停放而进行热流水作业的。

3. 滤胶

一些薄壁、气密性能要求好的制品胶料（如内胎胶料、胶布胶料等）要进行滤胶，以便除去杂质。滤胶通常在滤胶机中进行，机头装有滤网（一般为 2～3 层），滤网规格视胶料要求而异。需要注意的是，在滤胶时，排胶温度应控制在 125 ℃ 以下。

8.3 胶料压延

压延是指胶料通过专用压延设备，延展成具有一定规格、形状的胶片，或使纺织材料、金属材料表面实现挂胶的工艺过程，包括压片、贴合、压型、贴胶和擦胶等作业。压延是一项精细的作业，直接影响着产品的质量和原材料的消耗，在橡胶制品加工中占有重要地位。

8.3.1 橡胶的压延理论

压延是利用压延机辊筒的挤压力作用使胶料发生流动变形的过程。

 延伸阅读：胶料进入辊筒缝隙的条件，请扫本章标题旁二维码浏览(P121)。

1. 胶料在辊筒缝隙中的流动状态

胶料进入辊筒缝隙后，受到压力的作用而产生流动。由于压力随辊距变化而变化，因此胶料的流速也随之变化。

当两辊筒线速度相等时，其胶料的流动状态如图 8-21。X 点为压力起点，由于辊筒缝隙大，此时因辊筒旋转对胶料产生的拉力大于挤压力，使胶料沿辊筒表面的流速快于中央部位,胶料内外层之间便出现了凹形速度梯度。随着胶料继续向前流动,压力递增,使中央部位流速逐渐加快,这时内外层的速度梯度逐渐消失,当到达压力最高点 Z 点时各部位的流速就趋于一致。过 Z 点后,由于压力推动作用很大,使中央部位的流速加快,逐渐超过边侧部位,内外层的速度梯度变成了凸形,而且在 Y 点(辊距 H_0 处)形成最大的速度梯度,此时,胶料受到最大的剪切作用,从而被拉伸、压延成为薄片。这种速度梯度随着胶料继续前进,随着压力递减而逐渐消失。当到达压力零点 W 点时,内外层速度又复归一致。此时,由于弹性恢复的作用,胶片厚度会变大,使所得的压延胶片厚度都大于辊距 H_0。

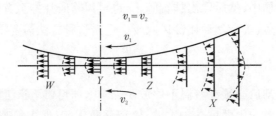

图 8 - 21　胶料在辊缝中的流速分布

当两辊筒线速度不相等时,其胶料的流动状态如图 8 - 22。由于两辊筒存在线速度差,因此流经辊筒缝隙时,胶料存在着一个与两辊筒线速度差相对应的速度梯度,胶料中间部位速度最大处也都向速度大的辊筒那边靠近了一些,最终导致速度梯度增加,提高了压延效果。

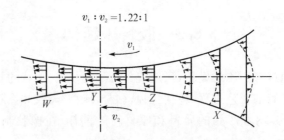

图 8 - 22　速比不等于 1 时胶料的流速分布

由于压延时胶料只沿着辊筒的转动方向进行流动,而没有轴向的流动,属于一种稳定的流动状态或层流状态。所以利用压延这种方法可制备出表面光滑、尺寸准确的半成品。

2. 切变速率和温度对压延胶料黏度的影响

为了实现压延过程,需要橡胶具有良好的流动性。黏度小,流动性好,有利于压延的实现。胶料黏度随着切变速率的提高而降低。因此,可以通过适当提高压延速度,增大胶料的压延性(主要针对对切变速率敏感的橡胶,如天然橡胶)。但速度不可太高,否则会增大半成品的回缩率,表面不光滑,甚至会压破帘线等。当温度增加时,胶料黏度会显著降低,因此也可通过提高胶料温度和压延机工作温度,来提高胶料的压延性。但不同橡胶对温度的敏感性不同,如丁苯橡胶和丁腈橡胶等刚性较大的橡胶,对温度的敏感性大。当温度升高时,黏度下降程度较大。而天然橡胶等分子柔性较大的,则对温度敏感程度较小。因此,可以通过调节剪切速率或调节温度来调节黏度,以便获得良好的流动性,最终使得压延顺利进行。

3. 胶料压延后的收缩

橡胶是一种粘弹性物质,当胶料离开压延机辊筒缝隙后,外力作用消失,胶料会发生弹性恢复。弹性恢复过程是一种应力松弛过程,需要一定的时间才能完成,这就导致压延后胶片在停放过程中出现收缩现象,即长度缩短,厚度增加。

为了保证压延半成品尺寸的稳定性,应尽量使胶料的应力松弛在压延过程中迅速完成,以减少胶料在压延后的弹性恢复。在相同工艺条件下,天然橡胶的收缩率较小,合成橡胶的收缩率较大;活性填料的胶料收缩率较小,非活性填料的胶料收缩率较大;填料含量多的收缩率较小,填料含量少的收缩率较大;胶料黏度低(可塑性大)的收缩率较小,黏度高(可塑性小)的收缩率较大。

压延速度不同,收缩率不同。当压延速度较慢时,辊筒压力作用时间长,胶料中橡胶分子松弛充分,因此收缩率小。而当压延速度很快时,胶料中的橡胶分子来不及松弛或松弛不充分,收缩率增大。压延温度不同,收缩率也不同。当压延温度升高,一方面胶料黏度下降、流动性增加;另一方面由于橡胶分子热运动加剧,松弛速度也加快,因而胶料压延后收缩率减小。

4. 压延效应

胶片压延后,出现顺压延方向胶料的拉伸强度大、断裂伸长率小、收缩率大;而垂直于压延方向胶料的拉伸强度低、断裂伸长率大、收缩率小,这种纵横方向物理机械性能的各向异性现象叫压延效应。压延效应会影响半成品的形状(纵向和横向收缩不一致),给加工带来不便,并使制品强度分布不平衡。为此,应在加工时裁断或调节成型的方向性,如对于需要各向异性的制品(如橡胶丝),应注意顺压延方向裁断,对于不需要各向异性的制品(如球胆)应尽量设法消除压延效应。

产生压延效应的原因主要是胶料中的橡胶分子和各向异性配合剂粒子,如片状、棒状和针状配合剂等经压延后沿压延方向产生了取向排列。为消除压延效应,在配方上,应提高胶料应力松弛速度或减少或避免使用针状或片状等具有各向异性的配合剂(如滑石粉、陶土和碳酸镁等)。在生产工艺上,可以通过提高压延温度或热炼温度、增加胶料可塑性、缩小压延机辊筒的温度差、降低压延速度和速比、将压延胶片保温或进行一定时间的停放、改变续胶方向(胶卷垂直方向供胶)、压延前将胶料通过压出机补充加工等方法,消除一部分压延效应。

8.3.2　压延方法及工艺条件

压延工艺过程一般包括混炼胶的预热和供胶,纺织物的导开和干燥,胶料在压延机上压片、贴合、压型或在纺织物上挂胶,压延半成品的冷却、卷取、裁断和存放等工序。其中,压延的主要设备是压延机,按辊筒数目可分为二辊、三辊、四辊及五辊(其中三辊、四辊应用最多)压延机;按工艺用途可分为压片压延机、擦胶压延机、通用压延机、压型压延机、贴合压延机和钢丝压延机等;按辊筒的排列型式可分为竖直型、三角型、Γ型、L型、Z型和S型压延机等。此外,还需配备作为预热胶料的开炼机、向压延机输送胶料的运输装置、纺织物的预热干燥装置和纺织物(胶片)压延后的冷却和卷取装置等。

1. 压延前的准备工艺

(1) 胶料热炼

前文讲到,提高胶料的温度,可以提高胶料的流动性,从而使得胶料具备良好的压延性。因此,在压延前先将停放一定时间的混炼胶在开炼机上进行翻炼、预热,以达到一定温度,从而具备均匀的热可塑性。这一工艺过程称为热炼。

不同压延作业对胶料的可塑度要求不同,各种压延胶料可塑性要求见表 8-4。为使胶料达到良好的热可塑性,热炼常分两步进行。第一步称为粗炼,采用低辊温(40~50 ℃)、小辊距(2~5 mm)薄通 7~8 次,以进一步提高胶料的可塑性和均匀性。第二步称为细炼或热炼,采用高辊温(60~70 ℃)、大辊距(7~10 mm)过辊 6~7 次,以便胶料获得热可塑性。

表 8-4　各种压延胶料可塑度范围

压延方法	胶料可塑度,威氏	压延方法	胶料可塑度,威氏
擦胶	0.45~0.65	压片	0.25~0.35
贴胶	0.35~0.55	压型	0.25~0.35

(2) 纺织物的预加工

① 纺织物的烘干

纺织物容易在贮存过程中吸水,因此,纺织物(包括已浸胶的)在压延前必须烘干,以减少其含水量,避免压延时产生气泡和脱层现象。另外,烘干也有利于提高纺织物温度,压延时易于上胶。目前主要以蒸汽辊筒烘干为主,一般烘干筒的温度为 110~120 ℃(锦纶帘布烘干温度较低,为 70 ℃以下),牵引速度视纺织物含水率而定。

② 热伸张

锦纶具有受热收缩的特性,因此锦纶帘布必须在压延过程中进行热伸张处理,即在热的条件下拉伸,在张力下定型冷却,降低延伸率,减少制品变形。生产中,常通过压延机辊筒与干燥辊筒、冷却辊筒的速度差,产生对帘布的帘线拉伸力(张力)使帘布处于伸张状态。

2. 胶片的压延

(1) 压片

压片是用压延机将热炼好的胶料压制成一定规格的胶片,通常是采用三辊压延机,如图 8-23 所示,采取上、中辊间供胶,中、下辊出胶片的方式进行压片。压片的方法根据中、下辊间是否积胶可分为积胶和无积胶两种方法。对于天然橡胶压片时应采用无积胶法,否则会增大压延效应。而对于收缩性较大的合成橡胶(如丁苯橡胶),应采用积胶法,避免胶片表面产生气泡,提高致密性,但是积胶量不能过多,否则会夹入气泡,最终得到的胶片应表面光滑、无气泡、不皱缩,厚度均一。对于规格要求很高的半成品,可采用四辊压延机压片,延长压延时间,延长松弛时间,减小收缩,提高胶片厚薄的精度和均匀性,如图 8-24 所示。

(a) 中、下辊不积胶

(b) 中、下辊有积胶

图 8－23　三辊压延机压片工艺示意图

图 8－24　四辊压延机压片工艺示意图

在压片过程中,控制压延机的辊温、辊速和胶料的可塑性是获得质量优良的胶片的关键。控制各辊之间的温度差才能使胶片沿辊筒之间顺利通过。通常含胶率高的或弹性大的胶料,辊温应高些;反之,含胶量低的或弹性小的胶料,辊温应低些。

 延伸阅读:常用橡胶的压片温度,请扫本章标题旁二维码浏览(P121)。

辊速的选择应根据胶料的可塑性,可塑性大的胶料,辊速可快些,可塑性小的胶料,辊速应慢些。但辊速不宜太慢,否则影响生产能力;辊筒之间有一定的速比,有助于排除气泡,但对所出胶片的光滑度不利。通常三辊压延机压片时,上、中辊供胶处有速比,以排除气泡,而中、下辊等速,以便压出具有光滑表面的胶片。

为了得到光滑的胶片,胶料可塑度须保持在 0.3～0.35(威氏),可塑度太大时,容易产生粘辊;可塑度小,则压片表面不光滑,收缩率大。另外,供胶要连续、均匀进行,积胶量不能时多时少,否则会引起厚薄不均。为了进一步消除胶片气泡,可安装相应的划泡装置。为了防止胶片自硫或使收缩一致,压片后应及时对胶片采取相应的冷却措施。

（2）压型

压型是将热炼后的胶料通过二辊、三辊或四辊压延机,最后一个辊筒是刻有花纹的有型辊筒,如图 8-25 所示,得到表面有花纹并有一定断面形状的胶片。压型后所得半成品要求花纹清晰、规格尺寸准确。

(a) 二辊压延机压型

(b) 三辊压延机压型

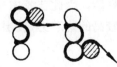
(c) 四辊压延机压型(有斜线者表示磕花纹的辊筒)

图 8－25　压型工艺示意图

为了提高压型半成品的质量,胶料的配方和压型工艺都要严格控制。配方中主要应控制含胶率,含胶率高的胶料在压型后半成品花纹容易因为橡胶的弹性恢复而消失;胶料的可塑度必须严格控制,控制塑炼胶的可塑度、胶料的热炼程度以及返回胶的掺用比例(一般掺用 10%～20%),以确保得到恒定的可塑度。为防止半成品花纹扁塌,配方中可以加入再生胶和油膏,增加胶料挺性。工艺操作上,提高辊温和降低辊速,可以提高压型半成品的质量。压型半成品一般较厚,冷却速度难以一致,可采用急速冷却方法,使花纹快速定型,防止扁塌变形,保证外观质量。

(3) 贴合

贴合是利用压延机将两层薄胶片贴合成一层胶片的工艺过程,通常用于制造较厚、但质量要求较高的胶片,或者是由两种不同胶料组成的胶片、夹布层胶片等。根据所用设备不同,贴合工艺方法可分为二辊、三辊和四辊压延机贴合三种。二辊压延机贴合是用普通等速二辊炼胶机进行,其贴合厚度较大,可达 5 mm,操作简便,但精度较差。三辊压延机贴合可将预先出好的胶片或胶布与新压延出来的胶片进行贴合,如图 8 - 26(a)所示。四辊压延机贴合可同时压延出两块胶片进行贴合,效率高,质量好,规格也较精确,但压延效应较大,如图 8 - 26(b)。

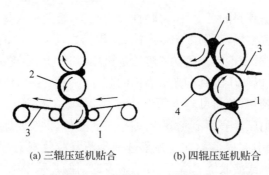

(a) 三辊压延机贴合　　　(b) 四辊压延机贴合

1—一次胶片;2—二次胶片;3—压延胶片;4—压辊。

图 8 - 26　贴合工艺示意图

贴合过程中,各胶片应具有一致的可塑度,避免脱层、起皱等现象。当配方和厚度都不同的两层胶片贴合时,最好采用"同时贴合法",即将从压延机出来的两块新鲜胶片进行热贴合,可使贴合半成品密实、无气泡,胶片不易起皱。

3. 纺织物挂胶

纺织物挂胶,是将纺织物通过压延机辊筒缝隙,在表面挂上一层薄胶,制成挂胶帘布或挂胶帆布,具体可分为贴胶和擦胶。其目的是:① 为了隔离织物,避免织物间相互摩擦受损;② 增加成型粘性,促使织物之间紧密结合,共同承担外力;③ 增加织物的弹性、防水性,以保证制品具有良好的使用性能。因此挂胶中,胶料要填满织物空隙,并渗入织物组织有足够深度,使胶与布之间有较高的附着力;胶层应厚薄一致,不起皱、不缺胶;胶层不得有焦烧现象。

(1) 贴胶

贴胶是利用压延机上的两个等速辊筒的压力,将一定厚度的胶料贴合于纺织物(主要用于密度较稀的帘布,也可以包括白坯布或已浸胶、涂胶或擦胶的胶布)上的过程。

贴胶主要是用三辊压延机进行一次单面贴胶或四辊压延机进行一次双面贴胶,也可采用两台三辊压延机连续进行两面贴胶,胶片通过压延机辊筒缝隙后全部贴合于纺织物表面上,适用于密度较稀的帘布挂胶,如图 8 - 27(a)和(b)所示。进行贴胶的两个辊筒转速必须相同($n_2 = n_3$),供胶的两个辊筒转速[图 8 - 27(a)的 n_1 和 n_2,图 8 - 27(b)的 n_3 和 n_4]可以相同,也可不同。供胶辊筒转速不同时,有利于消除气泡,适合含胶率高的胶料及合成橡胶胶料。据纺织物材料的特点及压辊上的积胶,贴胶又分一般贴胶和压力贴胶两种工艺。一般贴胶的操作较易控制,生产效率较高,帘布受伸张较小,纺织物的损伤小,制品的耐疲劳强度较高。但是由于压力较小,胶料不能很好地渗入布缝中,胶与布的附着力较低,对于两面贴胶,更是容易形成空隙而使胶布产生气泡或剥皮露线。

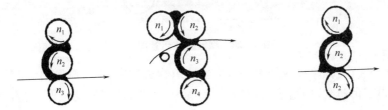

(a) 三辊压延机贴胶($n_2 = n_3 > n_1$)　(b) 四辊压延机贴胶($n_2 = n_3 > n_1 = n_4$)　(c) 三辊压延机压力贴胶($n_2 = n_3 > n_1$)

图 8 - 27　贴胶工艺示意图

当布与中辊之间存在积胶,利用积胶的压力将胶料挤压到布缝中的方法,称为压力贴胶,如图 8 - 27(c)所示。压力贴胶主要适用于密度较大的帘布挂胶,也可用于细布、帆布挂胶,能够使胶料渗透到布缝中,提高胶与布的附着力,改善双面贴胶易剥皮的问题。但是帘线受到的张力大且不均匀,性能易受损害;布层表面的胶层较薄;操作控制不当时,易产生劈缝、落股和压偏等问题。

胶料的可塑性和温度、压延的辊温和辊速都是影响贴胶工艺的重要因素。首先,胶料必须有适宜的可塑度,保证胶料具有良好的流动性和渗透性,使胶较好地附着在帘布上,得到表面光滑、收缩率小的半成品。但可塑度过高,硫化胶的力学性能下降。天然橡胶胶料适宜的可塑度为 0.40～0.50(威氏)。

压延的辊温主要取决于胶料的配方。天然橡胶胶料贴胶时以 100～105 ℃较好,因其易包热辊,所以上、中辊温应高于旁辊和下辊温 5～10 ℃;丁苯橡胶胶料则以 70 ℃较好,因其易包冷辊,上、中辊温应低 5～10 ℃。含胶率高的、弹性大的、补强剂用量多的、可塑性较小的胶料,辊温高些;反之,辊温低些。但辊温不可过高,否则易引起胶料焦烧。

提高压延机辊速,可提高生产效率,但是需要提高辊筒温度,避免贴胶半成品厚度大、表面不光滑、收缩率大和胶与帘布的附着力下降等缺陷。辊筒速度主要决定于胶料的可塑度。可塑度高,速度可快些;可塑度低,速度需要慢些。对含胶率高、弹性大、补强剂用量多、可塑度低的胶料不仅要求有较高的辊筒温度,相应地还要求有较慢的辊筒速度。

(2) 擦胶

擦胶是利用压延机两个有速比的辊筒,将胶料挤擦入纺织物组织缝隙中的工艺过程。擦胶法能增加胶料与纺织物的附着力,但会对织物造成较大程度的损伤,主要用于轮胎、胶管和胶带等制品所用帆布或细布的挂胶。

通常,采用三辊压延机进行单面擦胶,上、中辊供胶,中、下辊擦胶。擦胶工艺方法有中辊包胶和中辊不包胶两种。中辊包胶法（又称薄擦或包擦法），是当纺织物进入中、下辊筒缝隙时，部分胶料被擦入纺织物中，余胶仍包在中辊上，如图8-28(a)。此法挤压力小，上胶量小，胶料渗入布层较浅，附着力较低，成品耐屈挠性较差。

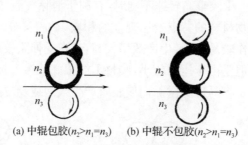

(a) 中辊包胶($n_2>n_1=n_3$)　　(b) 中辊不包胶($n_2>n_1=n_3$)

图8-28　橡胶工艺示意图

中辊不包胶法（又称厚擦或光擦法），是当纺织物通过中、下辊缝隙时，胶料全部擦入纺织物中，中辊不再包胶，如图8-28(b)。此法挤压力大，所得胶层较厚，附着力较高，可提高成品耐屈挠性能，表面光滑，但用胶量较多。

为保证胶料对纺织物的充分渗透，擦胶工艺对胶料可塑性要求较高，生产中需根据具体胶种合理确定（表8-5）。

表8-5　几种擦胶胶料适宜的可塑度

胶种	可塑度（威氏）	胶种	可塑度（威氏）
天然橡胶胶料	0.45～0.60	氯丁橡胶胶料	0.45～0.50
丁腈橡胶胶料	0.50～0.65	丁基橡胶胶料	0.45～0.50

擦胶温度主要取决于生胶种类。对于天然橡胶压延机辊温控制的原则是：中辊不包胶法为上辊温＞中辊温＞下辊温；中辊包胶法则应为上辊温＞下辊温＞中辊温。几种橡胶的擦胶温度见表8-6所示。

表8-6　几种橡胶擦胶温度

胶种	上辊温度/℃	中辊温度/℃	下辊温度/℃
天然橡胶	80～110	75～100	60～70
丁腈橡胶	85	70	50～60
弹性态	50	50	30
塑性态	120～125	90	65
丁基橡胶	85～105	75～95	90～115

擦胶所用三辊压延机的辊筒速比一般在1∶1.3～1.5∶1的范围内变化。速比越大，胶料的渗透性越好，但对纺织物的损伤也越大。因此，应根据纺织物品种不同选择适宜的速比。

擦胶速度应适宜。速度太快，纺织物和胶料在辊筒缝隙间停留时间短，受力时间短，影响胶与布的附着力，对合成纤维尤为明显。速度太慢，生产效率低。

8.4 胶料压出

压出是胶料在压出机螺杆的挤压下,通过一定形状的口型(或芯型)进行连续造型的工艺过程,被广泛应用在制造胎面、内胎、胶带以及各种复杂断面形状或空心的半制品,也可用于卷管包胶操作(如胶辊、电线和电缆外套等)、薄片挤出(如防水卷材、衬里用胶片等)以及快速密炼机的压片(取代原有的开炼机压片)等。

8.4.1 压出机的基本结构

压出机是压出工艺的主要设备,其主要结构如图 8-29,由螺杆机筒(机身)、机头(含口型、芯型)、机架、加热冷却装置和传动装置等组成。按螺杆数目可分为单螺杆压出机、双螺杆压出机和多螺杆压出机;根据喂料形式,可分为热喂料压出机和冷喂料压出机。

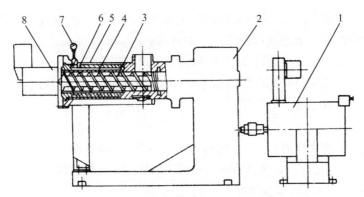

1—整流子电动机;2—减速箱;3—螺杆;4—衬套;5—加热、冷却套;
6—机筒;7—测温热电偶;8—机头。

图 8-29 螺杆挤出机

1. 螺杆

螺杆是压出机的主要工作部件,按螺纹可分单头(适用于滤胶)、双头(适用于挤出造型)、多头和复合(加料端为单螺纹,出料端为双螺纹)等几种。挤出造型的螺杆,其螺距有等距和变距,螺槽深度有等深和变深之分,一般采用等深不等距或等距不等深,使得胶料获得一定的压缩程度。胶料的压缩程度用压缩比来表示,其数值等于螺杆加料端的一个螺槽容积和出料端的一个螺槽容积之比。压缩比越大,半成品致密性越好。热喂料压出机的压缩比为 1.3~1.4,冷喂料压出机为 1.6~1.8,而滤胶机压缩比为 1。为使胶料在压出机内受到一定时间的剪切挤压作用,而不至于过热和焦烧,要求螺杆具有适当的长径比和螺槽深度。热喂料压出机的长径比为 4~5.5,冷喂料压出机为 8~12,甚至有的达到 20,螺槽深度则约为螺杆外径的 18%~23%。增加长径比,有利于增加胶料可塑性和温度的精确控制,使半成品质量提高,对于合成橡胶的顺利压出具有重要意义。

根据胶料在压出过程中的状态变化和所受作用,可将螺杆工作部分大体分为加料段、压缩段和压出段(称挤出段)三个部分(图 8-30)。在冷喂料压出机中,这三段比较明显,在热喂料压出机中不明显。

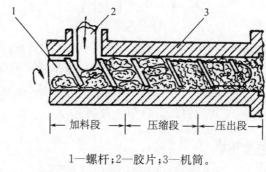

1—螺杆；2—胶片；3—机筒。

图 8-30　胶料在螺纹槽中的运动状况

从加料口到胶料开始软化的这一部位，称为加料段，也称固体输送段，主要作用是供胶和预热胶料。在冷喂料压出机中，此段较长；热喂料压出机，胶料事先由热炼机进行加热软化，此段较短。

压缩段又称塑化段，是指胶料从开始软化起至全部胶料产生流动为止的阶段，位于螺杆中部。由加料段输送来的松散胶团在压缩段将被压实和进一步软化，最后形成一体，并将胶料中夹带的空气向加料段排出，而胶料则被输送至压出段。

压出段是从全部胶料开始产生流动至螺杆最前端的部位。胶料进入压出段，被进一步均匀塑化、压缩，并输送到机头和口型。

2. 机筒

上述螺杆被安装在机筒内，通过机筒与螺杆的配合，确保胶料在压力下的移动和捏炼，同时还可以安装加热套实现胶料的加热或冷却作用。机筒后端有加料口，加料口一般与螺杆成 33°~45°的倾角，以便于吃料。

3. 机头

机头位于机筒前端，与机筒相连，主要作用是将螺杆挤出的不规则、不稳定流动的胶料引导、过渡为流动稳定的、具有固定断面形状的胶料，方便胶料进入口型挤出成型。根据半成品形状的需要，机头结构有多种：锥形机头用于压出圆形、小型或空心半成品（如内胎、胶管和密封条等）；喇叭形机头用于压出宽断面半成品（如轮胎胎面）；T形和 Y 型机头用于包覆性压出（如轮胎钢丝圈包胶、胶管外胶及电线电缆护套层等）；复合机头，即两个以上机头压出的胶料在同一口型中汇合出料，一般用于复合半成品的压出。

4. 口型

口型安装在机头前，是决定压出半成品的形状和规格的重要结构。根据压出半成品空心与否，口型可分为两类，一类是中空半成品用口型，由口型、芯型及芯型支架和调整螺丝组成，用于压出空心半成品，如内胎和胶管内胶；另一类是实心半成品用口型，由一定几何形状的钢板所组成，用于压出各类实心半成品，如轮胎胎面、胶板和胶条等。

8.4.2　压出的流变理论

　延伸阅读：胶料在压出段的运动状态,请扫本章末尾二维码浏览(P164)。

1. 胶料在口型中的流动

胶料从螺杆的螺纹槽中被推出后,进入机头内。胶料的流动也由在螺纹槽内的螺旋式向前流动变成在机头中的稳定直线流动。由于机头内表面与胶料的摩擦作用,胶料流动受到很大阻力,因此胶料在机头内的流速分布是不均匀的(图 8-31),机头中间流速最大,越接近机头内表面流速越小。

胶料经机头流过后便直接流向口型,胶料在口型中流动是在机头中流动的继续,为轴向流动。由于口型内表面对胶料流动的阻碍,胶料流动速度也存在着与机头类似的速度分布。只是由于口型横截面比机头横截面小,导致胶料流动速度以及中间部位和口型壁边部位的速度梯度更大。图 8-32 为圆形口型中胶料的流速分布,可以看出,口型中间部位的胶料流速较大,而口型壁

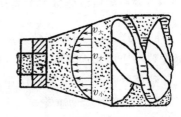

图 8-31　胶料在锥形机头内的流动

边的流动速度较小,形成了明显的速度梯度。其他形状的口型也存在着类似的速度分布情况。

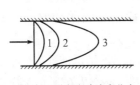

(a)在口型内流动速度分布

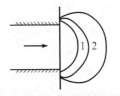

(b)离开口型后的流动速度分布

图 8-32　胶料在离开口型前后流动速度分布示意图

2. 压出变形

胶料的压出和压延一样,如果是完全塑性,则压出的半成品形状和尺寸就和口型的形状和尺寸完全相同。但是,由于胶料是粘弹性物质,使得压出半成品的形状和尺寸不完全相同。这种经口型压出后的半成品变形,即长度沿压出方向缩短,厚度沿垂直于压出方向增加的性质,称为压出变形(压出收缩膨胀)。

产生压出变形的原因主要有:入口效应和剪切效应。入口效应是指胶料经由直径大的机头流入直径小的口型后,流动速度由小变大,在口型入口处形成沿流动方向上的速度梯度(图 8-32),使得胶料受到拉伸作用,从而产生弹性变形作用。另外,口型的厚度一般很小,胶料流过口型的时间很短,一般只有几分之一秒,胶料进入口型时产生的拉伸弹性变形来不及全部松弛,因此胶料从口型压出后仍具有较大的内应力,即把弹性恢复带出口型之外,导致压出半成品产生长度收缩,断面膨胀的变形现象。

剪切效应是指胶料各流层的速度不同,从而对橡胶分子链产生剪切变形,导致胶料压

出后的弹性恢复。不过由于橡胶的压出口型很短,不像塑料压出口型那样长,因此剪切效应与入口效应相比,其产生的压出变形较小。

压出变形现象不仅使压出半成品的形状与口型形状不一致,而且也影响半成品的规格尺寸。因此,无论口型设计还是工艺中对压出半成品要求定长时,都必须考虑压出变形的因素。影响压出变形的因素很多,主要包括胶种和配方、工艺条件和半成品规格三个方面,详见延伸阅读。

 延伸阅读:压出变形的影响因素,请扫本章末尾二维码浏览(P164)。

8.4.3 压出方法及工艺条件

压出方法按喂料形式分为热喂料压出法和冷喂料压出法。压出工艺主要包括胶料热炼(冷喂料压出无须热炼工艺)、供胶、压出、冷却、裁断、接取和停放等工序。一般压出操作(除热炼外)均组成联动化作业。

1. 压出前胶料的准备

(1) 热炼

热炼的主要目的是提高胶料混炼的均匀性和热可塑性,提高压出效率,得到规格尺寸准确、表面光滑、内部致密的半成品。热炼一般可分为粗炼和细炼。粗炼为低温薄通(温度为 45 ℃,辊距为 1~2 mm),提高胶料的均匀性和可塑性。为进一步提高胶料的热可塑性,经过粗炼的胶料需要在辊温较高(60~70 ℃)、辊距较宽(5~6 mm)的热炼机上进一步细炼。生产中对于质量要求较低或小规格半成品,可以一次完成热炼过程。

用于热炼的设备一般为开炼机,但前、后辊的速比要尽可能小;也可采用螺杆压出机进行热炼。热炼机的供料能力必须与压出机能力相一致,以免造成供胶脱节或热炼能力剩余等不正常现象。对热炼胶的要求是,同一产品的可塑度、胶温应均匀一致,返回胶的掺合率不大于 30%,并且要求掺合均匀,以免影响压出质量。

热炼的工艺条件,包括辊温、辊距和时间等,需根据胶料种类、设备特点和工艺要求而定,以胶料混合均匀、可塑性均一,达到要求的预热温度为佳。常用橡胶的热炼工艺条件如表 8-7。

表 8-7　各种橡胶胶料的热炼条件

生胶种类	温度/℃		时间/min	胶片厚度/mm
	前辊	后辊		
天然橡胶	76	60	8~10	10~12
天然橡胶/丁苯橡胶	50	60	8~10	10~12
天然橡胶/顺丁橡胶	50	60	8~10	10~12

（续表）

生胶种类	温度/℃		时间/min	胶片厚度/mm
	前辊	后辊		
丁腈橡胶	40	50	4～5	4～6
氯丁橡胶	<40	<40	3～4	4～6

一般来说,胶料的热可塑性越高,流动性越好,压出就越容易,但是,热可塑性太高时,胶料太软,挺性差,会造成压出半成品变形、下塌或产生折痕。因此,要防止压出胶料的过度热炼,特别是压出中空制品的胶料。

（2）供胶

由于胶料压出为连续生产,因而要求供胶均匀、连续,并且与压出速度相配合,避免因供胶脱节或过剩影响压出质量。

供胶方法有人工填料法和运输带连续供胶法。人工填料法是将热炼的胶料割成胶条,进行保温(保温式停放架),再由人工从喂料口填料。人工填料要特别注意胶条保温时间不宜过长(小于 1 h),否则会使胶温下降或产生焦烧现象。运输带连续供胶法是将热炼后的胶料,通过架空运输带实现连续自动供胶,一般是采用热炼机与运输带联用,其中热炼机的堆积胶不宜过多;供胶胶条的宽度、厚度以及输送速度等必须依据压出机的螺杆转速、喂料口尺寸和压出速度等确定,运输带不宜太长,避免胶料温度降低而影响压出质量。

2. 压出方法

（1）热喂料压出法

胶料在喂入压出机之前需经预先加热软化,称为热喂料压出法。其采用的设备为热喂料压出机,喂料段很短,不明显,螺杆长径比较小(3～5),功率也较小。常用的压出机规格有螺杆直径 Φ 为 30 mm、65 mm、85 mm、115 mm、150 mm、200 mm、250 mm 等。

热喂料压出法是目前国内采用的主要压出方法。其优点主要有设备结构简单,动力消耗小,胶料均匀一致,半成品表面光滑和规格尺寸稳定。缺点是增加了热炼工序,占地面积大,总体的动力消耗大。

热喂料压出法按机头内有无芯型,可分为有芯压出和无芯压出;按半成品组合形式,可分为整体压出和分层压出。整体压出是指用一种胶料一台压出机压出一个半成品,或由多种胶料多台压出机,再通过复合机头压出一个半成品。而分层压出是指用多种胶料多台压出机分别压出多个部件,再经热贴合而形成一个半成品。

① 压出工艺条件

压出工艺条件主要包括压出温度和压出速度。

压出机各部位温度必须严格控制,目的是减少压出膨胀率,确保半成品表面光滑、尺寸准确,并防止胶料焦烧。一般距口型越近温度越高。表 8-8 列出了常用橡胶的压出温度。

表 8-8 常用橡胶的压出温度(℃)

部位 ＼ 胶种	天然橡胶	丁苯橡胶	顺丁橡胶	氯丁橡胶	丁基橡胶	丁腈橡胶	乙丙橡胶
机筒	50～60	40～50	30～40	20～35	30～40	30～40	60～70
机头	75～85	70～80	40～50	50～60	60～90	65～90	80～130
口型	90～95	100～105	90～100	<70	90～110	90～110	90～140
螺杆	20～25	20～25	20～25	20～25	20～25	20～25	20～25

压出速度是以单位时间内压出半成品的长度或质量来表示。速度太快,胶料压出变形大,表面粗糙;速度太慢,效率低下,并容易引起焦烧。压出速度与胶料性质、压出温度和设备等有关,主要由半成品规格和胶料性质而定,通常为 3～20 m/min,螺杆的转速在 30～50 r/min。

② 压出操作程序

压出操作开始前,先根据技术要求安装口型(和芯型),对机筒、机头、口型和芯型进行预热,使其达到规定温度范围(需 10～15 min)。进而开始供胶,调节口型,检查压出半成品尺寸和表面状态(光滑程度、有无气泡等),直至完全符合要求后才能开始压出半成品。半成品的公差范围根据产品规格和尺寸要求而定,一般小规格的尺寸公差为 0.75 mm,大规格的为 -1.0～+1.5 mm。

压出完毕,必须在停机前将口型拆除,以便于将留存于机身中的存胶全部清除,防止胶料在机筒残余热量的作用下发生焦烧。也可通过加入一些不易焦烧的胶料,将机筒内原有的胶料挤出再停车,避免原有胶料焦烧,便于口型的拆卸。

在压出过程中,如发现半成品胶料中有熟胶疙瘩及局部收缩,则是焦烧现象,必须即刻充分冷却机身。如焦烧现象严重时,应马上停止装料,停机卸下机头,清除机身中全部胶料,否则会损坏机器。

③ 影响压出工艺及其质量的因素

影响压出工艺及其质量的因素主要有胶料的组成、压出机的规格和特征及工艺条件三个方面。

胶料的组成对压出工艺有不同的影响效果。首先不同胶种具有不同的压出性能。其次是含胶率高低,也会显著影响压出工艺:含胶率高,压出速度慢,压出变形大,半成品表面不光滑,反之则相反。胶料中加入不同补强填充剂,会影响其压出性能:增加填料用量,降低含胶率,能有效改善压出性能,提高压出速度,减小压出变形,其中结构性高的炭黑,易于压出;各向异性的填料压出变形小。但是由于加入填料后,胶料硬度提高,压出生热增加。适当采用软化剂如硬脂酸、石蜡、凡士林、油膏及矿物油等可以加快压出速度,压出变形小,半成品表面光滑。掺用再生胶后能加快压出速度,减少压出生热,降低压出变形,增加压出半成品的挺性,防止半成品变形。胶料可塑性大,流动性好,压出速度快,压出变形小,半成品表面光滑,压出生热小,但可塑性太大,则压出半成品缺乏挺性,易产生变形。

若压出机规格太大,则口型相对太小,机头压力大,胶料压出速度快、变形大;不仅如此,压出机规格太大会导致胶料在机头内长时间停滞,易引起焦烧。相反,压出机规格太小,机头压力不足,压出速度慢,排胶不均匀,会导致半成品尺寸不稳定、致密性较差。若压出机的长径比大,螺杆长度长,对胶料的作用时间长,胶料均匀性好,压出的半成品质量好,但易焦烧。若螺纹槽的压缩比大,半成品致密性提高,但胶料生热高,同样易焦烧。

压出温度和压出速度对半成品尺寸精确性和表面光滑性影响很大。压出温度过低,则胶料热可塑性不足,半成品表面粗糙,压出变形大,且动力消耗大。压出温度过高,胶料易焦烧。压出速度过快,压出变形增大,半成品表面粗糙,压出生热高,易焦烧;压出速度过慢,则使生产效率降低。

此外,压出后半成品的接取装置速度应与压出速度相匹配(一般接取速度要比压出速度稍快为宜),否则会造成半成品断面尺寸不准确,甚至表面会出现裂纹。总之,影响压出工艺及其质量的因素是十分复杂的,在实际生产中,必须结合胶料配方和压出设备的实际情况,才能制定出恰当的压出工艺条件,得到符合要求的半成品。

(2) 冷喂料压出法

与热喂料相比,冷喂料压出法中胶料直接在室温条件下喂入压出机,因此冷喂料压出机中有明显的喂料段,螺杆的长径比很大,一般为 8～16,相当于普通压出机的两倍以上,压缩比较大,一般为 1.7～1.8,以强化螺杆的剪切和混炼作用,使胶料获得均匀的温度和可塑性。螺杆螺纹有单螺纹和双螺纹两种,前者用于压出硬性胶料,后者用于压出可塑性高的胶料。螺纹结构一般为等距不等深式。为便于自动加料,在加料口下加装一个加料辊,加料辊与螺杆最末端的三个螺纹并列,加料辊尾部有一联动齿轮,与主轴的附属驱动齿轮相啮合,直接由螺杆轴带动。当加料辊运转时,由于与螺杆摩擦而生热,使冷胶料通过时变热,又由于与螺杆间保持适当的速比,能使胶条匀速地进入螺杆,保证压出物均匀。加料辊虽是机身的一个部件,但与机身的结合是活动的,可以随意安装或拆开。由于摩擦引起的热量比一般压出机大,所以,冷喂料压出机所需功率较大,相当于普通压出机的两倍。

冷喂料压出法中胶料无须热炼工序,节省了人力和设备,劳动力可节约 50% 以上;压出工艺总体消耗能源少,设施占地面积小;应用范围广,灵活性较大,不存在热炼工序对半成品质量的影响,使压出物外形更趋一致,而且不易产生焦烧现象;自动化、连续化程度高,但却存在压出物表面容易出现粗糙的现象、压出机昂贵等缺点。

冷喂料压出工艺与热喂料压出工艺的区别是在加料前,需将机身和机头预热,并开快转速,使压出机各部位温度普遍升高到 120 ℃ 左右,然后开放冷却水,在短时间内(2 min),使温度骤降到适宜温度(机头 70 ℃ 左右,机身 65 ℃ 左右,加料口 55 ℃ 左右,螺杆 80 ℃ 左右)。压出合成橡胶胶料时,由于胶料生热高,加料后可不通蒸汽,并根据需要开放冷却水。而在压出天然橡胶胶料时,压出机各部位的温度应比合成橡胶略高,机头和机筒还应适当通入蒸汽加热。冷喂料压出机的温度控制比较灵敏,可通过控制螺杆和机筒温度的匹配,获得压出质量和塑化质量之间较好的平衡。

3. 压出后的工艺

胶料刚压出后,因半成品刚刚离开口型,温度较高,有时可高达 100 ℃ 以上,并且压出为连续过程,故压出后必须相继进行冷却、裁断、称量和停放等过程。

(1) 冷却

冷却的主要目的是降低半成品温度,防止其在存放过程中产生焦烧;降低半成品的热可塑性和变形性,使其断面尺寸快速稳定下来,并具备一定挺性,防止变形。冷却方法有自然冷却和强制冷却两种。自然冷却效果较差,只能用于薄型半成品冷却。对于厚制品,需要采取强制冷却。强制冷却有冷却水冷却和强风冷却,其中冷却水冷却效果较好。冷却水冷却有水槽冷却、喷淋冷却和混合冷却三种,其中混合冷却应用较为普遍。在冷却操作时要避免半成品由于骤冷而引起的局部收缩和表面喷霜现象,因此采用逐步冷却,一般先用40℃左右的温水冷却,然后再进一步降至20~30℃。

（2）裁断

裁断是将半成品根据产品工序要求裁成一定长度,以便于存放和下道工序使用。裁断一般采用机械裁断,有时也可人工裁剪。裁断作业有一次裁断和二次裁断。一次裁断,即裁一次即可达到施工标准要求,这样既省工又可减少返回胶料,但对定长要求高的半成品（如轮胎胎面胶）,就必须进行二次裁断,即先裁断成超过施工标准的长度,将半成品停放一段时间后,再进行第二次裁断以达到施工标准长度。

（3）称量

将压出半成品裁断后,需通过称量,以检查压出半成品是否符合工艺要求。称量一般是称出压出半成品单位长度或规定长度的质量,通常使用自动秤进行称量。

（4）停放

半成品停放的目的是使胶料得到松弛,同时也是为了满足生产管理对半成品储备的需求。停放一般采用停放架、停放车和停放盘等工具。半成品停放温度应保证在35℃以下,停放时间一般为4~72 h。

除了冷却、裁断、称量和停放外,实际生产中,有些压出半成品还需进行打磨、喷浆和打孔等处理。总之,压出后的工艺应根据制品的后加工及性能要求进行合理调整。

8.5 胶料硫化

硫化是橡胶制品生产的最后一个工艺过程。从微观结构的变化来看,硫化是橡胶通过交联反应,使线型的橡胶分子转化为空间网状结构（软质硫化胶）或体型结构（硬质硫化胶）的过程。从宏观性能的变化来看,硫化是促使橡胶恢复弹性,具备保持形状和获得使用性能的过程。

前面我们已经对硫化原理进行了详细的介绍,这里不再赘述。本节主要对硫化程度的确定、硫化工艺、硫化方法和硫化条件的选择等几个方面进行相应的介绍。

8.5.1 硫化程度的确定

图8-33是橡胶混炼胶的硫化曲线（硫化仪）。由图8-33可以看出,胶料的硫化经历了诱导期和热硫化期后,可能会出现三种状态:第一种是曲线继续上升,如图中的步进硫化,这种状态是由于胶料中产生了结构化作用,通常硫黄硫化的丁苯橡胶、丁腈橡胶、三元乙丙橡胶等会出现这种现象;第二种是曲线保持较长的平坦期,如图中的标准硫化,通常用非硫硫化体系硫化的丁腈橡胶、氯丁橡胶、丁基橡胶、三元乙丙橡胶、硅橡胶和氟橡胶等会出现这种现象;第三种曲线转为下降,如图中的硫化返原,这是胶料发生网状结构的

热裂解,产生硫化返原现象所致,通常发生在由硫黄硫化的天然橡胶体系中。因此在实际的工艺过程中,需要对硫化时间进行控制,即对硫化程度进行控制,以便于得到性能良好且符合实际应用的橡胶制品。

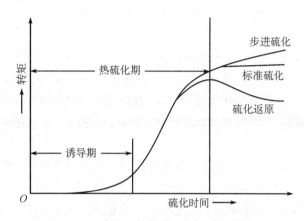

图 8 - 33　橡胶混炼胶的硫化曲线(硫化仪)

1. 正硫化及正硫化时间

当胶料在硫化过程中性能达到最佳值时的硫化状态,称为正硫化。正硫化不是一个点,而是一个阶段,在正硫化阶段中,胶料的综合性能保持最佳值或略低于最佳值,不到正硫化(欠硫)或者超过正硫化(过硫),都会使胶料的综合性能下降。

相应的,把胶料达到正硫化所需要的最短硫化时间称为正硫化时间,把保持胶料处于正硫化阶段所经历的时间称为平坦硫化时间。从理论上讲,正硫化是指胶料达到最大交联密度时的硫化状态,相应的,胶料达到最大交联密度时所需的时间,称为理论正硫化时间。但是在实际工艺过程中,并不是简单地将胶料硫化到最大交联密度的状态,还需要考虑胶料的性能,这是因为胶料所有的性能不可能同时达到最佳值,甚至有些性能还会在一定程度上出现相互矛盾。例如橡胶的撕裂强度和耐裂口性能在达到正硫化时间前稍微欠硫时最好。胶料的回弹性、生热性、抗溶胀性能及压缩永久变形等则在轻微过硫时最好,而胶料的拉伸强度、定伸应力(指天然橡胶硫黄硫化时)、耐磨及耐老化性能则在正硫化时为最好。把这种考察上述诸多因素之后而得到的正硫化时间,称为"工艺正硫化时间"。理论正硫化和理论正硫化时间与工艺正硫化和工艺正硫化时间是有着一定差别的,工艺正硫化时间比理论正硫化时间更具有现实的工艺意义。

2. 正硫化时间的测定

测定胶料的正硫化时间的方法很多,基本上可分为三大类,即物理-化学法、物理机械性能法和专用仪器法。前两类方法是在确定的硫化温度下、用不同硫化时间制得硫化胶试片,测得各项性能后,绘制成曲线图,从曲线中找出最佳值所对应的时间,作为正硫化时间。最后一类方法则是在确定的温度下,连续测出对应的硫化曲线,直接从曲线上找出正硫化时间。

 延伸阅读:硫化时间测定方法,请扫本章末尾二维码浏览(P164)。

8.5.2　硫化条件的选择

硫化除了温度和时间外,往往还需要施加压力。硫化温度、硫化时间和硫化压力通常被称为"硫化三要素",是决定橡胶硫化质量的三个重要因素。

1. 硫化温度

硫化温度是橡胶发生硫化反应的基本条件,它直接影响硫化速度和产品质量。硫化温度高,硫化速度快,生产效率高;硫化温度低,硫化速度慢,生产效率低。此外,温度对硫化交联键类型也有影响,如在硫黄硫化体系中,高温容易促使交联网络中形成较多的单硫键;低温则生成较多的多硫键。因此,在选择硫化温度时,应根据以下几个方面进行综合考虑。

（1）橡胶基体

橡胶为有机高分子材料,硫化时必须考虑橡胶材料的耐热性,高温一方面能加快橡胶的交联速度,但是另一方面,高温会导致橡胶分子链发生裂解破坏,甚至发生交联键的断裂（即硫化返原）等现象,最终降低了硫化胶的物理机械性能。因此需要综合考虑橡胶的热稳定性和胶料的交联速度。表8-9为各种橡胶的适宜硫化温度。

表8-9　各种橡胶的适宜硫化温度

橡胶胶种	硫化温度 T
NR	$T \leqslant 160\ ℃$,最好在143 ℃以下
BR、IR、CR	$T \leqslant 170\ ℃$,最好在151 ℃
SBR、NBR	$150\ ℃ \leqslant T \leqslant 190\ ℃$
IIR、EPDM	$T \leqslant 200\ ℃$,最好在160~180 ℃
Q、FKM	200 ℃、220 ℃
橡塑共混	$T \geqslant$ 树脂软化点

（2）硫化体系

不同的硫化体系具有不同的硫化特性,有的活化温度高,有的活化温度低,并且温度高低会进一步导致不同硫化交联键含量的不同,造成制品力学性能的差异。因此,在选择硫化温度时,需要考虑配方中的硫化体系,以及最终制品的强度要求。通常,普通硫黄硫化体系温度大体在130~158 ℃,当促进剂的活性温度较低或制品要求高强伸性、较低的定伸应力和硬度时,硫化温度可低些（有利生成较高比例的多硫交联键）;当促进剂的活性温度较高或制品要求高定伸应力和硬度以及低伸长率时,硫化温度宜高些（有利生成较高比例的低硫交联键）。而有效、半有效硫化体系的硫化温度一般在160~165 ℃,过氧化物及树脂等非硫黄硫化体系的硫化温度以170~180 ℃为宜。

（3）制品厚度

橡胶是一种热的不良导体。在硫化过程中,胶料受热升温慢,厚制品的表层与内层存在温差,最终制品内外层的硫化状态不一致。例如,当内部处于欠硫或恰好正硫时,表面已经过硫,而且硫化温度越高,过硫程度越大。因此,为保证多部件制品及厚壁制品的均匀硫化,在硫化温度的选择上应考虑硫化温度低一些或采取逐步升温的方法。而对结构简单的薄壁制品,硫化温度可高一些。通常厚壁制品的硫化温度以不高于 140～150 ℃ 为宜,而薄壁制品的硫化温度可掌握在 160 ℃ 以下。例如,同样的丁腈橡胶模压制品,壁厚为 20～25 mm 的胶辊硫化温度选择在 126 ℃ 左右,而只有几毫米厚的密封圈的硫化温度则选择在 158 ℃ 左右。

(4) 其他因素

当橡胶制品中含有纺织纤维材料时,由于纺织纤维材料的耐热性能较差,温度过高会使其发硬发脆,甚至断链破坏。因此,对于含纺织纤维材料的制品及胶布制品,硫化温度都不应高于 130～140 ℃。

对于橡胶空心及海绵制品,除了考虑橡胶的硫化,还应考虑橡胶的发泡过程。不同的发泡体系有不同的适宜发泡温度,要求硫化温度与发泡温度相适应(以硫化温度稍高于发泡剂分解温度为宜),否则将导致发泡反应不能顺利进行,海绵起发率过低或过高。例如,胶鞋海绵底中,以小苏打为发泡剂,无发泡助剂时的分解温度为 150 ℃,因此要求硫化温度稍高于 150 ℃,才能保证发泡与硫化同时顺利进行。

2. 硫化时间

硫化温度和硫化时间是相互制约的,当硫化温度被选定后,就存在一个可使得硫化胶具有最佳性能的硫化时间。延展阅读中介绍了在试验温度下,试片正硫化时间的测定。但是在生产中,实际制品往往比试片要厚得多,并且含有帘线、钢丝等连续织物。前文讲到,厚制品的硫化温度一般要低一些或逐步升温,因此硫化时间必须做相应的调整。

硫化温度和时间之间的关系可以用硫化温度系数 K 来表示。硫化温度系数 K 表示胶料在硫化温度相差 10 ℃ 时相应硫化时间变化的关系。K 值可通过硫化实验来进行测定,即采用硫化仪分别测出胶料在 t_1 和 t_2 温度下(一般取 t_1、t_2 相差为 10 ℃)相对应的正硫化时间 τ_1 和 τ_2,然后代入范特霍夫方程式 $\dfrac{\tau_1}{\tau_2} = K^{\frac{t_2-t_1}{10}}$,即可计算出实际胶料的 K 值。

(1) 等效硫化时间和硫化效应

在实际生产中,胶料的硫化温度往往会根据设备或工艺等而调整改变。为得到相同的硫化程度,需要计算不同硫化温度下取得相同硫化效果的时间,又称等效硫化时间。根据上述硫化温度系数 K 和范特霍夫方程可以计算等效硫化时间。

在新的温度下,经过等效硫化时间的硫化,胶料的硫化程度应该跟原有温度下的硫化程度相一致,也就是硫化效应要相等。所谓硫化效应,是衡量胶料硫化程度深浅的尺度,是硫化强度与硫化时间的乘积:

$$E = I\tau \tag{8-3}$$

式中:E 为硫化效应;τ 为硫化时间(min);I 为硫化强度,表示胶料在一定的温度下,单位时间所达到的硫化程度或胶料在一定温度下的硫化速度。硫化强度小,说明硫化反应速度慢,达到同一硫化程度所需时间长。硫化强度取决于胶料的硫化温度系数和硫化温度:

$$I = K^{\frac{t-100}{10}} \tag{8-4}$$

式中:t 为胶料硫化温度;K 为硫化温度系数。

同一胶料,在不同的硫化温度下硫化,达到相同的硫化程度时,$E_1=E_2$。根据上述公式,可以由一个已知的硫化条件,计算出任意未知的硫化条件。

由于每一胶料达到正硫化后都有一硫化平坦范围。因此在改变硫化条件时,只要把改变后的硫化效应控制在原来硫化条件的最小硫化效应 E_{min} 和最大硫化效应 E_{max} 之内,即 $E_{min}<E<E_{max}$,制品的物理机械性能就可与原硫化条件的相近。

(2) 厚制品硫化时间的确定

一般情况下,制品的硫化时间应在胶料达到正硫化的范围内,根据制品的性能要求进行选取,并且还要根据制品的厚度和布层骨架的存在进行调整。当成品厚度 h_0 在 6 mm 或以下,在当前硫化工艺条件下可认为是均匀受热的,成品硫化时间与试片正硫化时间相同;当成品厚度 h_0 大于 6 mm 时,每增加 1 mm 厚度,硫化时间应滞后 1 min(经验);当制品内含有布层骨架,应按式(8-5)或式(8-6)将布层厚度换算成相当胶层厚度的当量厚度,根据当量厚度,另加滞后时间:

$$\frac{h_1}{h_2}=\sqrt{\frac{\alpha_1}{\alpha_2}} \qquad\qquad (8-5)$$

$$h_1=h_2\sqrt{\frac{\alpha_1}{\alpha_2}} \qquad\qquad (8-6)$$

式中:h_1 为布层相当于胶层的当量厚度,cm;h_2 为布层实际厚度,cm;α_1 为胶层的热扩散系数,cm^2/s;α_2 为布层的热扩散系数,cm^2/s。

求出布层的当量厚度 h_1 后,即可算出制品的总计算厚度 $h_总=h_0+h_1$,最后求出所需的滞后时间和制品的硫化时间。

厚制品往往是由多种不同的胶料贴合而成,外层的胶料可以根据上述的方式进行正硫化时间调整。对于内层胶料,由于橡胶是一种热的不良导体,因而内层胶料在硫化时各部位或各部件的温度是不相同的(即使是同一部位或同一部件在不同的硫化时间内温度也是不同的),在相同的硫化时间内所取得的硫化效应也是不同的。为了确定厚制品的硫化工艺条件,先拟定一个硫化工艺条件,然后将厚制品进行硫化,测出各胶层温度随硫化时间的变化情况,计算出各胶层的硫化效应,再将其分别与各胶层胶料试片在硫化仪上测出的达到正硫化的允许硫化效应相比较,如果各胶层的实际硫化效应都在允许的范围之内,则可认为拟定的硫化工艺条件是适宜的。反之,则需要对硫化工艺条件做出调整。具体可分以下几步:

① 通过硫化仪,测定构成厚制品各胶层的胶料试片的正硫化条件及硫化平坦范围,计算出硫化温度系数 K 及可允许的最小硫化效应 E_{min} 和最大硫化效应 E_{max}。

② 根据厚制品各层胶料的配方的特性以及长期积累的实践经验,拟定厚制品的一个初步硫化工艺条件,并将制品在该条件下进行硫化。

③ 测定制品在硫化过程中各层温度的变化情况,计算出各层的硫化效应。

对于各层温度,可以通过热电偶直接测得,将热电偶在制品成型时埋入指定的位置,从制品加热时开始,间隔一段时间(通常为 5 min)测量一次,连续测量至硫化结束,得到温度与时间的关系,做出曲线如图 8-34。

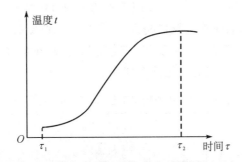

图 8 - 34 由热电偶测得的制品内层温度-时间曲线

根据图 8 - 34 的温度-时间曲线,计算得到硫化强度-硫化时间曲线,如图 8 - 35 所示。图中曲线所包围的面积(阴影部分)即为硫化效应:

$$E = \int_{\tau_1}^{\tau_2} I \mathrm{d}\tau \qquad (8-7)$$

积分式(8 - 7)可化为近似值来计算:

$$E = \Delta\tau \cdot \left(\frac{I_0 + I_n}{2} + I_1 + I_2 + I_3 + \cdots\cdots + I_{n-1} \right) \qquad (8-8)$$

式中:$\Delta\tau$ 为测温的间隔时间,min;I_0 为硫化初始温度下的相应硫化强度;$I_1 \cdots I_n$ 为第一个读数的时间间隔到第 n 个读数的时间间隔温度下的相应硫化程度。

④ 将计算得到的各层的硫化效应 E 与各层胶料可允许的最小硫化效应 $E_{\min}$ 和最大硫化效应 $E_{\max}$ 进行比较,根据比较结果,进行下一步调整。

具体而言,是将上述计算得到的各层的硫化效率 E 与试片的最小硫化效应 $E_{\min}$ 和最大硫化效应 $E_{\max}$ 做对比,如所有胶层都符合 $E_{\min}<E<E_{\max}$,则硫化工艺条件拟定是正确的,否则应该提出改进措施。如果所有胶层的硫化效应都同时偏小或偏大,则可以提高硫化温度,延长硫化时间或降低硫化温度,缩短硫化时间。如果个别胶层不符合要求,或有的偏大,有的偏小,则要从配方和硫化条件两方面着手改进。

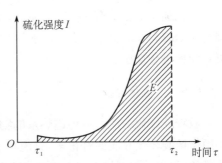

图 8 - 35 硫化强度和硫化时间的关系

 延伸阅读:硫化条件的计算,请扫本章末尾二维码浏览(P164)。

3. 硫化压力

硫化压力是指硫化过程中橡胶制品单位面积上所受压力的大小。除了胶布等薄壁制品以外,其他橡胶制品在硫化时均需施加一定的压力。硫化压力的作用主要有以下几点:

(1) 防止胶料在硫化过程中产生气泡,提高胶料的致密性。

(2) 使胶料流动、充满模腔。

(3) 增大胶料与布层的附着力,提高硫化胶的物理机械性能。

通常,硫化压力的选取应根据胶料配方、可塑性及产品结构等决定。一般的原则是:胶料可塑性大,压力宜小;产品厚,层数多,结构复杂,压力宜大;制品薄,压力宜低,甚至可用常压。几种硫化工艺所采用的硫化压力如表 8-10 所示。

表 8-10　几种硫化工艺所采用的硫化压力

硫化工艺	加压方式	压力/MPa
注压硫化	注压机加压	117.7~147.1
汽车外胎硫化	外胎加压(胶囊硫化) 外模加压	2.2~2.5 14.7
模型制品硫化	平板加压(通过模具)	2.0~3.9
运输带硫化	平板加压	1.5~2.5
传动带硫化	平板加压	0.9~1.6
汽车内胎蒸汽硫化	蒸汽加压	0.5~0.7
胶管直接蒸汽硫化	蒸汽加压	0.3~0.5
胶鞋硫化	热空气加压	0.2~0.4
胶布直接蒸汽硫化	蒸汽加压	0.1~0.3
胶布连续硫化		常压

硫化加压的方式有:① 平板加压,液压泵通过平板硫化机把压力传递给模型,再由模型传递给胶料;② 硫化介质直接加压,如蒸汽加压、热空气加压;③ 注压加压,通过注压机对胶料进行加压。

8.5.3　硫化介质

橡胶的硫化一般通过传递热量的物质对胶料进行加热,这种物质称为硫化介质。能够用作橡胶硫化介质的有很多,有饱和蒸汽、过热蒸汽、热空气、热水、过热水、熔融盐、固体微粒、红外、远红外和 γ 射线等。作为硫化介质,需要具备:(1) 优良的导热性和传热性;(2) 较高的蓄热能力;(3) 宽的温度范围;(4) 无污染性、无腐蚀性等。下面介绍几种常见的硫化介质。

1. 饱和蒸汽

饱和蒸汽是温度大于 100 ℃并带有压力的蒸汽,是应用最为广泛的高效硫化介质之一,其热量主要来源于汽化潜热(如 150 ℃时的汽化潜热达 2 118.5 kJ/kg),给热系数大(150 ℃时为 1 200~1 770 W/m^2·K),可以通过改变蒸汽压力而准确地调节加热温度,操作方便,价格低廉,此外硫化时充入的饱和蒸汽还能排除硫化罐中的空气,减少橡胶的热氧老化。但所加热的温度受蒸汽压力的限制,要想得到较高的温度,就必须具有较高的蒸汽压力,因此难以实现高温低压或高压低温的硫化条件。此外,饱和蒸汽容易在制品表面形成冷凝点,造成局部低温,产生硫化不均,并对制品外观产生不利影响,使表面发污和产生水渍。因此,饱和蒸汽在硫化涂有亮油的胶面胶鞋上受到了限制。

2. 热空气

热空气是一种低效能的硫化介质,是通过温度的降低来传热的,其比热小[150 ℃时,为 1 026 kJ/(kg·K)],密度小(150 ℃时为 0.835 kg/m³),导热系数小[150 ℃时,为 3.55 ×10⁻² W/(m·K)],传热系数小[150 ℃时,为 0.12~48 W/(m²·K)]。与饱和蒸汽相比,热空气的温度不受压力的影响,可以是高温低压,也可以是低温高压;不含水分,不会产生冷凝点,对制品的表面质量无不良影响,制品表面光亮,适用于某些特种胶料,如会在蒸汽中水解的聚氨酯。但是硫化温度不易控制均匀,并且含有的氧气容易使制品氧化,因此在某些硫化条件下不宜与制品直接接触。

3. 过热水

过热水也是常用的一种硫化介质,主要是靠温度的降低来供热,其密度大(150 ℃时,为 917 kg/m³),比热大[150 ℃时,为 4 312 J/(kg·K)],导热系数大[150 ℃时,为 0.684 W/(m·K)],给热系数大[150 ℃时,为 293~17 560 W/(m²·K)]。采用过热水硫化可赋予制品很高的硫化压力,适用于高压硫化。如轮胎外胎硫化时,将过热水充满水胎中,以保持内温在 160~170 ℃,内压在 2.2 MPa~2.7 MPa。过热水的主要缺点是热含量小,导热率低,能耗大,硫化时间长。

4. 固体熔融液

固体熔融液常用于连续硫化工艺中,其加热温度高,可达 180~250 ℃,导热、传热系数高,热量大,使硫化在短时间完成,是一种十分高效的硫化介质,主要包括低熔点的共熔金属和共熔盐两种。共熔金属常用铋、锡合金(锡 42%、铋 58%),熔点为 150 ℃;共熔盐常用 53% 的 KNO₃、40% 的 NaNO₂ 和 7% 的 NaNO₃ 混合而成,熔点为 142℃。但是,其密度大,易将半制品压扁(共熔金属)或使制品漂浮表面(共溶盐)。此外,硫化介质容易粘结在制品表面,硫化后需要进行表面清洗。

5. 微粒玻璃珠

这种介质由直径为 0.13~0.25 mm 玻璃微珠组成。硫化时,玻璃珠与翻腾的热空气构成相对密度为 1.5 的沸腾床,导热率很高,又称沸腾床硫化。

6. 有机热介质

通过管路循环,将硅油或者亚烷基二元醇等耐高温的有机介质作为硫化介质,利用其高沸点提供高温,使制品在低压或常压下实现高温硫化。

8.5.4　硫化工艺方法

硫化工艺方法很多,根据硫化温度不同,可分为冷硫化工艺和热硫化工艺,前者是指在室温下进行的硫化工艺,后者是指在加热条件下进行的硫化工艺。根据硫化工艺的连续性与否可分为间歇式硫化工艺和连续式硫化工艺。下面对常见的硫化工艺进行介绍。

1. 冷硫化工艺

又叫室温硫化,室温硫化法通常用于室温及不加压条件下进行硫化的场合,如室温硫化的硅橡胶或胶粘剂都属于这种类型。

2. 热硫化工艺

与冷硫化相反,热硫化需要加热,从而增加胶料的反应活性,提高交联速率,因此热硫化是橡胶工艺中使用最广泛的硫化工艺,有先成型后硫化,也有成型与硫化同时进行的(如注压硫化)。

（1）硫化罐硫化

硫化罐硫化过程主要包括装罐及关闭罐盖,升高罐内的温度和压力,在规定的温度、压力和时间等条件下进行硫化制品,降低罐内温度和压力,打开罐盖和卸罐等几个操作程序。因此,硫化罐硫化工艺属于间歇式热硫化工艺的范畴。在该工艺中,硫化介质主要为饱和蒸汽。此外,也可用热空气或热空气-饱和蒸汽混合硫化介质、热水、过热水、氮气或其他惰性气体等硫化介质进行硫化。

 延伸阅读：几种采用硫化罐的硫化方法,请扫本章末尾二维码浏览(P164)。

（2）外加压式硫化

硫化罐硫化中硫化压力主要是通过硫化介质的流体内压实现的。在其他许多情况下,也可以用机械加压的方式来提供硫化压力,完成硫化过程。常见的有平板硫化机硫化、液压式立式硫化罐硫化、个体硫化机硫化和注压硫化等。

 延伸阅读：外加压的硫化方法,请扫本章末尾二维码浏览(P164)。

（3）连续硫化

随着橡胶压出制品的发展,为提高质量、增加产量,对大量生产的密封条、纯胶胶管和电线电缆等都逐步采用连续硫化工艺。其优点是产品不受长度限制,无重复硫化,能实现连续化、自动化,提高生产效率。常见的连续硫化有热空气连续硫化室硫化法、蒸汽管道连续硫化法、液体介质连续硫化法、沸腾床连续硫化法和硫化鼓连续硫化法。

 延伸阅读：常见连续硫化方法,请扫本章末尾二维码浏览(P164)。

延伸阅读

习 题

1. 为什么要对橡胶进行塑炼？有哪些影响塑炼效果的因素？请简要叙述这些因素是如何影响橡胶的塑炼结果的。

2. 塑炼过度对生胶及制品有哪些危害？可以通过哪些手段来评价橡胶的塑炼程度？

3. 影响密炼机炼胶效果的工艺因素主要有哪些？请简述之。如何用密炼机进行胶料的一段混炼和二段混炼？它们各有何优缺点？

4. 请简述下列大品种特种橡胶的混炼特性。

(1) 丁腈橡胶；(2) 乙丙橡胶；(3) 丁基橡胶；(4) 氯丁橡胶；(5) 天然橡胶；(6) 丁苯橡胶；(7) 顺丁橡胶

5. 什么是压延效应？产生的原因是什么？产生压延效应对胶料有什么影响？

6. 挤出成型中，为什么要严格控制挤出温度和挤出压力？请做简要说明。

7. 随着辊温的升高，生胶在开炼机辊筒上呈现四种状态，请根据所学知识，指出一般炼胶所处的区域，为什么？当 BR 的胶料从适合炼胶区进入下一个区时，应采取什么措施？

8. 试解释 $MS_{1+4}100\ ℃=110$ 的含义。

9. 画出硫化曲线的形状，硫化过程中的焦烧时间和正硫化时间是如何计算的？

10. 什么叫硫化返原？请举例说明。

 知识拓展

橡胶的微波硫化新技术

传统的橡胶硫化方法主要是采用蒸汽或远红外加热等硫化工艺。但由于加热温度是由介质外部向内部慢慢地热传导，且橡胶物料是不良导热材料，因此，传热速率是很慢的，大部分时间耗费在让橡胶达到硫化温度上，导致加热时间长、效率低、硫化均匀性不好。

微波是指频率在 300 MHz～3 000 MHz 的电磁波，因其波长(12.5 cm)与无线电波的长度(1～10^3 m)相比起来要短很多，故又称为微波。微波硫化是一种在常压下，不需要添加任何热介质，就可对某些橡胶半成品进行加热硫化的技术。微波硫化的原理是极性的介质分子在高频交变磁场作用下，进行高频分子振荡，产生大量热能，从而达到由内及外加热硫化的目的。它不仅克服了采用热介质热传导所造成的内外温差效应，而且可大大缩短硫化时间，有助于提高橡胶制品的硫化质量。橡胶微波连续硫化技术最早于 1968 年由法国 Herz Four 公司开发成功，而后迅速得到推广和应用。日本是微波连续硫化技术发展较迅速的国家，至今已累计生产 450 多条微波连续硫化生产线，并向世界各国出口 100 余条。微波硫化技术在国外工业化国家已成为普遍的生产方式，不仅广泛用于各种挤压胶条、胶管的硫化预热，而且已用于各类轮胎的硫化预热。我国已从德国、日本、西班牙、英国等国家引进了几十条微波密封条连续硫化生产线。但 20 世纪 90 年代后，国产化的微波胶条硫化生产线先后投入稳定运行，并基本取代了进口。

目前，微波硫化已成为橡胶制品生产中一项成熟的生产技术，主要应用于橡胶封条连续硫化技术、橡套电缆硫化新工艺及轮胎硫化。

第9章　橡胶性能及其表征

9.1　概　论

　　橡胶制品是由各种原材料经过多个加工工艺制备得到的，为了得到一个合格的橡胶制品，不仅需要对橡胶制品的使用性能进行检测，还必须控制其加工过程，确保其合理可行。这些都必须依赖于实验室的检验与测试。对橡胶的检测，主要包括胶料的工艺性能、硫化胶的基本物理机械性能和使用性能。

　　橡胶材料是多组分构成的多相体系，其微观结构和形态对最终的制品性能有显著影响。因此橡胶除了上述的宏观性能外，微观结构也是橡胶研究人员关注的重点之一。本章将简要介绍针对橡胶宏观性能和微观结构的测试方法和手段。

9.2　生胶及混炼胶的加工特性

　　胶料的黏度和弹性是影响橡胶加工的重要因素，因此对橡胶加工特性的测试，主要是检测橡胶在加工/特定条件下黏度和弹性的变化，以此来评判、控制胶料的加工性能。

9.2.1　可塑度

　　可塑度是表征生胶、塑炼胶黏度的重要指标，可塑度越高，黏度越低，胶料的流动性越好。一般采用专门的塑性计加以测定，是工厂快速检测的重要手段之一。常用的塑性计有威廉姆塑性计、德弗塑性计和快速塑性计三种。

　　以威廉姆塑性计为例。威廉姆塑性计的测试原理是在定温、定负荷下，用试样经过一定时间的高度变化来评定可塑性，得到的结果称为威氏可塑度。仪器结构如图9-1。测定时是将直径为 16 mm，高为 10 mm 的圆柱形试样在(70±1)℃下，先预热 3 min，然后在此温度下，于两平行板间加 5 kg 负荷，压缩 3 min 后除去负荷，取出试片，置于室温下恢复3 min，再根据试样高度的压缩变形量及除掉负荷后的变形恢复量，来计算试样的可塑度，具体计算式为式(9-1)：

$$P = \frac{h_0 - h_2}{h_0 - h_1} \tag{9-1}$$

　　式中：P 为试样的可塑度；h_0 为试样原高，mm；h_1 为试样压缩 3 min 后的高度，mm；h_2

为去掉负荷恢复 3 min 后的试样的高度,mm。

根据式(9-1)计算出的可塑度为 0~1,数值越大表示胶料的黏度越小,可塑性越大。

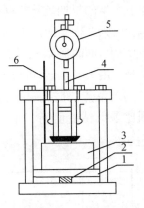

1—上压板;2—试样;3—重锤;4—支架;5—百分表;6—温度计。

图 9-1　威廉姆塑性计

威廉姆塑性计和德弗塑性计测试时间较长,相比之下,快速塑性计全部测试仅需 40 s,效率显著提高,可适应工艺高速化的需要。不仅如此,快速塑性计还可以用于测定塑性保持指数(PRI):

$$PRI = \frac{P_t}{P_0} \times 100 \tag{9-2}$$

式中:P_t 为 3 个试样老化 30 min 后快速塑性值的中位值;P_0 为 3 个试样老化前的快速塑性值的中位值。

PRI 可以衡量天然橡胶的耐老化性能,PRI 指数越高,天然橡胶的耐老化性能越好,是目前测定天然橡胶耐老化性能快速且灵敏的方法,通过它可以快速鉴定天然橡胶的质量,用于生产控制。

9.2.2　门尼粘度

门尼粘度反映了胶料在特定条件下的黏度,可直接用作衡量胶料流变性质的指标,试样在一定温度、时间和压力下,测试试样在活动面(转子)和固定面(上、下模腔)之间变形时所受到的扭力,测量结果以门尼粘度来表示。

门尼粘度值因测试条件不同而异,因此在标注门尼粘度时,要写明测试条件。以 $ML_{1+4}^{100℃} = 58$ 为例,M 表示门尼,L 表示用大转子(直径为 38.1 mm),实际生产中,也有采用小转子(直径为 30.38 mm,适用于高黏度胶料),用 S 来表示;100 ℃表示测试温度为 100 ℃;1+4 表示在测试温度下预热 1 min,转动测试 4 min;在上述条件下所测得的扭力值为 58,即门尼粘度为 58。门尼粘度法测定值范围为 0~200,数值越大表示黏度越大,即流动性越小。目前门尼粘度计广泛用于橡胶工业的科学研究和工艺控制,与压缩型的塑性计相比,门尼粘度的切变速率高,更接近实际工艺条件,而且试样简单、测试的精度较好,并可自动记录、打印和绘图。

9.2.3 门尼焦烧

焦烧是橡胶胶料在加工过程中产生的早期硫化交联的现象。硫化交联导致橡胶胶料的黏度增大,降低橡胶的加工安全性,因此需要对胶料的焦烧时间进行控制。在一定的范围内,交联密度随硫化时间增加而增大,同时胶料的黏度也随之升高,因此可以利用门尼粘度值变化来反映胶料的焦烧情况。用大转子转动的门尼粘度值下降到最低点后再上升5个门尼粘度值所对应的时间,即为门尼焦烧时间(t_5)。如图 9-2 所示。也可以使用小转子(S),此时是将粘度值上升到比最低粘度值高 3 个门尼单位时所需的时间作为门尼焦烧时间(t_3)。

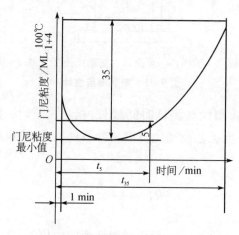

图 9-2 粘度-时间关系曲线

此外,还可以通过门尼焦烧测试计算得到门尼硫化指数 Δt_L 和 Δt_S:

$$\Delta t_L = t_{35} - t_5 \tag{9-3}$$

$$\Delta t_S = t_{18} - t_3 \tag{9-4}$$

式中:t_{18} 和 t_{35} 分别为粘度值从最低点上升至 18(小转子)和 35 个门尼单位(大转子)时所对应的时间。门尼硫化指数小,表示硫化速度快;门尼硫化指数大,则表示硫化速度慢。

9.2.4 应力松弛

橡胶加工都与"弹性记忆"或松弛效应有关,因此测试橡胶的应力松弛,对进一步了解胶料的工艺性能、正确地评估胶料加工性能更为有利,常用作塑性计和门尼粘度测试结果的补充。常用的仪器有压缩型应力松弛加工性能试验机、锥形转子应力松弛加工性能试验机和动态应力松弛试验机等。

9.2.5 流变特性和口型膨胀

在实际加工过程中,胶料受到的剪切作用往往比上述的测试来得大,因此低剪切速率下测得胶料的流变性不足以完全描述橡胶的加工性能。采用毛细管压出的方法,通过改变剪切速率,可以用来测量胶料的黏度和切变速率、切变应力、温度的关系及胶料膨胀率等性能,对研究、控制橡胶的加工工艺具有十分重要的意义。常用的仪器有橡胶流动性测定仪、各种类型的毛细管流变仪等。

9.2.6　硫化特性

硫化是橡胶在特定温度下发生交联,从而形成具备使用价值的橡胶材料的过程。橡胶在整个硫化历程中的变化和主要参数包括初始黏度、焦烧时间、正硫化时间、硫化速度、硫化平坦期、过硫化状态,这些都是橡胶研究人员所关心的。采用硫化仪,可以连续、迅速、精确地测出整个硫化历程中的变化,并且能够直观地描绘出整个硫化过程的时间-转矩的变化曲线,即所谓的硫化曲线。硫化仪可分为有转子硫化仪和无转子硫化仪两种。有转子硫化仪存在以下几个缺点:(1) 试样体积大、耗胶多;(2) 未加热转子嵌入试样中起吸热作用,妨碍试样迅速达到设定温度;(3) 转子与胶料产生的摩擦力也计入了胶料的剪切模量之中,降低了数据的重现性;(4) 测试结束后,试样必须从转子上清除,难以实现自动化。无转子硫化仪则能很好地避免上述问题,因此目前市面上大部分硫化仪都是无转子硫化仪,其结构示意如图 9-3。

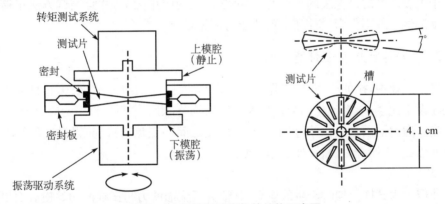

图 9-3　无转子硫化仪的结构示意图

如图 9-3,在无转子硫化仪中,橡胶试样被放置在密闭、受压的容腔内,下模以正弦波振荡,对试样施加应变。上模连接一个反映转矩的传感器,用以测量转矩的变化。由于不使用转子,试样温度能够快速达到真实硫化温度,测得的转矩数值更为精准,并且可以通过添加阻隔薄膜,减少实验过程中的清洗步骤,大大提高了实验效率,易于实现自动化。

9.3　硫化胶的宏观性能

9.3.1　密度

橡胶密度是在一定的温度下,单位体积橡胶的质量。橡胶相对密度是指单位体积橡胶的质量和同等体积的纯水(4 ℃)质量的比值。

橡胶密度是一项重要的技术指标,在橡胶加工过程中,可以用来检验混炼胶中配合剂是否分散均匀、有无漏加或错加原料。在成本计算中,橡胶的密度值也是重要参数。此外,阿克隆磨耗实验时也需要采用密度值,用以计算磨耗体积。

9.3.2 硬度

橡胶硬度是橡胶试样抵抗外加力的变形的能力,通过特定的硬度计对橡胶硬度进行测试。当外加力是通过弹簧施加给硬度计时,这种方法称为邵尔硬度法;当外力对硬度计施加恒定的负荷时,则称为国际橡胶硬度(IRHD)。

邵尔硬度法在我国应用最为广泛,它分为邵尔 A 刻度(测量软质橡胶硬度)、邵尔 C 刻度(测量半硬质橡胶硬度)和邵尔 D 刻度(测量硬质橡胶硬度)。但是邵尔硬度计在使用过程中,存在弹簧力的校正不准、弹簧疲劳、压针磨损等缺陷,并且容易受试样厚度、操作停留时间、样片边缘效应和样品的几何形状的影响等,因此试验误差较大。

国际橡胶硬度计测量精度高、稳定性好,特别是微型硬度计不受试样形状和厚度的影响,可直接从产品上取样进行测试,使用起来十分方便。国际橡胶硬度(IRHD)和邵尔 A 硬度的相关性较好,两者的硬度值基本相同。测量的硬度范围为 30~95 IRHD。

由于硬度测量的是橡胶的小形变,与最终产品的应用无关,并且测试方法粗糙,因此这些硬度测试一般不作为设计和工程性能的可靠测量。

9.3.3 拉伸应力-应变性能

在橡胶工业中,拉伸应力-应变是一个最普遍的测试。根据 GB 5280,拉伸应力-应变试验是在设定速率下,将硫化的哑铃状橡胶试样拉断,测定拉断过程中的应力大小随伸长率的变化。通过记录橡胶拉伸过程中应力-应变之间的变化,可以获得橡胶的拉伸性能,包括拉伸强度、定伸应力、断裂伸长率和断裂永久变形。

1. 定伸应力

拉伸应力为试样拉伸时产生的应力,其值为所施加的力与试样的初始横截面积之比,计算公式为式(9-5):

$$M = \frac{p}{bh} \tag{9-5}$$

式中:M 为拉伸应力,MPa;p 为试样拉伸时所受的力,N;b 为试验前试样工作部分宽度,mm;h 为试验前试样工作部分厚度,mm;

拉伸试样时,当试样工作部分(标距)拉伸至给定伸长率(一般为 100%、200%、300%、500%)时所对应的拉伸应力,称为定伸应力,用 M_x 表示。例如,M_{100} 表示定伸100%的应力。

2. 拉伸强度

当试样被拉伸至断裂时的最大拉伸应力称为拉伸强度,用 σ 来表示,计算公式与定伸应力一样。

3. 断裂伸长率

试样拉断时伸长部分与原长之比的百分数称为断裂伸长率,其计算公式为式(9-6):

$$\varepsilon = \frac{L - L_0}{L_0} \times 100 \qquad (9-6)$$

式中：ε 为断裂伸长率，%；L_0 为试验前试样工作部分标距，mm；L 为试样拉断时的标距，mm。

4. 断裂永久变形

试样拉伸至断裂后，标距伸长变形不可恢复的长度与原长之比的百分数称为断裂永久变形，其计算公式为式（9-7）：

$$H_d = \frac{L_1 - L_0}{L_0} \times 100 \qquad (9-7)$$

式中：H_d 为断裂永久变形，%；L_0 为试验前试样初始标距，mm；L_1 为试样拉断后停放 3 min 后对起来的标距，mm。

在实际使用中，尽管橡胶制品的拉伸变形往往不超过 30%，但是拉伸应力-应变测试是检测胶料缺陷、确保质量的重要工具，是胶料开发中必不可少的鉴定项目之一。

9.3.4　有效弹性、滞后损失和冲击弹性

1. 有效弹性和滞后损失

硫化橡胶伸张时的有效弹性是将试样拉伸到一定长度（或加上一定负荷），测量试样收缩时恢复的功同伸长时所消耗的功之比。硫化橡胶收缩时的滞后损失就是测量试样伸张、收缩时所损失的功同伸张时所消耗的功之比。

测试时，将橡胶试样在拉力机上以一定的速度拉伸（不使其拉断），然后以相同的速度使其回缩，则拉伸与回缩的负荷-伸长曲线（ABC 与 CDE）并不重合，如图 9-4 所示。用求积仪得出 $ABCFEA$ 的面积表示试样拉伸时所消耗的功（F_1），以 $EDCFE$ 的面积表示试样收缩时恢复的功（F_2），则有效弹性可用式（9-8）计算：

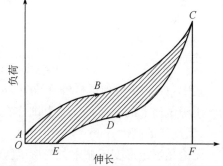

图 9-4　拉伸与回缩的负荷-伸长曲线

$$\eta_K = \frac{F_2}{F_1} \times 100\% \qquad (9-8)$$

式中：η_K 为有效弹性，%；F_1 为试样拉伸时所消耗的功，以 $ABCFEA$ 的面积表示；F_2 为试样收缩时恢复的功，以 $EDCFE$ 的面积表示。

F_1 与 F_2 之差（即阴影部分，以 $ABCDEA$ 的面积表示）即是试样伸长后再收缩时所损失的功，用以计算滞后损失。

2. 冲击弹性（回弹性）

冲击弹性是描述橡胶在冲击变形时，保持其机械能的一个指标。机械能损失小的橡胶回弹性大，反之回弹性则小。常用的仪器有冲击弹性试验机，试验按 GB/T 1681 进行，用球状物体摆锤冲击平整试样，记录摆锤的下落高度 H 和回弹高度 h，试样的回弹性 $R = h/H$。

9.3.5 压缩应力-应变性能

与拉伸性能相比,压缩应力-应变特性测试与产品实际应用的关系较为密切,是某些橡胶密封制品的关键性指标。压缩性能测试,包括恒定形变压缩永久变形试验和静压缩试验。

根据 GB/T 1683,恒定形变压缩永久变形试验是将硫化橡胶试样压缩到规定高度下,经一定温度和时间,或经介质浸润后,测定试样压缩永久变形率。压缩永久变形率按式(9-9)计算:

$$K = \frac{h_0 - h_2}{h_0 - h_1} \times 100\%$$ (9-9)

式中:K 为压缩永久变形率,%;h_0 为压缩前试样的高度,mm;h_1 为限位器的高度,mm;h_2 为压缩后试样恢复高度,mm。

静压缩试验在拉力试验机上进行,其试验方法按 HG/T 3843,测量试样在规定压力下的压缩变形(Θ)、达到规定压缩变形时单位面积所受的压力(σ)和试样的永久变形(Θ'),相应的计算如下:

$$\Theta = \frac{H_0 - H_1}{H_0} \times 100\%$$ (9-10)

$$\sigma = \frac{P}{S_0}$$ (9-11)

$$\Theta' = \frac{H_0 - H_2}{H_0} \times 100\%$$ (9-12)

式中:H_0 为试验前试样的高度,mm;H_1 为在规定的压力作用下试样的高度,mm;P 为作用于试样上的负荷,N;S_0 为试样在被压缩前的横减面积,m²;H_2 为除去压力,停放 3 min 后试样的高度,mm。

无论是恒定形变压缩永久变形试验还是静压缩试验,其测试结果都与样品的形状、预处理、变形率以及样品在压缩金属板之间的粘合和滑移程度等因素有关,特别是样品在压缩金属板之间的粘合和滑移程度。因此,不同的测试方法对粘合和滑移的处理不同,有的采用砂纸来防止滑移,有的要求把样品粘在平行金属板上,也有的允许使用润滑剂。不同的测试方法会导致不同的结果。

9.3.6 动态性能

橡胶制品通常是在动态交变应力下使用的,如轮胎、减震垫、传送带和胶鞋等。因此,测定橡胶制品的动态性能显然更具有实际意义。一般测定硫化橡胶的动态性能的方法是对硫化胶试样施加一个正弦应变,测量其复合应力响应和相位角(如图 9-5 所示)。这个相应角 δ 和复合模量(剪切用 G^* 代表,压缩或伸长用 E^* 代表)可用于计算储能模量(用 G' 或 E' 代表)和损耗模量(用 G'' 或 E'' 代表)。而且用 G''/G' 或 E''/E' 可计算损耗系数 $\tan\delta$。

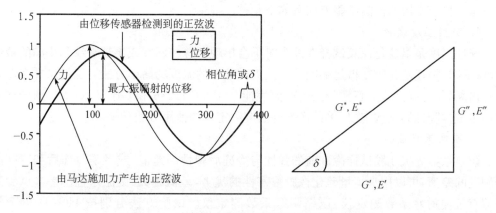

图 9-5　动态性能测试示意图和动态特性矢量图

其中,拉伸储能模量 E' 是与法向正弦拉伸应变同相位的法向应力分量与应变之比,拉伸损耗模量 E'' 是超前法向正弦拉伸应变相位 90°的法向应力分量与应变之比;剪切储能模量 G' 是同相位的剪切应力分量与剪切应变之比,剪切损耗模量 G'' 是超前法向正弦应变相 90°的法向剪切应力与应变之比;相位角 δ(损耗角)是动态应力引起的动态正弦相位差角,损耗系数 $\tan\delta$ 是损耗模量与储能模量的比值。对于拉伸应力,$\tan\delta = E''/E'$;对于剪切应力,$\tan\delta = G''/G'$。在给定的复合模量下,$\tan\delta$ 值越高则胶料的滞后性越大,减震效果越好。需要进一步指出的是,低温 $\tan\delta$(0 ℃)可以反映轮胎胶料的抗湿滑性,$\tan\delta$(0 ℃)值越高,抗湿滑性能好;高温 $\tan\delta$(70 ℃)则反映了滚动阻力,$\tan\delta$(70 ℃)值越高,滚动阻力越高。

9.3.7　应力松弛和蠕变

1. 应力松弛

应力松弛是橡胶在恒定应变下,其应力随着时间降低的现象。对于某些橡胶制品,如密封件,一般是在恒定应变或应力的环境下长时间工作的,因此应力松弛是评判橡胶密封件的密封效能、耐老化性能和使用寿命的重要指标之一。测试应力松弛的试验仪器有压缩应力松弛仪和拉伸应力松弛仪。具体试验方法可参照 GB/T 1685、ISO 3384(压缩应力松弛试验)以及 GB/T 9871、ISO 6914(拉伸应力松弛试验)。

2. 蠕变

蠕变是指橡胶在承受给定的恒定外力或载荷时,形状随时间变化的现象,也叫应变松弛。蠕变会导致橡胶制品的尺寸发生变化,从而失去使用价值。因此,橡胶的蠕变性能也是研究人员的关注重点之一。对于蠕变性,测试的仪器有压缩型蠕变试验仪、拉伸型蠕变试验仪和剪切型蠕变试验仪。试验方法可参考 ISO/DIS 8013。

9.3.8　低温性能

当温度下降时,硫化胶会变硬并且模量增大。如果温度下降到足够低,硫化胶的分子没有足够的能量运动,此时橡胶失去了原有的弹性,转而呈现出玻璃的特性,变得很硬和很脆,丧失了使用价值。因此,测定橡胶材料的低温性能,有助于指导橡胶材料的低温使用范围。目前常用的低温试验方法有如下几种。

1. 脆性温度试验

脆性温度是指硫化橡胶试样在冲击时不会出现裂缝和断裂或出现裂纹和小洞的最低温度。这是描述硫化胶变得足够刚硬至接近玻璃态的温度的简单方法。通过试样在低温下冲击断裂时的温度,了解橡胶的耐低温性能。GB/T 15256 和 GB/T 1682 分别描述了采用多试样脆性温度测定仪、单试样脆性温度测定仪的使用方法。

2. 耐寒系数试验

耐寒系数为硫化胶试样冷冻前的弹性与冷冻后弹性的差值,或者是冷冻后和冷冻前的硬度的差值,可以用来衡量硫化橡胶耐寒性的优劣,差值越大,则耐寒性越差。试验的仪器有拉伸耐寒系数测定仪、压缩耐寒系数测定仪。试验方法分别按 HG/T 3867 和 HG/T 3866 进行。

3. 吉门扭转试验

吉门扭转试验是通过测定硫化胶试样在冷冻前后的扭度,通过计算扭转模量的变化,衡量橡胶在低温下刚度的增加度,用以表征硫化胶的耐低温性能,也被称为低温刚性测定,GB/T 6036 是关于采用吉门扭转仪测定低温刚性的标准。

4. 玻璃化转变温度的测试

玻璃化转变温度表征的是橡胶材料的极限使用温度,即最低使用温度。当橡胶由玻璃态向高弹态转变时,许多物理性能,如弹性模量、膨胀系数、比热容和密度等都会发生突变,因此可以利用这些性能的突变来测定橡胶的玻璃化转变温度。

9.3.9 扩散和渗透性

1. 透气性能

橡胶的透气性指的是气体在标准温度和标准压力状态下,透过橡胶的能力,用透过率来表示,其值等于在单位压差和一定温度下,通过单位体积硫化橡胶两相对面气流的积速率。具体测试方法有 GB/T 7755.1 规定的压差法和 GB/T 7755.2 规定的等压法。

2. 透湿性和透水性

水分子对橡胶的渗透性是某些橡胶密封制品的重要参数。GB/T 1037、HG 4-857 和 ISO 1402 描述了通过重量法透湿杯或透水杯、静水压法透水性等测试仪,测量橡胶的透湿系数、透湿量、透水系数和透水量的方法。

3. 真空放气率

在真空环境中,负压会对橡胶形成抽提作用,溶解在橡胶内部的气体以及由于负压所形成的挥发成分,如增塑剂、防老剂等,会不断地向环境释放,导致橡胶制品的性能发生变化,失去原有的使用性能。通过测量橡胶在真空中的放气率,能够为真空系统中使用的橡胶制品提供必要的工程参数,对得到可靠的橡胶制品具有指导意义。测试仪器有真空放气率测量仪。

9.3.10 抗撕裂性能

在使用过程中,在橡胶制品的缺口和缺陷位置的高应力集中会导致撕裂或断裂的扩展。撕裂强度是橡胶试样被撕裂时单位厚度所承受的负荷。国际上关于撕裂试验的方法很多,试样形状也不同,主要有以下几种(图 9-6):

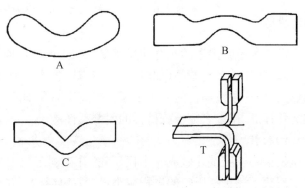

图 9-6　标准撕裂试样的形状(A、B、C 和 T)

A 试样为新月形试样,目前我国采用得较少,ASTM D624 中有对其进行描述。B 试样为镰刀形试样,其尾部较大,有利于拉伸设备的夹持,测试时需要用刀片在试样中部切一定深度的缺口,以便于引发撕裂。C 试样为直角形试样,T 试样为裤形试样,两者都无须外加缺口就能引发撕裂过程,试样的撕裂强度按式(9-13)计算:

$$T_s = \frac{F}{d} \tag{9-13}$$

式中:T_s 为撕裂强度,kN/m;F 为试样撕裂时的最高负荷,N;d 为试样厚度,mm。

需要指出的是,撕裂强度与试样的几何形状有关,不同形状的试样,得到的撕裂强度值不同。

9.3.11　耐屈挠疲劳性能

橡胶制品受外力作用形成周期性变形,如弯曲、剪切、压缩和拉伸等,从而导致橡胶制品的物理性能下降,这种现象称为疲劳。在实验室,通过仪器设备模拟橡胶制品在使用过程中的主要使用条件,测出橡胶制品的疲劳寿命的过程,称为疲劳试验。疲劳试验可分为压缩屈挠试验、屈挠龟裂试验、伸张疲劳试验和回转疲劳试验。

1. 压缩屈挠试验

压缩屈挠,顾名思义,是采用一定的频率和变形幅度对试样进行反复压缩,测定试样压缩过程中的生热、永久变形和疲劳寿命等性能。试验仪器有两种,分别是定负荷压缩屈挠机和定变形压缩疲劳试验机,对应的测试标准分别是 GB/T 1687 和 HG/T 3102。

2. 屈挠龟裂试验

通过测定橡胶在多次屈挠条件下,产生裂口时的屈挠次数,或是采用有割口的橡胶试样,测定在一定屈挠次数时割口的扩展长度的实验,称为屈挠龟裂实验。常用测试仪器是德墨西亚屈挠试验机,相应的测试标准为 GB/T 13934。

3. 回转屈挠疲劳试验

前两个疲劳测试,橡胶试样主要受轴向作用力。实际上,橡胶的使用中不仅受轴向作用力,还受到与轴向垂直的作用力。因此,采用回转屈挠疲劳试验机可以对橡胶试样两向坐标轴进行施力,更接近某些橡胶制品真实受力情况。这种试验机还能做定应力屈挠试验和定变形屈挠试验。

9.3.12 耐磨耗性能

磨耗是橡胶表面在各种复杂因素的综合作用下受摩擦力的作用而发生微观破损和宏观脱落的现象。因此,耐磨耗性是与制品(如轮胎、胶带、鞋底、橡胶轴承、喷沙管以及其他橡胶产品)寿命息息相关的一项重要性能。为了模仿橡胶制品受到的磨耗,人们设计出不同的磨耗试验机和磨耗标准,用以表征橡胶试样的耐磨耗性能。

1. 阿克隆(Akron)磨耗

阿克隆磨耗试验是指将橡胶试片做成一个模压轮,并被固定压力压在可控速的摩擦圆筒/砂轮上,在特定圈数下测量模压轮的体积减小量(磨耗体积)。试样的磨耗体积按式(9-14)计算:

$$\Delta V = \frac{g_1 - g_2}{\rho} \qquad (9-14)$$

式中:ΔV为试样磨耗体积,$cm^3 \cdot (1.61\ km)^{-1}$;$g_1$为试样在试验前的质量,g;$g_2$为试样在试验后的质量,g;$\rho$为试样的密度,$g \cdot cm^{-3}$。

阿克隆磨耗试验机是我国目前应用最为广泛的一种橡胶磨耗试验机,GB/T 1689 和英国标准 BS903 的 A9 部分分别描述了该磨耗机的试验方法。阿克隆磨耗试验机的优点是在试验过程中可以改变摩擦程度(如改变模压轮与砂轮夹角,改变压力等),但是其缺点是试验结果重现性差,受砂轮表面粗糙度、磨耗橡胶粉末在砂轮上的聚集程度和模压轮尺寸等的影响较大。

2. 邵坡尔(Schopper)磨耗

邵坡尔(Schopper)磨耗试验机又称 DIN 磨耗试验机,在欧洲的应用比较广泛。测试时,支架上的橡胶试样横向通过正在旋转的、表面包有特殊砂纸的圆筒。当它旋转时,支架就移动样品横向通过圆筒。因此,橡胶不易聚集在砂纸上,并且通过对砂纸进行更换校准,可以有效克服阿克隆磨耗试验机的缺陷。邵坡尔磨耗试验结果用耐磨耗指数 ARI 和相对体积磨耗量(V_{rel})表示,计算如下:

$$ARI = \frac{V_s}{V_t} \times 100\% \qquad (9-15)$$

式中:V_s为 3 对标准试样体积损失的平均值,mm^3;V_t为 3 对试验样体积损失的平均值,mm^3。

$$V_{rel} = V_t \frac{220}{m_s} \qquad (9-16)$$

式中:m_s为 3 对标准试样质量损失的平均值,mg。

3. 皮克(Pico)磨耗

皮克磨耗试验机的特点是采用了两把具有特定形状和锐利程度又相互平行的碳化钨合金刀,在固定负荷作用下,来刮擦、划割以一定速度旋转着的橡胶试样,测定在规定时间内试样磨耗的质量。该试验方法精度高,适用于软质硫化橡胶耐磨性的测定,和轮胎胎面胶磨耗的相关性较好,能较好地反映出轮胎在不良路面行驶中的磨耗情况。

4. GHK 磨耗

GHK 磨耗试验机是由中国自行研制的磨耗试验机,能自动控制传送率和滑动率,试验精度较高,可以进行各种胶料的磨耗试验。试验结果和阿克隆磨耗一样,用磨耗体积耐磨耗指数表示。

5. NBS 磨耗

NBS 磨耗试验机可以用来测试用于鞋底的橡胶硫化胶,试验按 ASTM D1630 来操作。测试时,旋转圆筒要用特殊的砂纸,并且还需要标准参照硫化物来计算摩擦指数。另外,要小心确保被磨下的颗粒不会污染和堵塞砂纸。

除上述 5 种之外,还有邓录普磨耗试验机、台伯尔(Taber)磨耗试验机和刀片磨耗试验机等。

9.3.13　耐介质性能

橡胶制品,如汽车的许多橡胶部件,经常与各种各样的介质接触,如液体、膏状物和高温蒸汽等,此时橡胶耐特定介质(或一组介质)的性能就非常重要。介质可从三个方面影响硫化胶,最常见的影响就是硫化橡胶会由于吸收介质而溶胀。第二个不很常见的影响就是抽出,即硫化橡胶中一些组分被溶解并且移走,这样实际上减少了橡胶的体积。第三种可能的影响就是介质与橡胶本身发生化学反应,这样不会造成体积改变,但它会导致物理性能的大幅度变化。在实际应用中,三种情况可能同时发生,只是作用程度不同而已。不过,溶胀仍然是最常见的。

1. 耐液体介质试验

耐液体试验中的液体包括石油基的各种烃类油、有机溶剂等,合成的酯类油以及无机酸、碱、盐溶液等化学药品。在耐介质试验中,绝大多数属于耐液体试验。耐液体试验的主要内容是测量橡胶试样经液体浸泡前后的质量、体积变化百分率和性能(拉伸性能和硬度等)变化百分率。试验按 GB/T 1690 进行。

2. 耐粘性介质、蒸汽介质、特种介质试验

粘性介质主要指凡士林及各润滑酯类;蒸汽介质指油、水及其他化学药品的蒸汽;特种介质指那些腐蚀性极强的介质。试验方法参照 GB/T 1690 进行。

9.3.14　耐热性能

1. 分解温度

橡胶在受热的情况下,大分子在某个温度下发生老化裂解,该温度为橡胶的上限使用温度。测试橡胶上限使用温度的仪器主要是热失重仪。

2. 耐热性能

(1)马丁耐热性试验

马丁耐热性试验主要适用于硬质橡胶。等速升温环境中,在一定的静弯曲力矩作用下,使得橡胶试样达到一定的弯曲变形时的温度,称为马丁耐热温度。试验仪器有马丁耐

热试验仪。试验按 HG/T 3847 进行。

（2）维卡耐热性试验

维卡耐热试验仪主要适用于热塑性弹性体,在测试中,需要在等速升温的恒温箱中,用断面为 $1~mm^2$ 的圆柱形钢针和试样表面接触,测量在一定负荷下钢针压入试样深度达 $1~mm$ 时的温度。

9.3.15　耐燃烧性能

橡胶的耐燃烧性能主要是通过测量橡胶的燃烧速度、燃烧时间、燃烧失重率、发烟量和烟密度等,来反映橡胶的难燃程度和阻燃性。测试的仪器主要有氧指数仪、水平燃烧和垂直燃烧试验装置、发烟量和烟密度测定仪等。目前常用的是氧指数仪,其试验按 GB/T 10707 进行。

9.3.16　耐候性能

橡胶在加工、贮存、运输和应用过程中,因受到光、热、氧、臭氧、水分、化学物质、油、金属离子、生物、机械应力、电和高能辐射等作用而发生老化、降解,具体来讲,橡胶在暴露的过程中表面会产生裂纹、粉化、银纹、脱落和变色,这些缺陷会最终导致产品失效。因此需要对橡胶进行耐候性老化测试。但是,耐候性的评价比较复杂,根据不同的条件,将老化分为以下几个测试。

1. 自然老化试验

自然老化试验是利用自然环境条件进行的试验,目的是了解橡胶在自然气候条件下的老化规律,用以评估橡胶制品的耐候性和贮存寿命。试验方法有大气静态老化试验(露天暴露试验)、动态大气加速老化试验和自然贮存老化试验等。使用的仪器设备是暴露架、动态老化试验机(动态大气暴露架)、加速大气老化试验机和自然贮存实验室等。

2. 热空气老化试验

橡胶在室温下,其性能随着时间而变化,在受热时,变化更快。因此可以通过热空气加速老化的方法,预测橡胶制品在较低使用温度下的寿命。橡胶的热空气老化是在常压、高温的热空气下,经过一定的时间后,测定试样前后的物理性能的变化,以此来衡量橡胶的热稳定性和防老剂的防护效能等。试验的仪器有各种类型的热空气老化箱,试验方法按 GB/T 3512 进行。

3. 吸氧老化试验

氧气是导致橡胶老化的重要原因。对于橡胶件而言,氧气除了与制品表面接触外,还会对制品进行渗透。因此测量试样在封闭的吸氧仪中的吸氧诱导期和吸氧速度,可以评价橡胶的氧化老化性能。氧化过程的动力学、氧化反应的特征的研究,对防老剂防护效果的研究、最佳用量都具有显著的指导作用。试验设备有静态体积法氧吸收装置、静态压力法吸收装置。

4. 臭氧老化试验

臭氧非常容易造成橡胶胶料的破坏,臭氧破坏一般发生在橡胶制品的表面,当制品呈现出应变时,臭氧会导致橡胶形成深裂纹,进而产生破坏现象。因此,研究臭氧对橡胶的作用规律,可以鉴定和评价橡胶的抗臭氧老化性能和抗臭氧剂的防护效能。臭氧老化试验是在臭氧老化箱中,生成一定浓度的臭氧,测定臭氧对橡胶试样的破坏程度,具体可分为静态法和动态法。GB/T 7762(硫化橡胶或热塑性橡胶耐臭氧龟裂静态拉伸试验)规定了静态法测定硫化胶的耐臭氧老化试验,ISO 1432 中规定了动态拉伸臭氧老化试验。

5. 人工天候老化试验

热、氧和臭氧环境都会促使橡胶制品发生老化,因此,直接通过模拟并强化大气中的太阳光、热、雨水和湿度等因素,可以在短时间内获得近似于实际大气老化的试验结果。但是,这些试验条件还是与产品的实际使用环境有所区别。目前常用的人工天候老化箱有氙灯型、阳光碳弧型和紫外线碳弧型。

6. 湿热老化试验

橡胶的使用和贮存环境经常存在着一定的湿度,特别是对于热带地区,湿热的环境也会造成橡胶制品过早老化。因此,测量在有湿度因素作用下的热氧老化,用以评价橡胶制品在湿热条件下的耐老化性能,可用来推算橡胶制品的贮存期和使用期。

7. 光臭氧老化试验

与臭氧老化相比,该试验增加了光的老化条件,能更好地模拟出橡胶的老化过程,反映出橡胶在大气条件下的老化情况。试验仪器为装有石英水银灯、氙灯和铟灯等人工光源的臭氧老化箱。

9.3.17　粘合性能

橡胶制品中,往往包括橡胶-金属和橡胶-织物等的粘合,因此橡胶的粘合性能是非常重要的。对于粘合性能,最好的方法是测试实际产品,实际上经常采用以下几种标准测试方法来研究橡胶的粘合性能。

1. 橡胶与金属片的粘合性能

测定橡胶与金属的粘合强度,主要有以下三种方法:

(1) 橡胶与金属片的粘合强度

根据 GB/T 11211,采用拉力试验机,在试样的粘合面上施加均匀、垂直的拉力,测定试样破坏时单位粘接面积上的最大拉力,即为橡胶与金属的粘合强度。

(2) 橡胶与金属片粘接的剪切强度

根据 GB/T 13936,采用拉力试验机,在试样的粘接面上施加剪切力,测定试样剪切破坏时的单位粘接面积上的最大剪切力,即为橡胶与金属粘接的剪切强度。

(3) 橡胶与金属片粘接的剥离强度

试样剥离时,单位粘接宽度上所承受的剥离力称为剥离强度。根据被粘金属及剥离角度的不同,常用以下三种剥离试验:① U 型剥离试验(按 GB/T 15254 试验);② L 型剥离试验(按 ISO 831 试验);③ T 型剥离试验(按 ASTM D1876 试验)。上述试验均在拉力试验机上进行。

2. 橡胶与帘线、钢丝的粘合性能试验

(1) 橡胶与织物帘线的测试粘着强度(H 抽出法)

将帘线两端按规定长度埋入橡胶中,测定单根帘线从硫化胶块中抽出时所需的力。

试验用 H 抽出夹具,在拉力试验机上按 GB/T 2942 进行。

(2) 橡胶与单根钢丝的粘合强度(抽出法)

将钢丝按规定尺寸包埋在硫化橡胶块中,在拉力试验机上测定每根钢丝沿其轴向从胶块中抽出时所需的力。试验时需用专门的单根钢丝抽出夹持器。试验按 GB/T 3513 进行。

3. 硫化橡胶与织物的粘着强度

按照 GB/T 532,在拉力试验机上,对一定宽度的试样进行剥离,测量粘接层被剥离时所需的力。

9.3.18　导电性能

1. 绝缘电阻率

橡胶的电阻率可以通过检流计测试仪或高阻仪,测量硫化橡胶的体积电阻系数和表面电阻系数,以此来评估其绝缘性能。试验方法详见 GB/T 1692。

2. 介电常数和介质损耗角正切

通过介电常数可以了解橡胶在单位电场中单位体积内积蓄的静电能量的大小。通过介质损耗角正切可以了解橡胶在电场作用下,单位时间内消耗的能量。测试的仪器采用工频高压电桥测试仪、音频电容电桥测试仪和高频介质损耗测试仪等。

3. 击穿电压强度

橡胶试样在某一电压作用下被击穿时的电压值,称为击穿电压。击穿电压与试样厚度之比,叫击穿电压强度。该试验可为电力工程选用绝缘材料时提供可靠的依据。试验的仪器是高压击穿测试仪,如 JC-5A 型自动高压击穿测试仪。

4. 导电性和抗静电性

在某些使用环境下,需要橡胶具有一定的导电性和抗静电性,因此测量具有导电或抗静电性能的硫化橡胶试样的体积电阻率,对导电橡胶的研究具有重要意义。橡胶的导电性一般适用于电阻率小于 10^6 Ω·cm 的胶料,其试验方法为有压法和无压法两种。有压法按 GB/T 2439 测试,电阻率按式(9-17)计算:

$$\rho = \frac{R \cdot S}{L} = \frac{R \cdot b \cdot d}{L} \tag{9-17}$$

式中:ρ 为电阻率,Ω·cm;S 为试样横截面积,cm²;b 为试样宽度,cm;d 为试样厚度,cm;L 为电压电极两刃口的距离,cm;R 为电阻值,Ω。

9.3.19　导热性能

橡胶,特别是轮胎制品,在使用过程中,由于滞后所导致的内生热,橡胶尺寸发生变化,严重影响轮胎的使用寿命,甚至会造成爆胎等,威胁行车安全。因此有必要测量橡胶的导热性能,了解其与外界环境的热交换过程。橡胶的导热性能主要包括以下几个方面。

1. 导热系数

当橡胶试样在单位厚度上温度相差 1 K 时,单位时间通过单位截面的热量,即为橡胶的导热系数。导热系数可以反映橡胶的热传导特性。测试仪器有激光导热仪和稳态导热系数测定仪。

2. 比热容

测量单位质量的硫化橡胶温度上升 1 K 所需的热量,即单位质量的热容量。试验的仪器有滴落式量热器、差热分析仪(DTA)、差示扫描量热仪(DSC)、热重分析仪(TGA)和热机械分析仪(TMA)等。

3. 线膨胀系数

测量温度每升高 1 K 时,每厘米橡胶试样伸长的长度,即线膨胀系数。测试的仪器有立式膨胀计和卧式膨胀计。

9.4　橡胶的微观结构和形态

橡胶材料是多组分构成的多相体系,其微观结构和形态对最终的制品性能有着显著影响。传统的测试手段,能够有效表征胶料的性能,但对橡胶结构与性能之间的关系缺乏深刻了解,给研究人员或加工者带来困难。随着高分子理论和测试技术的发展,先进的仪器及技术在橡胶科学领域的应用,使橡胶科学一些理论上的问题得到进一步的解决,大大改进了传统的研究方法,减少了试验工作的盲目性。本节简要介绍某些测试仪器在橡胶结构与形态研究中的应用。

9.4.1　红外光谱(FTIR)

橡胶分子链由不同的原子组成,包含了不同的化学键或官能团。当用红外光照射橡胶时,分子链中的化学键或官能团发生振动吸收,不同的化学键或官能团吸收频率不同,在红外光谱上将呈现在不同位置,从而可获得分子中含有的化学键或官能团的信息。因此在橡胶工业中,红外光谱可以用来对橡胶种类进行定性、定量和结构分析,研究橡胶的硫化过程,分析其老化机理,是橡胶工业中重要的测试方法之一。本节简要介绍红外光谱法的基本原理及其在橡胶工业中的应用情况。

1. 基本原理

橡胶分子中,主要是由 C、H 原子(硅橡胶除外),还有少量的 O、N 等原子,通过一定的化学键所组成,包括 C—C、C=C、C≡N 等。化学键有两种基本振动:伸缩振动和变形振动。不同化学键的振动频率与其本身的振动能有关,同时也受到整个分子的影响,因此,不同结构的橡胶分子对不同频率的红外形成吸收,即当一定频率的红外线透过橡胶分子时,就被橡胶分子中相同振动频率的化学键所吸收。当采用连续频率(谱图横坐标)的红外光照射样品,则会形成不同红外吸收强弱结果(谱图纵坐标),将该结果记录下来,就可得到样品的红外光谱图。其中,红外吸收的强弱可用非线性的透过率(%)表示,为红外光透过物质的百分率,用以定性分析;也可用线性的吸收率(A)来表示,根据 Beer 定律:

$$A = \varepsilon t c \qquad (9-18)$$

式中：ε 为吸收系数；t 为红外光透射厚度；c 为浓度。因此采用吸收率的红外谱图可以用来实现定量分析计算。谱图的横坐标可用波长（λ，μm）表示，也可以用波数（v，cm^{-1}）表示，两者的关系如式（9-19）：

$$v = \frac{10^4}{\lambda} \tag{9-19}$$

在红外光谱图中，能代表某基团存在，并有较强吸收的峰，称为特征吸收峰，常见基团特征吸收峰见表9-1所示。目前对红外光谱的研究应用主要集中在中红外区，即 2.5～15 μm（4 000～650 cm^{-1}），这个区域的光谱与分子结构有密切关系，在 4 000～1 300 cm^{-1} 区间的特征频率反映橡胶分子中各个化学键的伸缩和弯曲振动，可以鉴别橡胶的分子结构类型；而在 1 300～650 cm^{-1} 区间，特征频率多反映整个橡胶分子中多个原子键间的复杂振动，可提供官能团之间相互影响信息，此区域是鉴定各种化合物结构最有用的区域，又被称为指纹区。

表 9-1 红光光谱中一些基团的吸收区域

区域	基团	吸收频率/cm^{-1}	振动形式	吸收强度	说　　明
第一区域	—OH（游离）	3 650～3 580	伸缩	m,sh	判断有无醇类、酚类和有机酸的重要依据
	—OH（缔合）	3 400～3 200	伸缩	s,b	判断有无醇类、酚类和有机酸的重要依据
	—NH₂，—NH（游离）	3 500～3 300	伸缩	m	
	—NH₂，—NH（缔合）	3 400～3 100	伸缩	s,b	
	—SH	2 600～2 500	伸缩		
	C—H 伸缩振动				
	不饱和 C—H				不饱和 C—H 伸缩振动出现在 3 000 cm^{-1} 以上
	≡C—H（三键）	3 300 附近	伸缩	s	
	＝C—H（双键）	3 010～3 040	伸缩	s	末端＝CH 出现在 3 085 cm^{-1} 附近
	苯环中 C—H	3 030 附近	伸缩	s	强度上比饱和 C—H 稍弱，但谱带较尖锐
	饱和 C—H				饱和 C—H 伸缩振动出现在 3 000 cm^{-1} 以下（3 000～2 800 cm^{-1}），取代基影响最小
	—CH₃	2 960±5	反对称伸缩	s	

（续表）

区域	基团	吸收频率 cm^{-1}	振动形式	吸收强度	说明
第一区域	—CH$_3$	2 870±10	对称伸缩	s	
	—CH$_2$	2 930±5	反对称伸缩	s	三元环中的—CH$_2$出现在 3 050 cm^{-1}
	—CH$_2$	2 850±10	对称伸缩	s	出现在 2 890 cm^{-1},很弱
第二区域	—C≡N	2 260~2 220	伸缩	s 针状	干扰少
	—N≡N	2 310~2 135	伸缩	m	
	—C≡C—	2 260~2 100	伸缩	v	R—C≡C—H,2 100~2 140 cm^{-1};R′—C≡C—H, 2 190~2 260 cm^{-1};若 R′＝R,对称分子,无红外谱带
	—C=C=C—	1 950 附近	伸缩	v	
第三区域	C=C	1 680~1 620	伸缩	m,w	
	C=C	1 600,1 580, 1 500,1 450,	伸缩	v	苯环的骨架振动
	—C=O	1 850~1 600	伸缩	s	其他吸收带干扰少,是判断酮类、酸类、酯类、酸酐等的特征频率,位置变动大
	—NO$_2$	1 600~1 500	反对称伸缩	s	
	—NO$_2$	1 300~1 250	对称伸缩	s	
	S=O	1 220~1 040	伸缩	s	
第四区域	C—O	1 300~1 000	伸缩	s	C—O 键(酯、醚、醇类)的极性很强,故强度强,常成为谱图中最强的吸收
	C—O—C	900~1 150	伸缩	s	醚类中 C—O—C 的 $\sigma_{0.2}$＝(1 100±50)cm^{-1} 是最强的吸收。C—O—C 对称伸缩在 900~1 000 cm^{-1},较弱
	—CH$_3$,—CH$_2$	1 460±10	CH$_3$反对称变形,CH$_2$变形	m	大部分有机化合物都含 CH$_3$、CH$_2$基,因此此峰经常出现
	—CH$_3$	1 370~1 380	对称变形	s	很少受取代基的影响,且干扰少,是 CH$_3$基的特征吸收
	—NH$_2$	1 650~1 560	变形	m~s	
	C—F	1 400~1 000	伸缩	s	

（续表）

区域	基团	吸收频率 cm⁻¹	振动形式	吸收强度	说　明
第四区域	C—Cl	800~600	伸缩	s	
	C—Br	600~500	伸缩	s	
	C—I	500~200	伸缩	s	
	—CH₂	910~890	面外摇摆	s	
	—(CH₂)ₙ—, n>4	720	面内摇摆	v	

说明：s—强吸收，b—宽吸收带，m—中等吸收带，w—弱吸收带，sh—尖锐吸收带，v—吸收强度可变。

2. 样品制备方法

在红外测试过程中，样品的制备方法主要是溴化钾压片法。但是对于高弹性的橡胶，无法实现与溴化钾的共混研磨，严重影响谱图的质量，难以达到测试的预期效果。因此，在测试橡胶样品时，需要采取合适的制样方法。下面介绍常用的几种制样方法。

（1）熔融薄膜法

对于橡胶生胶，由于其分子链为线型，在加热下能够熔融，因此可以将生胶样品置于窗片上，并对其加热熔融后进行涂覆成膜，也可以趁熔融时，用两窗片加压成膜。热塑性弹性体也可采用该法制备测试样品。

（2）溶解制膜法

该法同样只针对橡胶生胶或者热塑性弹性体。选取橡胶的良溶剂，将生胶制成溶液，涂在窗片上待溶剂挥发后，在窗片上形成薄膜。需要注意的是，所用溶剂除了对生胶的溶解度大，还应具有沸点低、易从橡胶膜上脱附以及与橡胶不起化学反应等要求。此法的优点是能够得到均匀的薄膜样品，有利于定量测定。缺点是需要选择适当的溶剂，操作比较麻烦。

（3）硫化薄膜法

生胶经过混炼、硫化后，结构发生一定的变化，这是橡胶科学中关注的重点之一。因此，制备良好的硫化胶测试样，得到质量高的红外光谱图是分析硫化胶结构的基础保障。对于硫化胶，可以采用切削的手段，或者是模压硫化，得到薄膜状的测试样品。

（4）衰减全反射法

从上述的介绍中可以知道，一般红外测试为透射模式，因此要求样品为薄膜状，这对于高弹性的橡胶来说制样较为复杂。可通过对红外光谱仪加装全反射附件，此时红外辐射光进入棱镜，在试样表面和棱镜内，经多次全反射，样品吸收了其中特有频率的红外辐射光，在反射光谱中就出现了光强度的相应变化，所得到的即为衰减全反射光谱（简称ATR）。该法操作简单，只要使所测样品与反射界面有最佳接触，反射表面与样品表面必须保持清洁，选择最佳入射角后便可获得到一张"ATR"照片。由于反射后能量损失很大，约达50%，所以测定时必须在参比光路上置入光衰减器以作补偿之用。

（5）热解法

热解法是将橡胶试样热解后取其产物进行红外测定的一种方法，是鉴定橡胶制品胶种时常用的制样方法。将样品置于玻璃试管中，在加热情况下使样品热解，直到在管壁上形成足够量的热解液，取其热解液涂于盐片上进行红外测定。制备过程中，热解温度、加热时间、收集热解产物的方法和样品内配合剂分离程度都会直接影响测定结果，在应用此法对结构相似的橡胶、对并用组分中较少组分及对含卤素橡胶的鉴定过程中，控制操作条件的不同对所得结果有直接影响。所以，此法既是一种简便方法，也是一种灵活的操作方法，要求操作者根据所测样品情况，采用具体的操作条件，如控制热解温度、加热时间和收集不同的热解产物等条件，以此反映原始样品的真实结果，达到检测目的。

以上是红外测试中常用的橡胶样品制备方法。需要指出的是，在实际工作中，应用这些制样方法时是较灵活的，尤其在对未知样品测定中，有时也需几种方法同时使用，对所测结果相互之间进行验证，以得到更为准确的结论。

3. 在橡胶工业中的应用

（1）胶种鉴定

在橡胶工业中，红外光谱法是胶种鉴定的主要方法之一。对于橡胶胶种的鉴定，由于橡胶在制品中占有的比例较大，因此可以直接对样品进行简单制样处理，测定其红外吸收即可。为了更为准确地鉴定橡胶的种类，避免各类添加剂对红外结果的影响，需要将样品中添加剂分离后，方可测定样品的红外吸收。对此，可以采用两种处理方法，一种是高热下，采用沸点高、化学性质稳定的溶剂作降解溶剂（如邻二氯苯），使得样品部分降解，之后采用过滤离心把炭黑和无机填料分开，滤液经甲醇沉淀 2～3 次后，沉淀物制膜测红外吸收；另一种方法是采用热解法，收集不同时间的裂解产物进行红外测定、分析。

需要注意的是，在并用硫化胶中，由于并用胶结构上相近，难以从简单的红外测试中分辨开来，因此只依靠某一制样方法难以达到预期目的，有时需将几种方法结合进行，如将降解法与热解法结合，通过控制加热温度，改变加热方法，采用不同的降解溶剂，从而测定、分析并用胶的胶种。

在解析胶种光谱中，首先标出未知物红外光谱图中各吸收峰值，结合表 9-1 中所示对应峰值，对各峰所归属官能团存在情况初步定出未知物所属范围，最后通过标准光谱图或已知样品的红外光谱图进行核对，得出最终鉴定结果。

（2）定量分析

对于并用胶，除了鉴定其中胶的种类外，胶并用比例的定量分析也是红外光谱在橡胶配方中的重要应用。在测定共混胶的并用比时，可将其视为已知聚合物的混合物，先对其进行胶种分析，然后依据分析结果制备不同共混比例的标样，测定标样的红外吸收，根据胶种不同的特征吸收峰在共混标样中的吸收强度，绘制标准曲线，最终根据标准曲线和共混胶的结果来实现定量计算，得到相应的共混比。

同样，也可通过该法测定共聚物组成，尽管不同组分比例的共聚物标样难以获得，但是可以选用代表组分的特征吸收峰，测定吸收峰的吸收比来做聚合物组分含量，如用红外光谱法定量测定乙丙橡胶中乙烯和丙烯基本链节的比例。因此,定量分析在橡胶合成中应用较多。

（3）化学反应和相互作用

在橡胶加工应用中,硫化过程是橡胶工业的基本反应;橡胶在使用过程中,受光、热和化学介质等作用,会引发橡胶老化反应;橡胶在受外力作用下,会形成取向、结晶等结构性变化。可以采用红外光谱对前后的橡胶进行检测,根据特征峰的消失或生成情况,可直观地观察结构变化情况。例如,聚氨酯橡胶聚合过程中,因为—N＝C＝O 在 2 270 cm^{-1}有明显的特征吸收,可通过检测该吸收峰的变化,研究体系中的异氰酸酯组分参与反应的情况,检测聚合过程是否朝预期方向进行。

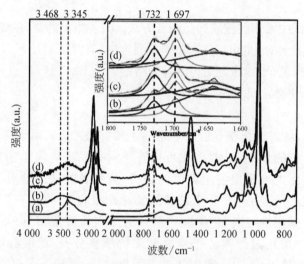

图 9-7　细菌纤维素晶须填充羧化丁腈橡胶的红外光谱图
（小图吸收峰曲线经过 Lorentz 分峰拟合处理）

除了化学反应,橡胶与组分之间的相互作用也可通过红外光谱定量分析。例如,文献报道了采用红外光谱,实现橡胶与填料之间相互作用的定量分析(图 9-7)。通过对不同填充量的细菌纤维素晶须(BCW)/羧化丁腈橡胶(XNBR)硫化胶进行表征,分析 XNBR 分子链上—COOH 中的—C＝O 特征吸收峰的变化(形成氢键的—C＝O 吸收峰 1 697 cm^{-1}和游离的—C＝O 吸收峰 1 732 cm^{-1}),根据式(9-20)进行定量计算:

$$F_{H-CO} = \frac{A_H/r}{(A_H/r + A_f)} = \frac{A_H}{(A_H + rA_f)} \qquad (9-20)$$

式中:A_H 和 A_f 分别为形成氢键的—C＝O 峰面积和游离的—C＝O 峰面积,r 是两峰之间的吸收比($r=1.5$)。通过 F_{H-CO} 值的变化,计算 BCW 与 XNBR 之间氢键的形成量。

9.4.2　拉曼光谱（Raman）

拉曼(Raman)光谱是一种散射光谱,与红外光谱同属于分子振动光谱,所测定辐射光的波数范围相同。但是,这两种光谱的基本原理不同,所提供的信息有所差异。简单来说,对具有对称中心的基团的非对称振动而言,红外是活性,而拉曼是非活性的;反之,对这些基团的对称振动,红外是非活性,而拉曼是活性的。对没有对称中心的基团,红外和拉曼都是活性的。因此,在橡胶工业领域中,拉曼光谱经常和红外光谱结合起来使用,对研究橡胶分子的振动和转动能级,分析橡胶-填料相互作用更为有力。

1. 基本原理

当用频率为 ν_0 的光照射样品时,部分光发生散射,散射分为两种:一种是光子与样品分子发生没有能量交换的弹性碰撞,称为瑞利散射;另一种是光子与样品分子之间发生有能量交换的非弹性碰撞,称为拉曼散射。前者散射光和入射光频率相同,后者由于光子与样品分子发生能量交换,散射光的频率发生变化:当光子把一部分能量给样品分子,散射光的频率小于入射光,该散射光线称为斯托克斯线;相反,若光子从样品分子中获得能量,该散射光线称为反斯托克斯线。

处于基态的分子和光子发生非弹性碰撞,获得能量跳跃到激发态可得到斯托克斯线;反之,如果分子处于激发态,与光子发生非弹性碰撞就会释放能量而回到基态,得到反斯托克斯线。在正常情况下,由于分子大多数处于基态,测量到的斯托克斯线强度比反斯托克斯线强得多。斯托克斯线与入射光频率之差称为拉曼位移。与红外不同,拉曼位移的大小与入射光的频率无关,只与分子的能级结构有关。因此只要测定斯托克斯线,并进行拉曼位移分析,即可得到分子的能级结构。

当然,并不是所有分子振动都能产生拉曼位移,只有分子极化度 α 发生变化的分子振动才能产生拉曼散射。极化度是指分子改变其电子云分布的难易程度。只有分子极化度发生变化的振动才能与入射光的电场 E 相互作用,产生诱导偶极矩 μ:

$$\mu = \alpha E \tag{9-21}$$

与红外吸收光谱相似,拉曼散射光谱的强度与诱导偶极矩成正比。

2. 在橡胶工业中的应用

(1) 填料结构

填料是橡胶制品中的重要组成部分,是提高橡胶强度的重要保证。而填料的结构是确保其具有补强性能的重要因素之一。在橡胶填料中,使用量最大的是炭黑,其主要是由微小的石墨片晶和无定形碳所组成,表面含有含氧官能团,如羟基、羧基和环氧基。其中,含氧官能团可以用红外光谱进行检测,但是红外光谱对石墨化程度以及石墨片晶的尺寸的检测无能为力。通过拉曼散射,可以对炭黑中的石墨化程度以及片晶的尺寸进行表征。

文献报道了采用激光拉曼光谱,研究在激光热处理下炭黑石墨化的动力学过程。通过对炭黑 N220、N660 和 N990 进行持续性的激光加热(图 9-8),分析加热对样品特征峰(石墨化吸收峰 G 峰和无序

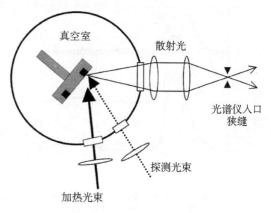

图 9-8 连续激光加热示意图

化吸收峰 D 峰)的强度(I_G 和 I_D)变化,利用公式计算石墨化片晶的尺寸 L_a,分析加热过程对炭黑石墨化动力学的影响(图 9 - 9 和图 9 - 10 所示)。

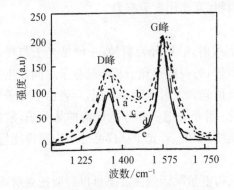

(a) 0 W/cm^2,(b) 800 W/cm^2,(c) 2 400 W/cm^2,
(d) 4 800 W/cm^2,(e) 7 200 W/cm^2。

图 9 - 9 不同激光功率处理下 N660 的拉曼光谱

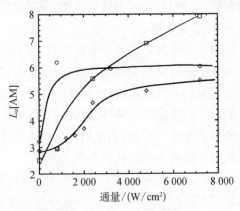

N220(○),N660(◇),N990(□)。

图 9 - 10 30 s 的连续激光处理对 L_a 的影响

$$L_a = 4.35/(I_D/I_G)\,nm \tag{9-22}$$

相似的,拉曼光谱也被用于各种碳基填料的研究中,如碳纳米管、石墨烯和氧化石墨烯,用以研究表面改性和与橡胶的混合工艺对碳基填料结构有序性的变化。

(2)填料-橡胶相互作用

填料与橡胶间的相互作用一直是橡胶科学中的关注重点。通过定激光波长变功率,或者定功率变激光波长,得到不同测试条件下的拉曼光谱,分析拉曼位移与激光波长的关系,可以得到不同填料-橡胶相互作用的大小。

例如,图 9 - 11 和图 9 - 12 分别为 N330 和 N330/SBR 的拉曼光谱,通过改变发射激光的波长,分析不同激光波长下光谱中的 D 峰位移,分别得到 N330 和 N330/SBR 中 D 峰的拉曼位移与激光波长的线性关系,如图 9 - 13。图中,N330/SBR 的直线斜率与 N330 的斜率差异越大,说明 N330 与 SBR 之间的相互作用越强。

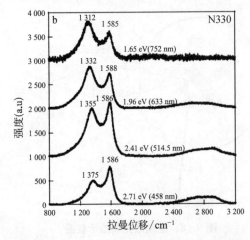

图 9 - 11 不同激光波长下 N330 的拉曼光谱

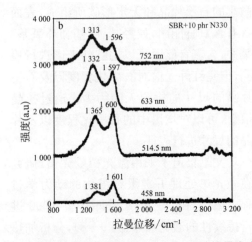

图 9 - 12 不同激光波长下 N330/SBR 的拉曼光谱

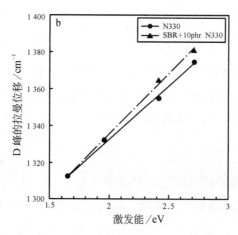

图 9‑13　N330 和 N330/SBR 拉曼光谱中激光波长与拉曼位移的关系

9.4.3　核磁共振波谱（NMR）

在磁场的激励下，具有磁性的原子核存在着不同的能级，此时如果外加一个射频能量，使其恰好等于相邻 2 个能级之差，则该原子核就能吸收能量，发生能级的跃迁，从而产生共振信号，这种现象称为核磁共振（nuclear magnetic resonance，NMR）。

1. 基本原理

原子核是带正电荷的粒子，能绕核轴进行自旋，原子核的自旋量子数 I 与原子核的质子数和中子数有关，可以分为以下三类：

（1）当质量数和原子序数都为偶数（质子数为偶数，中子数也为偶数）时，$I=0$，即没有自旋现象，如 ^{12}C、^{16}O 等，这类核不发生核磁共振。

（2）当质量数为奇数（质子数为奇数，中子数是偶数或质子数为偶数，中子数为奇数）时，I 为半整数，$-1/2$，$3/2\cdots$，如 ^{1}H、^{13}C 等，这类核有自旋现象，能发生核磁共振。

（3）当质量数为偶数而原子序数为奇数（质子数为奇数，中子数也为奇数）时，I 为正整数，1，$2\cdots$，如 ^{14}N、^{2}H 等，这类也有自旋，具有核磁活性。

根据量子力学，原子核自旋量子数 I 在外磁场作用下，自旋角动量有 $(2I+1)$ 种取向，具有 $(2I+1)$ 个能级。当外来辐射的频率为 ν 的电磁波能量正好和两个核能级差 ΔE 相同时，低能级的原子核就会吸收电磁波跃迁到高能级形成共振现象，相邻能级的能量差 ΔE 可用式（9‑23）表示：

$$\Delta E = h\nu = \frac{h}{2\pi}\gamma H_0 \qquad (9\text{-}23)$$

式中：ΔE 为能量差；h 为普朗克常数；ν 为共振频率；γ 为原子核磁旋比；H_0 为外加磁场强度。

共振现象会引起电子不平衡，这种不平衡可由电子系统检测。因此可以通过检测共振所引起的电子不平衡，得到不同原子核信息，从而分析物质化学结构以及相应的反应过程。

2. 样品制备方法

(1) 液体核磁

液体核磁,顾名思义,样品呈液体状,因此需要找到橡胶的良溶剂。一般来讲,对于未硫化的生胶或者混炼胶,都可以根据其极性选择不同的氘代溶剂进行溶解,如氘代三氯甲烷、氘代丙酮、氘代甲苯等。对于硫化胶,则可采用六氯丁二烯溶液加热溶解,滤去填料,即可进行测定。

(2) 固体核磁

由于液体核磁需要橡胶样品以液体的形式呈现,因此无法检测到固体橡胶中分子链原有的相态分布以及橡胶-填料相互作用。相比之下,固体核磁可以最大程度保留固体橡胶中的样品信息。

固体核磁的样品制备相对简单,一般只需要将样品填充到样品管中即可。对于低场固体核磁,由于设备对样品的要求较低,可以不对样品进行额外处理;但是对于高场固体核磁,特别是附带有高速魔角旋转的固体核磁,要求样品以粉末形式均匀填充到样品管中。

3. 在橡胶工业中的应用

(1) 橡胶微观结构

不同橡胶具有不同的微观结构,这是不同橡胶具有不同特性的重要原因之一。例如,溴化丁基橡胶(BIIR)中,溴的含量直接关系到橡胶硫化过程中的交联程度,还影响双键的反应活性,是衡量 BIIR 性能的重要参数。可以采用[1]H 液体核磁共振,对 BIIR 生胶中的溴含量进行测定,如图 9-14 所示。

先对谱图中的特征峰进行归属:化学位移 $\delta=1.11$ ppm 为异丁烯链节的—CH_3 特征峰;$\delta=1.42$ ppm 为异丁烯链节的—CH_2—特征峰;$\delta=1.56$ ppm 为异戊二烯链节的—CH_3 特征峰;$\delta=1.94$ ppm 为异戊二烯链节的—CH_2—特征峰;在 δ 为 4.04 ppm 和 4.08 ppm 处出现异戊二烯链节的—CH_2Br 特征峰;$\delta=4.34$ ppm 为异戊二烯链节的—$CHBr$—特征峰;$\delta=5.02$ ppm 为异戊二烯链节的—CH_2 特征峰;$\delta=5.49$ ppm 为异戊二烯链节的—CH—特征峰。

再对核磁谱图特征峰进行积分,得到特征峰的峰面积(表 9-2),利用公式(9-24)计算 BIIR 的溴含量:

$$X = (C+D/2) \times 79.9/[(C+D/2) \times (68.1-1.0+79.9) + H/6 \times 56.1]$$

$$(9-24)$$

式中:C 为谱图中 δ 为 4.34 ppm 处的峰面积;D 为谱图中 δ 为 4.04 ppm 或者 4.08 ppm 处的峰面积;G 为谱图中 δ 为 1.42 ppm 处的峰面积;H 为谱图中 δ 为 1.11 ppm 处的峰面积。两种牌号 BIIR 的溴含量如表 9-2 所示。

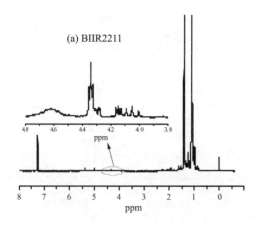

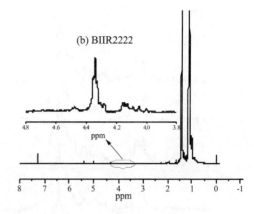

图 9 - 14　不同牌号溴化丁基橡胶的^{1}H - NMR 谱图

表 9 - 2　^{1}H - NMR 法测得不同牌号溴化丁基橡胶的溴含量

峰面积　化学位移 δ　样品	1.11 ppm	1.42 ppm	4.04 ppm 或 4.08 ppm	4.34 ppm	溴含量/%
BIIR2211	2 366.86	765.68	1.00	5.15	1.97
BIIR2222	2 208.24	722.80	1.00	4.94	2.03

（2）并用橡胶组成

橡胶制品中,大部分都是由不同种橡胶混合得到的。因此,分析橡胶样品中橡胶的组成及其结构,具有重要意义。例如,通过对天然橡胶、顺丁橡胶和丁苯橡胶并用胶料进行液体 NMR 分析,如图 9 - 15 和图 9 - 16。

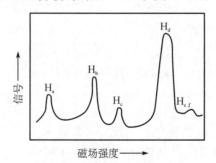

图 9 - 15　顺丁橡胶/丁苯橡胶
并用胶的^{1}H - NMR 谱图

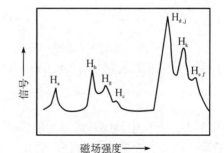

图 9 - 16　天然橡胶/顺丁橡胶/丁苯橡胶
并用胶的^{1}H - NMR 谱图

根据得到的谱图,结合已知的不同化学环境的质子特征峰,即可对谱图的特征峰进行归属并进行积分计算,最终计算出橡胶的并用比例。

（3）橡胶硫化过程

硫化是橡胶的重要步骤,是橡胶获得良好性能的重要前提,因此,研究橡胶的硫化过程及硫化对橡胶结构的影响,一直是橡胶科学中的一大热点。

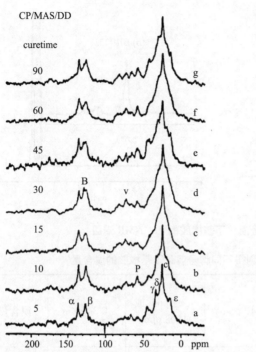

B：丁二烯单元；P：多硫键交联点，NR 中异戊二烯的
碳原子为—C1—C2(—C5)＝C3—C4—或
—Cγ—Cα(—Cε)＝Cβ-Cδ—。

**图 9-17 不同硫化时间下硫黄硫化
NR 的固体核磁谱图**

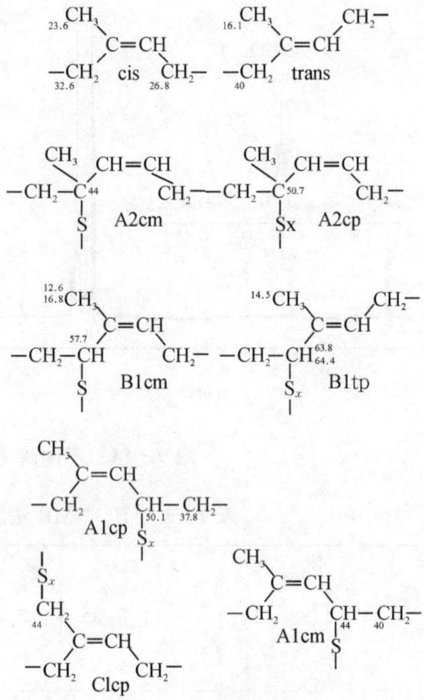

**图 9-18 不同硫化结构的
化学位移计算值**

例如，通过高分辨固体核磁，测定不同硫化时间下橡胶的硫化结构（图 9-17），结合不同硫化结构的化学位移值（图 9-18），计算硫化网络的交联密度 μ_C。

$$\mu_C = \frac{I(S_x)}{I_0} \cdot \frac{\rho}{M_0} \tag{9-25}$$

$$I(S_x) = \frac{1}{2}\left[I(58.6) + I(58.0) + I(57.4) + I(44.4) + I(44.5) + I(40.7)\right]$$

$$\tag{9-26}$$

式中：I_0 为 NR 中异戊二烯单元的参比强度；ρ 为硫化胶密度；M_0 为异戊二烯单元的摩尔质量；$I(S_x)$ 为含硫键的特征峰强度。从而可以得到硫化过程中硫化网络包括结构和密度随时间的变化。

不仅如此，也可以采用固体核磁研究不同硫化体系，包括传统硫化体系（CV）、半有效硫化体系（SEV）和有效硫化体系（EV）对硫化结构的影响（图 9-19）及不同表面改性填料对硫化结构的影响（图 9-20）。

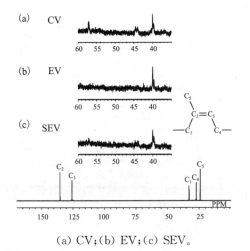

（a）CV；（b）EV；（c）SEV。

图 9‑19　不同硫化体系的 NR 固体 ^{13}C‑NMR 谱图

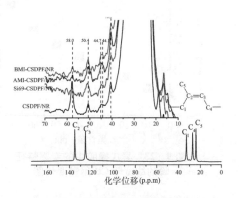

CSDPF—炭黑-白炭黑双相粒子；

AMI—1-烯丙基-3-甲基咪唑盐酸盐；

BMI—1-丁基-3-甲基咪唑六氟磷酸盐。

**图 9‑20　不同表面改性填料/橡胶的
固体 ^{13}C‑NMR 谱图**

（4）填料的含量及分布

由于液体核磁在样品制备时，需要将填料滤去，因此液体核磁无法对橡胶样品中填料的用量及其在并用胶中的分布进行检测。采用固体核磁即可实现对橡胶中填料含量及分布进行检测。例如，分别对不同炭黑含量的异戊橡胶和顺丁橡胶进行高场固体 ^{13}C‑NMR 检测（测试技术：直接去耦 DD＋魔角旋转 MAS），得到相应的谱图，记录特征峰线宽随炭黑含量的变化，如图 9‑21 和图 9‑22 所示。从谱图中得到两种不同的橡胶在不同炭黑含量下，炭黑特征峰的线宽，如图 9‑23 和图 9‑24，并测定并用胶中特征峰线宽的变化（图 9‑25），最终利用特征峰的线宽变化，得到并用胶中炭黑在不同橡胶中的含量及其分布，如表 9‑3。

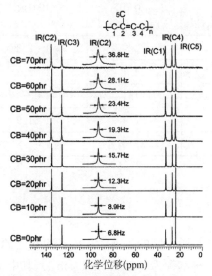

**图 9‑21　不同炭黑含量的异戊橡胶的
DD/MAS ^{13}C‑NMR 谱图（放大图为异戊橡胶
中的炭黑特征峰）**

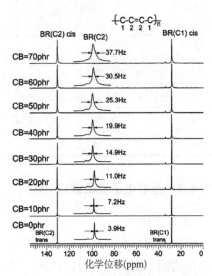

**图 9‑22　不同炭黑含量的顺丁橡胶的
DD/MAS ^{13}C‑NMR 谱图（放大图为顺丁橡胶
中的炭黑特征峰）**

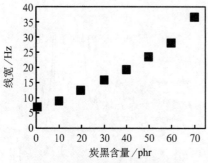

图 9‑23　异戊橡胶中的炭黑特征
峰的线宽随 CB 用量变化图

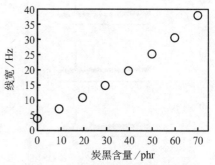

图 9‑24　顺丁橡胶中的炭黑特征
峰的线宽随 CB 用量变化图

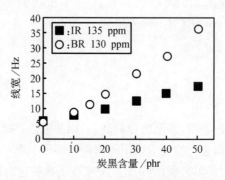

图 9‑25　并用胶中两种橡胶特征峰线宽随炭黑用量的变化图

表 9‑3　固体 ^{13}C‑NMR 法测得炭黑在异戊橡胶和顺丁橡胶中的分布比例

炭黑实际用量 （phr）	IR 和 BR 中炭黑总含量 （phr）	炭黑在橡胶中的含量 （phr）		炭黑分布比例 IR/BR
		IR 中 （135 ppm）	BR 中 （130 ppm）	
10	10.5	3.2	7.3	1∶2.3
20	20.3	6.2	14.1	1∶2.3
30	31.7	10.6	21.1	1∶2.0
40	41.5	14.1	27.4	1∶1.9
50	49.6	17.6	32.0	1∶1.8

9.4.4　透射电子显微镜（TEM）

1. 基本原理

电子显微镜与光学显微镜的成像原理基本一样,所不同的是前者用电子束作光源,用电磁场作透镜。根据光的衍射性质,一般透镜的分辨本领为 $\delta = 0.61\lambda/(\eta\sin\alpha)$,其中 η 为物体所处介质的折射率,α 为孔径角,λ 为光的波长。因此,当使用波长短的电子束时,透镜的分辨率显著提高。对于电子,其波长主要与它的运动速度有关,如式(9‑27)所示:

$$\lambda = 1.225/\sqrt{V(1+0.978 \times 10^{-6}V)} \qquad (9-27)$$

式中:λ 为波长;V 为加速电压。也即电子束的波长与加速电压成反比,因此只要提高电子枪的加速电压,即可缩短激发电子束的波长,从而提高透镜的分辨率。一般加速电压为 100 kV 时,相应的电子束波长为 0.37 nm,比可见光短 10 万倍左右。由于电子束的 λ 很小,因此 TEM 具有很高的分辨率,可以观察微观粒子或聚合物相界面。

2. 样品制备方法

(1) 粉末样品

对于粉末填料样品,如炭黑,先将炭黑中残留油用丙酮洗去,然后在扩散剂亚甲基二萘黄酸钠或有机溶剂(如氯仿、乙醇等)存在下,采用超声波分散,得到炭黑分散体,接着直接喷在具有支撑膜的铜网上,烘干,即可得到相应的样品。为了获得好的分散效果,可以在支撑膜上滴加极稀的氯丁橡胶溶液,以改善支撑膜对炭黑分散体的润湿性能,防止炭黑在溶剂挥发过程中再度聚集。对于其他填料,可以采用适当分散剂处理后,用类似方法进行制样。

(2) 橡胶样品

对于橡胶样品,生胶、混炼胶和硫化胶,需要将其制备成超薄片,以便于样品的观察。但是,高弹性的橡胶样难以实现超薄切片,因此,为使超薄切片操作顺利进行,必须先让样品硬化,目前应用最为广泛的是包埋法、硬质胶法和冷冻法。

① 包埋法

包埋法是指用硬度可调的树脂对需要切片的样品进行包埋,以实现样品的硬化。目前使用最多的是甲基丙烯酸酯树脂和环氧树脂。

甲基丙烯酸酯树脂特点是黏度低、易渗透,包埋块硬度可调,便于切片操作的进行,但是它对橡胶样品溶胀严重,且不耐电子轰击,所以只能观察到样品的大致图像。

环氧树脂对样品的渗透性小,对样品的变形影响小,且耐电子束的轰击,是目前较广泛采用的包埋剂。但是样品往往需要预硬化后才能进行包埋,同时包埋块的切割性能不如甲基丙烯酸酯树脂。

② 硬质胶法

硬质胶法,是将样品通过一定手段,处理成硬质胶,获得足够的硬度,以便于实现室温下的切片。例如,将样品切成截面为 1 mm×2 mm 的长条,放入硫黄/硬脂酸锌/次磺酰胺类促进剂(如 CZ)的混合物(90/5/5)中,在 120 ℃下加热 8 h 让其转化为硬质胶,实现室温切片。由于不同胶种具有不同的硫化速率,因此在不同橡胶相中会有不同量的硫黄和锌,在透射电镜中会产生一定程度的反差,便于不同橡胶相的观察。

③ 冷冻法

通过将样品冷冻到玻璃化转变温度下,使得样品呈现出足够硬的玻璃态,再用玻璃刀在超薄切片机上实现切片,称为冷冻切片法。由于未经任何其他化学硬化处理,因此得到的切片真实地反映了样品的原始形态,是目前最理想的切片技术。但是该法需要配备昂贵的冷冻超薄切片机,同时需要丰富的操作经验,因此它的应用受到了一定的限制。

3. 在橡胶工业中的应用

（1）填料的表面形貌

填料的表面形貌是影响填料补强性能的重要参数。通过 TEM，可以清楚观察到填料的表面形貌，以及化学处理等手段对填料表面形貌的改变。

例如，在碳纳米管的应用中，表面处理一直是提高碳纳米管活性的重要手段。通过控制酸的种类、浓度以及表面改性剂，可以得到不同表面结构的碳纳米管，如图 9-26 和图 9-27。

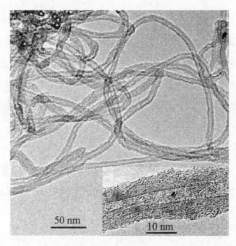

图 9-26 酸处理活化的多壁碳纳米管 MWCNTs 的 TEM 照片
（放大图为外层受损的活化 MWCNTs 照片）

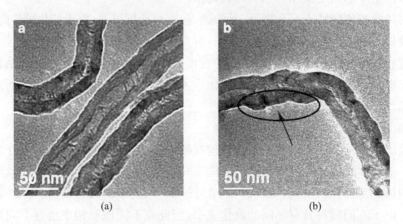

(a)   (b)

图 9-27 （a）MWCNTs 和（b）SiO₂（图中圆圈）表面附着的 MWCNTs

对于一维填料，还可以通过 TEM 统计填料的直径和长度，并根据式（9-28），计算一维填料的长径比 a，如图 9-28。

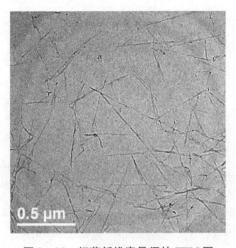

图 9 - 28 细菌纤维素晶须的 TEM 图

$$a = \frac{\sum N_i \times l_i^2}{\sum N_i \times l_i} \times \frac{1}{d} \tag{9-28}$$

式中：N_i 为长度为 l_i 的一维填料的数目；d 为填料的直径。

对于二维填料，TEM 是一个观察填料片层边缘形貌的有效工具，如图 9 - 29，从图中可以清楚地看到氧化石墨烯的折叠状边缘。

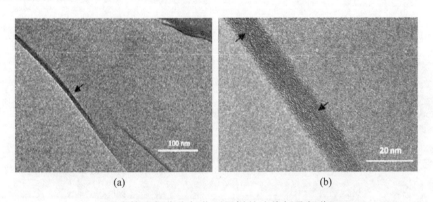

(图中箭头部位为氧化石墨烯的边缘折叠部分)

图 9 - 29 不同放大倍数下的 DMF 分散的氧化石墨烯

（2）分散程度

填料在橡胶中的分散一直是橡胶科学的研究重点。通过超薄切片，可以清楚看到填料在橡胶中的分散状态。例如，图 9 - 30 为 MWCNTs/HNBR 硫化胶超薄切片的 TEM 照片，从图中可以看出，MWCNTs 在橡胶基体中呈现出随机分布的状态。

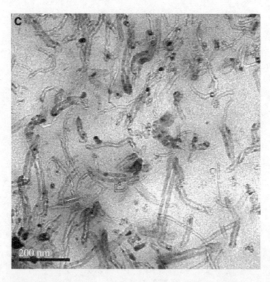

图 9‑30　30 份 MWCNTs 填充的 HNBR 硫化胶的 TEM 照片

当橡胶与填料的复合方式为乳液共混时，也可以直接将共混胶乳稀释后，滴加到有支撑膜的铜网上，干燥后进行观察。如图 9‑31 所示，NR 胶乳颗粒与氧化石墨烯和还原氧化石墨烯的亲和程度不一，非极性的 NR 胶乳颗粒附着在极性氧化石墨烯边缘，而在还原氧化石墨烯体系中，胶乳颗粒则布满还原氧化石墨烯表面。

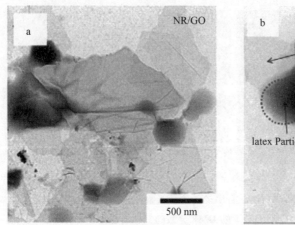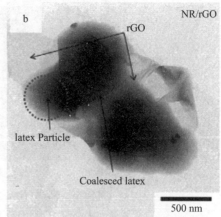

图 9‑31　(a)氧化石墨烯和(b)还原氧化石墨烯与 NR 胶乳复合的 TEM 照片

（3）并用高聚物的相分布

在聚合物并用体系中，不同相的分布及其界面结构与体系最终力学性能有很大关系，采用电镜技术可以提供最直观、全面的结构信息。但是，由于高聚物大部分都是由碳、氢等轻元素所组成，不同高聚物对电子束的散射能力相差小，在透射电镜中往往得不到足够的反差，因此一般需要采用 OsO_4 对样品进行染色。OsO_4 由于具有强氧化性，因此可以和不饱和橡胶中的 C=C 双键反应，使得在含有不饱和键的橡胶相内结合大量强电子散射能力的金属锇原子，与未染色部分形成强烈反差，在电镜视野中实现了不同橡胶相的分辨。例如,图 9 - 32 是经 OsO_4 染色处理后在 TEM 中观察到的不同 PP 含量的 PP/EPDM 共混体系的照片。从图中可以看出,PP 含量较少时,EPDM 为深色的连续相,PP 为亮色的分散相,随着 PP 用量的增加,PP 也开始形成连续相。

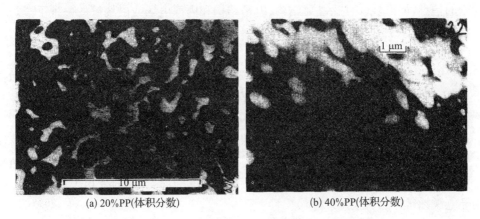

(a) 20%PP(体积分数)　　　　　(b) 40%PP(体积分数)

图 9 - 32　OsO_4 染色处理的 PP/EPDM 共混胶的 TEM 照片

(4) 分子量的测定

许多高聚物分子量分布可以用其分子的电子显微图像来测定,方法的关键是溶剂的选择和分散的方法,即必须要保证高聚物分子从无定形线团变为紧密的球状分子。通常可以采用相应高聚物的 θ 溶剂,溶液的浓度应控制在 $1:10^5$,并用喷雾法制样以保证每个雾滴仅有一个或没有橡胶分子,防止每个雾滴中有两个或两个以上的分子出现。由电镜法测出的分子量可由式(9 - 29)求得:

$$\overline{M} = \frac{V \cdot \rho}{m} \tag{9 - 29}$$

式中:$\overline{M}$ 为分子量;V 为电镜法测得的一个分子球的体积;ρ 为被测材料的密度;m 为质子质量。

电镜法测定高聚物分子量不像其他方法,对高聚物分子量上限没有限制,最高可以超过 10^6。为了测定分子量分布,要求统计的分子数目达到 200~300。

(5) 胶乳颗粒粒径的测定

观察胶乳颗粒粒径可以事先用溴或 OsO_4 染色后,分散滴加到铜网上干燥后观察。为避免胶乳颗粒变形和团聚等问题,可以采用冷冻干燥技术进行制样。

9.4.5　扫描电子显微镜(SEM)

1. 基本原理

当一束极细的高能入射电子轰击样品表面时,轰击区域将被激发出各种物理信号,如二次电子、俄歇电子、特征 X 射线和连续谱 X 射线、背散射电子、透射电子,以及在可见、紫外、红外光区域产生的电磁辐射,同时可产生电子-空穴对、晶格振动(声子)、电子振荡(等离子体)。针对不同信号产生的激励,采用不同的检测器,可实现选择性检测,得到相应的微观结构信息。例如,利用背反射电子作为成像信号不仅能分析形貌特征,也可以用来显示原子序数衬度,定性进行成分分析;二次电子能有效地显示试样表面的微观形貌;俄歇电子信号适用于表层化学成分分析。

总而言之,SEM 就是利用电子和物质的相互作用,获取被测样品本身的各种物理、化学性质的信息,如形貌、组成、晶体结构、电子结构和内部电场或磁场等的一种手段。

2. 样品制备方法

（1）粉末样品

对粉末状的填料样品,需要在样品台上先粘上双面导电胶带,然后将粉末样品撒在胶面上,再用洗耳球将没有粘牢固的粉末吹干净。

（2）纤维样品

对于纤维样品,可以单丝并排放置,两端用透明胶带固定,边缘再用导电胶粘住,使样品和样品台二者导通。难以单根并排放置的纤维也应尽量减少重叠。欲观察纤维断裂部位,可将断裂纤维用针穿入软木塞中,露出所要观察的断面,再用刀片切去不要的软木塞,并用导电胶粘于样品台上。

（3）橡胶表面

对于橡胶的断裂面、磨耗表面和龟裂表面等样品可直接用导电胶粘在样品台上。

需要指出的是,对于橡胶、塑料和纤维等非导电高分子材料,由于表面荷电现象会破坏对图像的观察和聚焦。因此,这类材料在放入扫描电镜之前,需用真空喷涂仪或离子溅射仪在试样表面上蒸涂一层导电碳膜或重金属膜。这不仅可消除试样的荷电现象,还可增加试样表面的导热性,减少电子束对试样的损伤,提高二次电子发射率,改进图像质量。

3. 在橡胶工业中的应用

（1）填料的分散程度

采用 SEM 可以很容易观察到填料在橡胶中的分散状况。图 9-33 为炭黑-白炭黑双相粒子(CSDPF)在天然橡胶中的分散情况,从图中可以看出,CSDPF 均匀分散在橡胶基体中。

 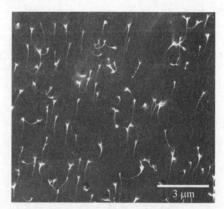

图 9-33　CSDPF/NR 硫化胶的脆断面 SEM 照片　　图 9-34　SWCNTs/PDMS 硫化胶断面 SEM 照片

（2）填料的取向

多维度填料的取向是橡胶补强的重要因素之一,也是引起橡胶件各向异性的重要原因。通过 SEM 观察硫化胶的断面,可以得到填料在橡胶中的取向信息。图 9-34 为单壁碳纳米管/PDMS硫化胶的断面 SEM 照片。从图中可以看出大部分碳管在橡胶中呈现出特定取向。

（3）橡胶的撕裂界面

撕裂是橡胶制品在外力的作用下，发生破损，失去使用寿命的现象。可以通过 SEM 观察橡胶撕裂的微观过程，分析填料等组分在橡胶撕裂过程中所起到的作用。如图9-35 所示，橡胶某些缺陷部位发生裂口，在应力作用下，裂口发生扩展，形成大量裂纹，其间裂纹的走向受到填料等因素的影响发生偏移（图 9-36），形成大量撕裂纹路。

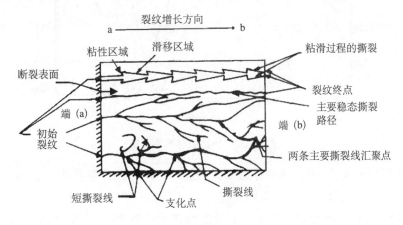

图 9-35　橡胶撕裂示意图

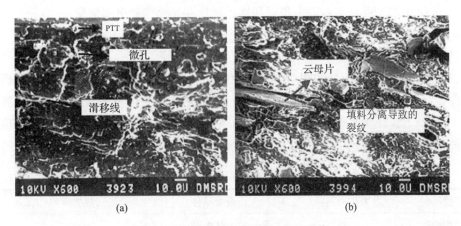

图 9-36　橡胶撕裂断面的 SEM 照片

9.4.6　热重分析仪（TG）

热重分析是指在程序控温条件下测量样品的质量与温度变化关系的一种热分析技术，可以用来研究材料的热稳定性和组分。

1. 基本原理

当被测样品在加热过程中升华、汽化、分解出气体或失去结晶水时，被测样品的质量就会发生变化，此时记录被测样品的质量随时间或温度的变化，即可得到热重曲线（TG

曲线)。一般 TG 曲线以失重百分比作纵坐标,从上向下表示质量减少;以温度(或时间)作横坐标,自左至右表示温度(或时间)增加,如图 9 - 37 所示。

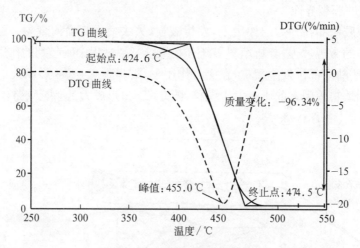

图 9 - 37　典型的热重曲线图

通过分析热重曲线,可以知道样品及其可能产生的中间产物的组成、热稳定性、热分解情况及生成的产物等与质量相关的信息。

在 TG 曲线的基础上,可以进一步对曲线进行一次微分计算,得到热重微分曲线(DTG 曲线),从曲线中可清楚显示出不同物质的最大热失重峰对应的最大热失重温度(如图 9 - 37 中的 455.0 ℃),进一步得到样品质量变化速率等更多信息。

2. 在橡胶工业中的应用

(1)胶种鉴定

根据胶料中各基本组分的相对热稳定性和挥发性,可以采用热重分析仪来分析橡胶的胶种。将 TG 进行微分,得到相应的 DTG 曲线,从曲线中可清楚显示出不同橡胶的最大热失重峰(T_{max})(共聚橡胶有多个 T_{max}),根据橡胶的特征 T_{max}(表 9 - 4),得到相应的橡胶胶种。

表 9 - 4　常用橡胶在 DTG 中的 T_{max}

橡胶品种	最大热失重峰(T_{max})	橡胶品种	最大热失重峰(T_{max})
天然橡胶	373 ℃	丁基橡胶	386 ℃
顺丁橡胶	460 ℃,372 ℃	溴化丁基橡胶	388 ℃,221 ℃
丁苯橡胶	429～445 ℃,372 ℃	三元乙丙橡胶	461 ℃
异戊二烯橡胶	373 ℃	氯丁橡胶	454～455 ℃,376～382 ℃,265～280 ℃
氯化丁基橡胶	388 ℃,245 ℃	氯磺化聚乙烯	465～479 ℃,335～345 ℃,210～220 ℃

(2)胶料的组成

采用热分析法,可以测定胶料中的有机成分、溶剂抽提物和炭黑等组分,其测试方法为:在氮气氛围下,以 10 ℃/min 的速率将质量为 m_0 的试样升温至 300 ℃,恒温 10 min,记下质量 m_1,接着以 20 ℃/min 的速率进一步将炉温升高至 550 ℃,恒温 15 min,记下质量 m_2,再将炉温以 20 ℃/min 的速率降温至 300 ℃,通入空气,使样品质量稳定后,重新以 20 ℃/min 的速率升温到 650 ℃,恒定 15 min,记下质量 m_3。根据下式分别计算胶料中的溶剂抽提物、橡胶总量以及炭黑等:

$$300 \text{℃前挥发性组分}(\%) = (m_0 - m_1)/m_0 \times 100 \tag{9-30}$$

$$\text{有机物总量}(\%) = (m_0 - m_2)/m_0 \times 100 \tag{9-31}$$

$$\text{炭黑含量}(\%) = (m_2 - m_3)/m_0 \times 100 \tag{9-32}$$

$$\text{灰分}(\%) = m_3/m_0 \times 100 \tag{9-33}$$

习 题

1. 请查找测试橡胶力学性能、硫化性能、密度、耐磨性能和疲劳性能等的国家标准,并了解测试方法。

2. 门尼粘度测试的原理是什么? 请举例分析门尼粘度曲线,并列出 1~2 个牌号的门尼粘度仪。

3. 硫化曲线测试的原理是什么? 如何分析硫化曲线? 列出 1~2 个牌号的硫化仪。

4. 举例说明傅里叶红外光谱(FTIR)在橡胶中的应用。

5. 拉曼光谱的测试原理是什么? 举例说明拉曼光谱在橡胶中的应用。

6. 举例说明液体核磁及固体核磁在橡胶研究中的应用。

7. 举例说明透射电子显微镜在橡胶研究中的应用。

8. 举例说明扫描电子显微镜在橡胶研究中的应用。

9. 举例说明热重分析在橡胶研究中的应用。

10. 橡胶材料的低温性能和玻璃化温度如何测试?

 知识拓展

高光谱反射测橡胶树叶片磷含量

橡胶树的茁壮生长是保证源源不断的、高品质天然橡胶生产的基础。磷是橡胶树生长的重要元素,也是诊断橡胶树营养状况的重要指标之一。因此,如何快速准确地测量橡胶树叶片中磷的含量(LPC),是橡胶种植中的关键。

近年来,中国热带农业科学研究所采用高光谱反射法,从数百或数千个高光谱波长中确定与橡胶树的叶片磷含量相关的、最为紧密且稳定的波段特征波长,提出了一种混合波段优选算法,即蒙特卡洛无效信息去除-连续投影算法,开发了稳健和准确的估计模型。

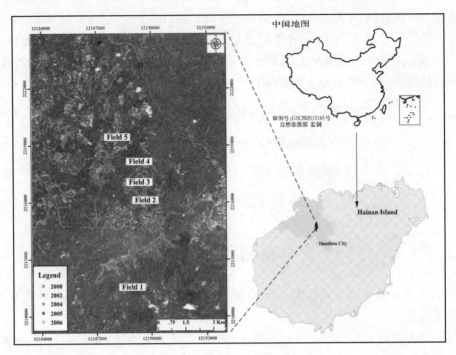

图 9-38　研究区域示意图

研究人员使用分析光谱装置——ASD 光谱辐射计,测量了 108 个叶片样品的光谱反射率。ASD 的光谱范围为 350~2 500 nm,采样间隔和光谱分辨率在 350~1 000 nm 分别为 1.4 nm 和 3 nm,在 1 000~2 500 nm 为 2 nm 和 10 nm。测量叶片样品的反射率时,将光纤连接到带有叶片夹的植物探针上,然后将每个样品的叶片依次放入叶片夹持器中,扫描每个叶片的两个位置(左中和右中),总共记录 6 个读数。最后,将每个复合样品的 60 个读数平均为一个反射率。在 1 nm 的分辨率下对测量值进行插值,最终得到 2 151 个波段的光谱。在测定光谱反射率后,将橡胶树叶片样品转移到实验室进行磷含量(%)测定。

将上述结果利用蒙特卡洛无效信息去除法选择与目标变量相关的变量。然后,应用连续投影算法从蒙特卡洛无效信息去除结果中获得共线性最小的变量。采用三种建模方法:偏最小二乘回归(PLSR)、多元线性回归(MLR)和人工神经网络(ANN)。使用 Kennard-Stone 算法(KS)分别从 2014 年和 2017 年收集的样本中选择 55 个和 23 个叶子样本,这些选定的样本被汇集起来用作校准数据集。其余 30 个样本(2014 年 20 个样本,2017 年 10 个样本)作为预测数据集。

图 9-40(a)为蒙特卡洛无效信息去除法计算的各波长的稳定性指标。虚线表示下限和上限临界值。稳定性指数介于两条虚线之间的波长被认为是无信息的变量,将被丢弃。然后保留 493 个波长(变量),如图 9-40(b)所示。进一步将连续投影算法应用到 493 个波长上,得到信息量最大的正交变量,最后确定 31 个波长(图 9-41)。

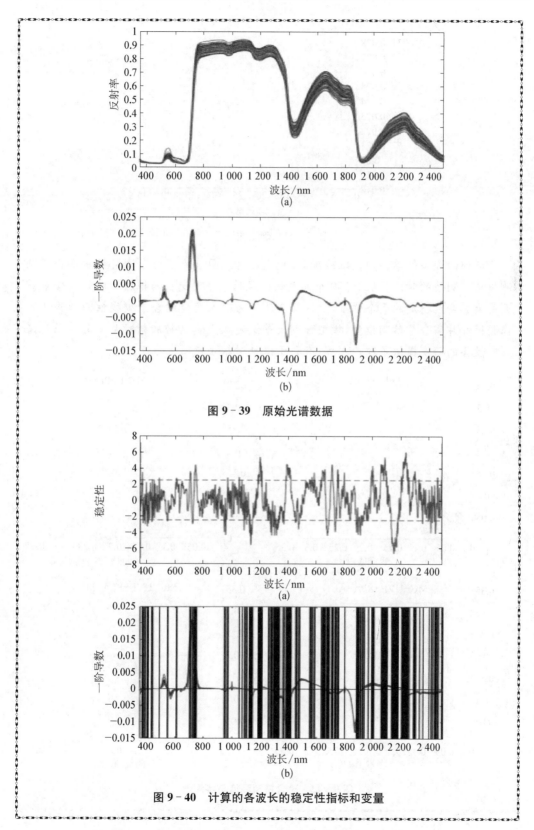

图 9 - 39 原始光谱数据

图 9 - 40 计算的各波长的稳定性指标和变量

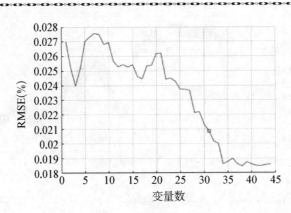

图 9 - 41　确定的波长

　　得到的模型简单、易用、准确度高、稳定性好。图 9 - 42 为预测数据集磷含量预测值与实测值的对比。从 2 150 个高光谱波段信息中筛选出与橡胶树叶片磷含量关系最为紧密且稳定的 7 个波段,以这 7 个波段为输入变量结合多重线性回归构建了橡胶树叶片磷含量估测模型,模型预测误差仅为 9.6%,为橡胶树叶片磷营养高光谱诊断设备的研发提供了理论支撑,有利于橡胶树养分精细化管理。

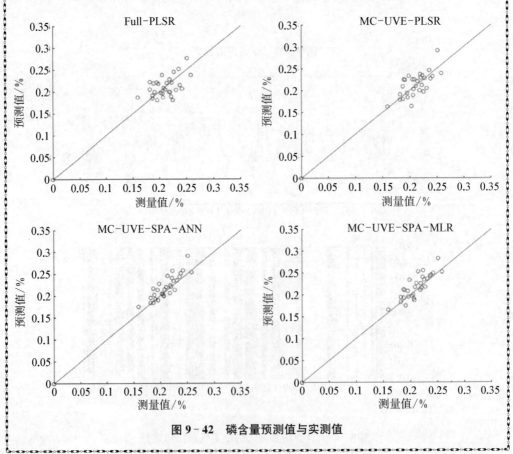

图 9 - 42　磷含量预测值与实测值

第 10 章　配方设计原理和方法

延伸阅读

每一种橡胶制品的胶料,都是由主体材料(橡胶和其他高分子材料)和各种配合剂,包括硫化剂、促进剂、防老剂、软化剂和补强填充剂等组成的多组分体系。每一组分都起着重要的作用。例如,硫化剂和促进剂可使线型橡胶大分子形成具有三维网状结构的高弹性硫化胶;防老剂能对硫化胶起防护作用,提高其耐老化性能;软化剂可使胶料具有必要的加工性能,改善耐寒性;补强填充剂也能改善胶料加工性能,并且使得胶料具有要求的力学性能,降低成本。根据产品的性能要求和工艺条件合理地选用橡胶基体材料和各种配合剂,确定各种橡胶基体材料和配合剂的种类、用量和配比关系,这就是配方设计。

10.1　概　论

橡胶配方设计是橡胶制品生产过程中的关键环节,它对制品的质量、加工性能和成本均有决定性影响。因此,配方设计的目的不仅是研究原材料的配比组合,更重要的是了解原材料的基本性质、各种配合体系对橡胶性能的影响,以及与工艺性能的关系,进而确定结构与性能之间的关系,最终制成物美价廉的橡胶产品。

在进行配方设计时,应遵循以下几点要求:

(1) 首先要了解对制品性能的要求、使用条件等情况,熟悉各种原材料对胶料性能的贡献,及对加工性能的影响。

(2) 其次要抓住制品的主要性能要求,并兼顾其他性能,以此进行综合考虑。

(3) 确保胶料和制品在加工过程中具有好的工艺性能,以适应生产设备条件。

(4) 在确保胶料性能和加工工艺的情况下,尽可能选用成本低的原材料,降低成本,获得最大的经济效益。

(5) 所选用的原材料必须容易得到,并且一种胶料中的组分应尽量少,为大生产的管理带来方便。

(6) 对造成环境污染或有毒的原料,不应采用。对只有通过某种不安全的工艺才能进行加工的配方不应采用。

配方设计工作是一项非常重要的工作,但目前尚不能用理论计算的方法确定各种原材料的配比,也不能确切地推导出配方和物理性能之间的定量关系,在一定程度上仍依赖于长期积累的经验。要做好配方设计,必须运用各相关学科的先进技术和理论,建立起聚合物结构与配方性能之间的有效关系,使配方设计工作彻底从凭经验工作的落后状态中摆脱出来。

10.2　配方设计原理

橡胶配方设计的原理就是通过掌握各种原材料的性能和配合特点,明确各种配合体系与橡胶加工性能和物理机械性能之间的关系,从而设计出符合性能要求的橡胶配方。

10.2.1　配合体系对工艺性能的影响

1. 橡胶基体对工艺性能的影响

工艺性能通常是指生胶或混炼胶(胶料)硫化前在工艺设备上可加工性的综合性能。工艺性能的好坏不仅影响生产效率、产品合格率和能耗等一系列与产品成本有关的要素,而且影响着最终的产品性能。橡胶基体主要是橡胶结构,包括分子量及分布、分子间作用力、微观结构以及分子链结构所致的结晶,都对胶料的加工性能有显著的影响。

(1) 黏度(可塑度)

生胶和胶料的黏度,通常以门尼粘度表示,合适的黏度是保证混炼、压出、压延、模压和注压等工艺的基本条件。胶料的黏度过小,混炼加工时所受的剪切力不够,配合剂难以分散均匀,压延、压出时容易粘到设备的工作部件上;而黏度过大的胶料,在模压或注压过程中,充模时间长,容易导致制品外观缺陷。

生胶的黏度主要取决于橡胶的分子量和分子量分布。分子量越大,分子量分布越窄,则橡胶的黏度越大。生胶的黏度可通过塑炼使其降低。目前大多数橡胶特别是合成橡胶,都可以通过在合成过程中控制分子量和分子量分布,得到门尼粘度范围较宽的生胶。因此,加工厂可以根据不同的要求,选择具有一定门尼粘度的生胶。各种橡胶的门尼粘度范围见表 10-1。大多数合成橡胶和 SMR 系列的天然橡胶的门尼粘度在 50~60。这些门尼粘度适当的生胶,不需经过塑炼加工即可直接混炼。而对于门尼粘度较高的天然橡胶(如烟片、绉片和颗粒天然胶)以及高门尼粘度的合成胶,需要进行塑炼,有时需进行二段或三段塑炼,使其门尼粘度值降低至 60 以下,才能进行混炼。

表 10-1　各种橡胶的门尼粘度范围

胶　种	门尼粘度 $ML_{1+4}^{100℃}$	胶　种	门尼粘度 $ML_{1+4}^{100℃}$
NR(颗粒胶)	66~70	CR(W)型	36~130
NR(烟片胶)	74~80	CR(G 型)	40~80
SMR(恒黏度)	45~75	NBR	30~119
SMR(低黏度)	40~70	IIR	41~80
SBR(国产)	42~58	CHR	41~59
SBR(国外)	45~125	BrHR	32~53
充油 SBR	23.5~58	FKM	30~180
溶聚 SBR	32~90	CO	60~85

（续表）

胶　　种	门尼粘度 $ML_{1+4}^{100℃}$	胶　　种	门尼粘度 $ML_{1+4}^{100℃}$
BR(国外)	25～85	ECO	55～130
BR(国产)	38～45	ACM	38～45
IR	30～85	CSM	28～78
EPDM	10～110	CPE	25～130

（2）包辊性

胶料的包辊性是橡胶在开炼机上实现混炼和压延操作的重要保证。一般情况下，橡胶分子量增加，胶料的包辊性提高；分子量分布宽则对胶料的包辊性有利；具有自补强的橡胶，如 NR 和 CR，包辊性较好。在合成橡胶中，随支化度增加，凝胶含量增大，会降低胶料的包辊性。

（3）压出

压出是橡胶加工中的基本工艺过程之一，降低压出变形、减少压出半成品的尺寸变化，是压出过程中的重要目标之一。

分子量大的橡胶，其黏度大，流动过程中产生的弹性形变需要的松弛时间也长，因此压出变形大；反之，分子量小，压出变形小。分子量分布宽，压出变形大。

分子链柔性大而分子间的作用力小的橡胶，其黏度小、松弛时间短，压出变形小，反之压出变形大。例如天然橡胶的压出变形小于丁苯橡胶、氯丁橡胶和丁腈橡胶，这是因为丁苯橡胶有庞大侧基，空间位阻大，分子链柔顺性差，松弛时间较长；氯丁橡胶、丁腈橡胶的分子间作用力大，分子链段的内旋转较困难，松弛时间比天然橡胶长，所以压出变形比天然橡胶大，压出半成品表面比天然橡胶粗糙。

支化度高，特别是长支链的支化度高时，易发生分子链缠结，从而增加了分子间的作用力，导致松弛时间延长，压出变形增大。

（4）压延

压延在橡胶加工中是技术要求较高的工艺过程，供压延作业的胶料应同时满足以下4 个要求：① 具有适宜的包辊性；② 具有良好的流动性；③ 具有足够的抗焦烧性；④ 具有较低的收缩率。因此在设计压延胶料配方时，应在包辊性、流动性和收缩性三者之间取得相应的平衡。

压延胶料的生胶，必须具有较低的门尼粘度值，以保证良好的流动性。通常胶料的门尼粘度应控制在 60 以下，其中压片胶料为 50～60，贴胶胶料为 40～50，擦胶胶料为30～40。

（5）自粘性

所谓自粘性，是指同种胶料两表面之间的粘合性能。一般说来，链段的活动能力越大，扩散越容易进行，自粘强度越大，例如，含有双键的不饱和橡胶比饱和橡胶更容易扩散，因此自粘强度大。当分子链上有庞大侧基时，阻碍分子热运动，其分子扩散过程缓慢，自粘强度小。分子链上含有极性侧基时，分子间的相互作用力大，分子难于扩散，因此自粘强度小。此外，结晶性会降低胶料的自粘性能，例如，结晶性好的乙丙橡胶缺乏自粘性，而无定型无规共聚的乙丙橡胶却显示出良好的自粘性。

(6) 喷霜

喷霜是指胶料中的液体或固体配合剂由内部迁移到胶料表面的现象。常见的喷霜形式大体上有三种,即"喷粉""喷油"和"喷蜡"。喷粉是胶料中的硫化剂、促进剂、活性剂、防老剂和填充剂等粉状配合剂析出胶料(或硫化胶)表面,形成一层类似霜状的粉层;喷蜡是胶料中的蜡类助剂析出表面形成一层蜡膜;喷油是胶料中的软化剂、润滑剂和增塑剂等液态配合剂析出表面,而形成一层油状物。

喷霜的主要原因是:① 某些溶解性的配合剂在橡胶中的溶解度较小,以至于在胶料中发生过饱和;② 无溶解性的配合剂如某些填料,与橡胶不相容,从而造成这些配合剂由胶料内部向表面层迁移析出/喷出。造成配合剂在胶料中呈现过饱和状态的主要原因是配方设计不当,即在特定的橡胶基体中,某些配合剂的用量超过其最大用量。因此,在配方设计中,应当根据橡胶基体的不同,选择合适的配合剂用量,避免出现喷霜的现象。

(7) 焦烧性

在设计胶料配方时,必须保证在加工温度下焦烧时间最长,以便于各种工段的操作。胶料的焦烧性通常用 120 ℃时的门尼焦烧时间 t_5 表示。胶料的焦烧倾向性与橡胶的不饱和度有关,不饱和度高的橡胶,容易产生焦烧,如异戊橡胶;不饱和度低的橡胶,焦烧倾向较小,如丁基橡胶。

(8) 抗返原性

所谓返原性,是指胶料在 140～150 ℃长时间硫化或在高温(超过 160 ℃)硫化条件下,硫化胶性能出现下降的现象。从硫化曲线上看,达到最大转矩后,随硫化时间延长,转矩逐渐下降。从橡胶的结构上来看,引起硫化返原是因为在高温和长时间硫化温度下,橡胶大分子发生裂解。不饱和度越高的橡胶,在高温度下越容易发生裂解,返原程度越高,如图 10-1 所示。

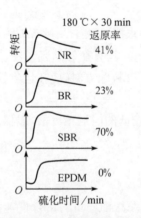

图 10-1 不同橡胶在 180 ℃正硫化 30 min 后的返原率

为了减少和消除返原现象,应选择不饱和度低的橡胶。此外,由于各种橡胶的耐热性、抗返原性不同,因此各种橡胶在高温短时间内的极限硫化温度也不同,见表 10-2。

表 10-2　在连续硫化中各种橡胶的极限硫化温度

胶　种	极限硫化温度/℃	胶　种	极限硫化温度/℃
NR	240	CR	260
SBR	300	EPDM	300
充油 SBR	250	IIR	300
NBR	300		

综上可见,天然橡胶最容易发生硫化返原,所以在天然橡胶为基础的胶料配方设计时,特别是在高温硫化条件下,更要慎重考虑返原性问题。

2. 补强填充体系对工艺性能的影响

补强填充体系是胶料的重要组成部分,不仅能够对胶料进行补强,得到具有良好力学性能的制品,还能降低成本,改善胶料的加工性能。

(1) 黏度(可塑度)

填充剂的性质和用量对胶料黏度的影响很大。以炭黑为例,随炭黑粒径减小,结构度和用量增加,胶料的黏度增大。其中粒径对胶料黏度的影响较大,如图 10-2。

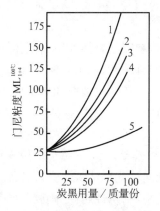

1—SAF;2—ISAF;3—HAF;4—FFF;5—MT。

图 10-2　不同炭黑对 SBR 胶料门尼粘度的影响

当胶料中炭黑用量超过 50 质量份时,炭黑结构性的影响就显著起来。但是,在高剪切速率工艺条件下,炭黑的类型对胶料黏度的影响大为减小。另外,提高炭黑分散程度(延长混炼时间),也可使胶料黏度降低。

有研究表明,在乙丙橡胶中,炭黑品种和用量对其黏度的影响较小。当使用门尼粘度较低(30~60)的三元乙丙橡胶时,炭黑的用量可在 80 质量份以上;而当使用门尼粘度较高的三元乙丙橡胶时,炭黑的用量可增加 0.5~1 倍。

(2) 包辊性

大多数合成橡胶的生胶强度很低,对包辊性不利。往胶料中添加活性高和结构性高的补强填料,能够改善胶料的包辊性,如炭黑、白炭黑、硬质陶土、碳酸镁和碳酸钙等。而氧化锌、硫酸钡和钛白粉等非补强性填料会降低混炼胶强度,对包辊性不利;胶料中加入滑石粉,会使脱辊倾向加剧。

（3）压出

生胶含量大，则弹性形变大，压出变形也大。一般含胶率在95％以上时，很难压出。通过加入填充剂，可以降低含胶率，减少胶料的弹性形变，从而使压出变形降低。一般说来，随填充剂用量的增加，胶料的压出变形减小，并且其用量应不低于一定的数量，如丁基橡胶胶料的炭黑用量应不少于40质量份，或无机填料的用量不应少于60质量份。但是当高结构或活性炭黑的用量过多时，会给胶料的压出带来困难。当含胶率在25％以下，需要选择适当的软化剂品种和用量，否则也不易压出。因此压出胶料的含胶率宜在30％～50％。

（4）压延

在压延胶料中加入补强性填充剂能提高胶料强度，改善其包辊性，并可以减少其收缩率。不同填料的影响程度也不同，一般结构性高、粒径小的填料，其胶料的压延收缩率小。

不同类型的压延对填料的品种及用量有不同的要求。例如压型时，要求填料用量大，以保证花纹清晰；厚擦胶时使用软质炭黑、软质陶土之类的填料较好，而薄擦胶时以硬质炭黑、硬质陶土、碳酸钙等较好。为了消除压延效应，压延胶料中尽可能不用各向异性的填料（如碳酸镁和滑石粉）。

（5）自粘性

无机填料对胶料自粘性的影响依其补强性质而变化，补强性好的，自粘性也好。各种无机填料填充的天然橡胶胶料的自粘性，依下列顺序递减：白炭黑＞氧化镁＞氧化锌＞陶土。炭黑可以提高胶料的自粘性。在天然橡胶和顺丁橡胶胶料中，随炭黑用量增加，胶料的自粘强度提高，并出现最大值。

（6）焦烧性

填料的酸碱性会影响胶料的焦烧时间。对于炭黑来说，pH越大，碱性越大，胶料越容易焦烧，如炉法炭黑的焦烧倾向性比槽法炭黑大。此外，炭黑的粒径和结构性也会影响胶料的焦烧时间，炭黑的粒径越小，结构性越高，则胶料的焦烧时间越短。

有些无机填料（如陶土）对促进剂有吸附作用，会迟延硫化。表面带有—OH基团的填料，如白炭黑表面含有相当数量的—OH，会使胶料的焦烧时间延长。

3. 软化体系对工艺性能的影响

（1）黏度（可塑度）

软化剂（增塑剂）是影响胶料黏度的主要因素之一，它能显著地降低胶料黏度，改善胶料的工艺性能。

不同类型的软化剂，对各种橡胶胶料黏度的影响也不同。为了降低胶料黏度，在天然橡胶、异戊橡胶、顺丁橡胶、丁苯橡胶、三元乙丙橡胶和丁基橡胶等非极性橡胶中，添加石油基类软化剂较好，而对丁腈橡胶、氯丁橡胶等极性橡胶，则常采用酯类增塑剂，特别是以邻苯二甲酸酯和癸二酸酯的酯类增塑剂较好。在要求阻燃的氯丁橡胶胶料中，还经常使用液体氯化石蜡。采用液体橡胶如低分子量聚丁二烯、液体丁腈橡胶等，也可达到降低胶料黏度的目的。

在异戊橡胶、丁苯橡胶、丁腈橡胶、三元乙丙橡胶和二元乙丙橡胶中，使用不饱和丙烯酸酯齐聚物作临时增塑剂,不仅能够降低胶料的黏度,而且硫化后能够在硫化胶中形成网络结构,提高硫化胶的硬度。

（2）包辊性

硬脂酸、硬脂酸盐、蜡类、石油基类软化剂和油膏等软化剂,容易使胶料脱辊。相反,有些软化剂和助剂可以提高胶料的粘着性,如高芳烃操作油、松焦油、古马隆树脂和烷基酚醛树脂等可以提高胶料的包辊性。

（3）压出

压出胶料中加入适量的软化剂,可降低胶料的压出变形,使压出半成品规格精确。但软化剂用量过大或添加黏性较大的软化剂时,会降低压出速度。对于那些需要和其他材料粘合的压出半成品,要尽量避免使用易喷出的软化剂。

（4）压延

胶料加入软化剂可以使胶料流动性增加、收缩率减小。软化剂的选用应根据压延胶料的具体要求而定。例如,当要求压延胶料有一定的挺性时,应选用油膏、古马隆树脂等黏度较大的软化剂;对于贴胶或擦胶,因要求胶料流动性好,能渗透到帘线之间,则应选用增塑作用大、黏度较小的软化剂,如石油基油、松焦油等。

（5）自粘性

软化剂虽然能降低胶料黏度,有利于橡胶分子扩散,但它对胶料有稀释作用,使胶料强度降低,降低胶料的自粘力。随着软化剂用量增加,胶料的自粘力下降。可以通过使用增粘剂提高胶料的自粘性。常用增粘剂有松香、松焦油、妥尔油、萜烯树脂、古马隆树脂、石油树脂和烷基酚醛树脂等,其中以烷基酚醛树脂的增粘效果最好。

（6）焦烧性

胶料中加入的软化剂一般都有延迟焦烧的作用,其影响程度视胶种和软化剂的品种而定。例如在三元乙丙橡胶胶料中,使用芳烃油的耐焦烧性,不如石蜡油和环烷油。在金属氧化物硫化的氯丁橡胶胶料中,加入 20 质量份氯化石蜡或癸二酸二丁酯时,其焦烧时间可增加 1～2 倍,而在丁腈橡胶胶料中,只增加 20%～30%。

4. 硫化及防护体系对工艺性能的影响

硫化及防护体系,主要是针对胶料的后续加工过程中,由于胶料内生热以及其他原因所引起胶料的焦烧问题,以及由焦烧所导致的半成品加工不良等现象。

（1）压延

压延胶料一般情况下需要经过多次的热炼、薄通以及高温压延等操作,因此,对于压延胶料,硫化体系的选择应保证胶料有足够的焦烧时间,能在长时间、高温度压延操作下,不产生焦烧现象。通常压延胶料 120 ℃的焦烧时间,应在 20～35 min。而对于防护体系,应考虑胶料在压延操作下,不会发生老化。

（2）自粘性

容易喷霜的配合剂,如硫化体系中的促进剂 TMTD 和硫黄、防老体系中的石蜡等,应尽量少用,以免造成喷霜,污染胶料表面,降低胶料的自粘性。另外,对含有二硫代氨基甲酸盐类、秋兰姆类等容易引起焦烧的硫化体系要严格控制,使其在自粘成型前不产生焦烧,避免自粘性下降。

（3）焦烧性

为保证胶料的加工安全性,在硫化体系的选用上,应尽量选用迟效性或临界温度较高的促进剂。因此,在选择促进剂时,应首先考虑促进剂本身的焦烧性能,选择那些结构中含有防焦官能团（如 —SN— 、 NN 和—SS—）、辅助防焦基团（如羰基、羧基、磺酰基、磷酰基、硫代磷酰基和苯并噻唑基）的促进剂。各种促进剂的焦烧时间依下列顺序递增:ZDC<TMTD<M<DM<CZ<NS<NOBS<DZ。单独使用次磺酰胺类促进剂时,其用量约为 0.7 质量份左右。为了保证最适宜的硫化性质,一般采用几种类型促进剂并用的体系,其中一些用于促进硫化,另一些则用于保证胶料的加工安全性。表 10-3 列出了几种抗焦烧性能较好的促进剂并用体系的用量范围。

表 10-3　促进剂并用体系用量范围

促进剂	用　量	硫黄用量
CZ(NS)(NOBS)/D(H)	0.6~1.2/0.3~0.5	1.5~2.0
CZ(NS)(NOBS)/TMTD(PZ)	0.6~1.2/0.3~0.5	1.5~2.0
DM/D(H)	1.25~1.5/0.5~1.0	1.5~2.0
DM/TMTD(PZ)	1.25~1.5/0.2~0.6	1.5~2.0

用有机过氧化物硫化的胶料,一般诱导期较长,抗焦烧性能较好。

在氯丁橡胶胶料中,增加氧化镁用量,而减少氧化锌用量,可降低硫化速度,延长焦烧时间。当然,促进剂 NA-22 的用量也是影响氯丁橡胶焦烧性的重要因素。

在含有 TMTD 和氧化锌的氯化丁基橡胶胶料中,加入氧化镁和促进剂 DM 均可延长胶料的焦烧时间。

除了通过调整促进剂种类及含量外,还可通过加入防焦剂来提高胶料的加工安全性。防焦剂是提高胶料抗焦烧性的专用助剂,它可提高胶料在贮存和加工过程中的安全性,如防焦剂 PVI,也称 CTP(N-环己基硫代邻苯二甲酰亚胺),不仅可以提高混炼温度,改善胶料加工和贮存的稳定性,还可使已焦烧的胶料恢复部分塑性。此外,PVI 不仅能延长焦烧时间,而且不降低正硫化阶段的硫化速度,其效果随用量增加而增加。例如,PVI 在天然橡胶胶料中的防焦效果见表 10-4。

表 10-4　PVI 在 NR 胶料中的防焦效果

PVI用量/质量份	t_5(120 ℃)/min	t_5(135 ℃)/min	硫化仪(180 ℃)	
			t_{10}/min	t_{95}/min
0	28.3	8.6	0.95	1.90
0.2	50.0	16.1	1.20	2.40
0.4	74.5	23.0	1.15	2.50

由表 10-4 可见,添加少量 PVI 即可获得明显的防焦效果,其最佳用量应在 0.2~0.3质量份,一般不多于 0.3 质量份。

防护体系对胶料的抗焦烧性也有影响,不同防老剂的影响程度也不同,如防老剂 RD 对胶料焦烧时间的延长,比防老剂 D 和 4010NA 显著。

(4) 抗返原性

硫化体系是影响天然橡胶硫化返原的主要因素。不同硫化体系对天然橡胶 180 ℃的硫化曲线如图 10-3 所示。

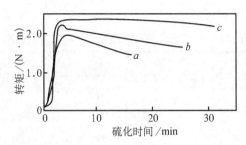

a—传统硫化体系(CV):S 2.5 质量份,CZ 0.6 质量份;

b—半有效硫化体系(SEV):S 1.2 质量份,CZ 1.8 质量份;

c—有效硫化体系(EV):S 0.3 质量份,TMTD 2.0 质量份,CZ 1.0 质量份。

图 10-3　不同硫化体系对 NR(180 ℃)硫化曲线的影响

由图 10-3 可见,传统硫化体系的 NR 胶料的返原性最为严重,半有效硫化体系的返原性也比较明显,而有效硫化体系则基本上无返原现象(在 180 ℃×30 min 条件下)。因此,各种硫化体系抗返原性的顺序是:可溶性有效硫化体系>有效硫化体系>半有效硫化体系>传统硫化体系。

为了提高天然橡胶和异戊橡胶的抗返原性,最好减少硫黄用量,用 DTDM(N, N′-二硫代吗啉)代替部分硫黄。

对于异戊橡胶来说,采用如下硫化体系:S(0~0.5 质量份)、DTDM(0.5~1.5 质量份)、CZ 或 NOBS(1~2 质量份)、TMTD(0.5~1.5 质量份),可保证其在 170~180 ℃下的返原性比较小。

丁基橡胶胶料使用 S/M/TMTD 或 S/DM/ZDC 作为硫化体系时,在 180 ℃下产生强烈返原。如果采用树脂或 TMTD/DTDM 作硫化体系,则无返原现象。

丁苯橡胶、丁腈橡胶和三元乙丙橡胶等合成橡胶的硫化体系,对硫化温度不像天然橡胶那样敏感。但硫化温度超过 180 ℃时,会导致其硫化胶性能恶化,因此高温下(180 ℃以上)硫化这些橡胶时,其配方必须加以调整。

当天然橡胶和顺丁橡胶、丁苯橡胶并用时,可减少其返原程度。为了保持并用胶料在高温硫化时交联密度不变,减少其不稳定交联键的数目,提高抗返原性,可采用保持硫化剂恒定不变,增加促进剂用量的方法。

10.2.2　配合体系与物理机械性能的关系

实践表明,硫化橡胶中的各个配合体系,包括橡胶基体、补强填充体系和硫化体系等,都对硫化橡胶的各种物理机械性能,包括硬度、定伸模量、拉伸强度、断裂伸长率和撕裂强度等,起到重要的影响。

1. 橡胶基体对机械性能的影响

（1）硬度和定伸应力

各种因素，包括橡胶基体对硬度和定伸应力的影响变化规律基本上一致，两者的相关性较好，因此将这两者放在一起讨论。下面主要针对定伸应力进行讨论。

橡胶分子量越大，定伸应力也越大；随着分子量分布的加宽，硫化胶的定伸应力下降，如表 10-5 所示。

表 10-5　分子量分布对定伸应力和硬度的影响

$\overline{M_w}/\overline{M_n}$	300%定伸应力/MPa	硬度（邵尔 A）/度	$\overline{M_w}/\overline{M_n}$	300%定伸应力/MPa	硬度（邵尔 A）/度
2.57	82	67	3.89	70	62
3.00	79	65	4.34	68	60
3.47	76	—	4.77	65	59

橡胶分子链中的侧基对硫化胶的定伸应力也有影响。当橡胶大分子主链上带有极性原子或极性基团，如氯丁橡胶、丁腈橡胶和聚氨酯橡胶等，其硫化胶的定伸应力较高。此外，结晶型的橡胶（如天然橡胶）比非结晶型的橡胶具有更高的定伸应力。

（2）拉伸强度

橡胶分子量对拉伸强度的影响有一定的限度。一般随着分子量增加，拉伸强度增大。但是当分子量超过某个值时（临界值 M_{KP}），拉伸强度与分子量的大小无关。为保证具有较高的拉伸强度，生胶的分子量应大于其临界值。根据实际应用结果，建议采用分子量为 $(3.0\sim3.5)\times10^5$ 的生胶。对于分子量分布（$\overline{M_w}/\overline{M_n}$），主要是考虑低聚物部分的影响。一般情况下，分子量分布宽，低聚物部分含量大，强度降低。但是当低聚物部分的分子量都大于其临界值时，则分子量分布对拉伸强度的影响就较小。因此，分子量相同时，分子量分布较窄的拉伸强度的提高程度比分子量分布宽的大。建议采用 $\overline{M_w}/\overline{M_n}$ 为 2.5~3 的生胶。

相同链节分布的有规程度提高，橡胶的内聚力提高，拉伸强度也随之提高。在二烯类橡胶中，特别是顺丁橡胶，随1,4链节含量增加，拉伸强度提高。此外，合成橡胶在聚合过程中会产生支化和凝胶，使得橡胶大分子排列不规整，拉伸强度降低。

橡胶的分子链规整程度高，容易结晶，当结晶发生后，分子链排列紧密有序，孔隙率低，微观缺陷少，分子链间的作用力增强，因此拉伸强度提高。一般情况下，随着结晶度的提高，橡胶的拉伸强度增大。

除此之外，橡胶分子链的取向也会对拉伸强度造成影响。当橡胶分子链取向后，与分子链平行方向的拉伸强度增大，而与分子链垂直方向的强度下降。不仅如此，在拉伸条件下，某些橡胶（如天然橡胶和氯丁橡胶）的大分子链沿应力方向取向，诱导形成了结晶，也能提高拉伸强度。

当主链上含有极性取代基时，橡胶分子链间相互作用大大提高，拉伸强度也随之提高。例如，氯丁橡胶（CR）和氯磺化聚乙烯橡胶（CSM）均有较高的拉伸强度。丁腈橡胶含有极性取代基丙烯腈，随着丙烯腈含量增加，拉伸强度也随之增大。表 10-6 列出了各种常用橡胶的拉伸强度。

表 10-6　各种橡胶的拉伸强度（MPa）

胶　种	未填充硫化胶	填充硫化胶	胶　种	未填充硫化胶	填充硫化胶
天然橡胶（NR）	20～30	15～35	三元乙丙橡胶（EPDM）	2～7	10～25
异戊二烯橡胶（IR）	20～30	15～35	氯磺化聚乙烯（CSM）	4～10	10～24
顺丁橡胶（BR）	2～8	10～20	丙烯酸酯橡胶（ACM）	2～4	8～15
丁苯橡胶（SBR）	2～6	10～25	氟橡胶（FKM）	3～7	10～25
丁腈橡胶（NBR）	3～7	10～30	硅橡胶（Q）	～1	4～12
氯醇橡胶（CO）	2～3	10～30	聚氨酯橡胶（PUR）	20～50	20～60
氯丁橡胶（CR）	10～30	10～30	SBS 热塑性弹性体	—	11～35
丁基橡胶（IIR）	8～20	8～23	聚酯型热塑性弹性体	—	35～45

（3）断裂伸长率

断裂伸长率与拉伸强度密切相关，高的拉伸强度是实现高断裂伸长率的必要条件。橡胶的分子链柔顺性好，弹性变形能力大，断裂伸长率就高。比如天然橡胶，其分子链柔顺性好，断裂伸长率大，并且当配方的含胶率增加，断裂伸长率增大。另外，在形变后易产生塑性流动的橡胶，也会有较高的断裂伸长率，如丁基橡胶。

（4）撕裂强度

橡胶基体对胶料撕裂强度的影响跟对拉伸强度的影响相似，都是随着橡胶分子量的增加，撕裂强度增大；而当分子量增高到一定程度时，撕裂强度不再增大，逐渐趋于平衡。此外，分子链的结晶也会导致橡胶撕裂强度的提高，例如，在撕裂过程中，结晶型橡胶在撕裂点沿着应力方向形成了诱导结晶，结晶垂直于撕裂扩展方向，使得橡胶撕裂过程得到减缓，提高撕裂强度，如表 10-7。但是高温下，除天然橡胶外，其他橡胶的撕裂强度明显降低。

表 10-7　各种橡胶的撕裂强度（kN/m）

橡胶类型	纯胶胶料				炭黑胶料			
	20 ℃	50 ℃	70 ℃	100 ℃	25 ℃	30 ℃	70 ℃	100 ℃
NR	51	57	56	43	115	90	76	61
CR（GN 型）	44	18	8	4	77	75	48	30
IIR	22	4	4	2	70	67	67	59
SBR	5	6	5	4	39	43	47	27

（5）回弹性

对于回弹性，橡胶分子量越大，分子量分布（$\overline{M_w}/\overline{M_n}$）越窄，分子链的柔顺性越大，则弹性越高。而当分子链的规整度高时，易产生拉伸结晶，增加了分子链运动的阻力，则弹性降低（如天然橡胶）；当分子链含有较大的侧基，或者含有极性基团时，由于存在空间位阻效应，或是强的分子间作用力，阻碍了分子链的运动，同样会降低橡胶的弹性。因此在通用橡胶中,顺丁橡胶、天然橡胶的弹性最好;丁苯橡胶和丁基橡胶,则由于空间位阻效应大,故弹性较差;丁腈橡胶、氯丁橡胶等极性橡胶,分子间作用力较大,弹性降低。以各种橡胶为基础的硫化胶的回弹性见表10-8。

表 10-8 以各种橡胶为基础的硫化胶的回弹性(%)

胶 种	未填充硫化胶		填充硫化胶	
	20 ℃	100 ℃	20 ℃	100 ℃
NR	62～75	67～82	40～60	45～70
BR	65～78	—	44～58	44～62
SBR	56	68	38	50
NBR-18	60～65	—	38～44	60～53
NBR-26	50～55	—	28～33	50～53
NBR-40	25～30	—	14～16	40～42
CR	40～42	60～70	32～40	51～58
均聚 CO	—	—	11～16	34～36
共聚 CO	—	—	26～27	42～43
EPDM	56～66	58～68	40～54	45～64
IIR	8～11	—	8～11	34～40
ACM	5～10	27～45	5～10	27～45
FKM	—	—	5～10	—
Q	—	—	20～50	25～50

(6)耐疲劳与耐疲劳破坏

耐疲劳性是以能够持久地保持原设计物理性能为目的,即硫化胶保持原有设计的物理性能的能力。对橡胶基体而言,分子链上含有极性基团、庞大基团或侧基的橡胶耐疲劳性较差;此外,结构序列规整、容易取向和结晶的橡胶,耐疲劳性也较差。玻璃化温度低的橡胶耐疲劳性较好。

耐疲劳破坏性,则是一个以赋予制品耐持久使用性能为目标的设计概念,涉及制品的使用寿命长短问题,应归结为橡胶的破坏现象。因此,橡胶基体对耐疲劳破坏性的影响还必须考虑实际的应用条件,例如在低应变疲劳条件下,橡胶的玻璃化温度越高,耐疲劳破坏性越好;而在高应变疲劳条件下,具有拉伸结晶性的橡胶耐疲劳破坏性较好。

通过不同橡胶的并用可提高硫化胶的耐疲劳破坏性。例如天然橡胶和丁苯橡胶并用、天然橡胶和顺丁橡胶并用、丁苯橡胶和顺丁橡胶并用以及天然橡胶、丁苯橡胶和顺丁橡胶三胶并用等,均可提高并用硫化胶的耐疲劳破坏性。

(7)耐磨耗性

耐磨耗性表征的是橡胶抵抗摩擦力作用下因表面破坏而使材料损耗的能力,与橡胶制品使用寿命密切相关。一般情况下,硫化胶耐磨耗性与橡胶分子链的柔顺性有关,柔顺性越好,即橡胶的玻璃化温度(T_g)越低,硫化胶的耐磨耗性越好,见图 10 - 4。

因此,在通用的二烯类橡胶中,硫化胶的耐磨耗性能按下列顺序递减:顺丁橡胶＞天然橡胶＞异戊橡胶。顺丁橡胶的耐磨耗性较好,主要原因是它的分子链柔顺性好、弹性高、玻璃化温度较低(－95～－105 ℃)。

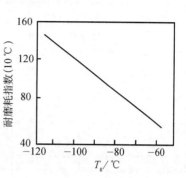

图 10 - 4 耐磨耗指数与 T_g 的关系

但是丁苯橡胶却是个例外,尽管其玻璃化温度(T_g=－57 ℃)比天然橡胶高,但其耐磨耗性却优于天然橡胶,并且在其苯乙烯的量为 23.5％时,硫化胶耐磨耗性达到最佳。随分子量的增加,丁苯橡胶的耐磨耗性提高。

乙丙橡胶的耐磨性和丁苯橡胶相当,随生胶门尼粘度的提高,耐磨耗性也随之提高。三元乙丙橡胶的耐磨性则与第三单体有关,第三单体为己 - 1,4 - 二烯的三元乙丙橡胶,耐磨性比亚乙基降冰片烯和双环戊二烯为第三单体的三元乙丙橡胶好。

丁基橡胶的耐磨耗性,在 20 ℃时和异戊橡胶相近;但当温度升至 100 ℃时,耐磨耗性则急剧降低。丁基橡胶采用高温混炼时,其硫化胶的耐磨耗性显著提高。

当分子链之间存在强分子间作用力时,能够提高橡胶的耐磨耗性能。例如,丁腈橡胶硫化胶耐磨耗性随丙烯腈含量增加而提高,其耐磨耗性优于异戊橡胶,羧基丁腈橡胶耐磨性则更为优越;以氯磺化聚乙烯为基础的硫化胶,具有较高的耐磨耗性,高温下的耐磨耗性也较好;以丙烯酸酯橡胶为基础的硫化胶耐磨耗性,比丁腈橡胶硫化胶稍差一些;聚氨酯橡胶是所有橡胶中耐磨耗性最好的一种,但在高温下耐磨性会急剧下降。

2. 补强填充体系对机械性能的影响

(1) 硬度和定伸应力

补强填充剂的品种和用量是影响硫化胶硬度和定伸应力的主要因素,其影响程度比其他配合体系要大得多。

一般来说,不同类型的填料对硫化胶定伸应力和硬度的影响是不同的。粒径小、活性大的炭黑,对硫化胶定伸应力和硬度提高的幅度较大。随着填料用量增加,定伸应力和硬度也随之增大。例如,不同填料类型和用量对天然橡胶硫化胶定伸应力和硬度的影响,见表10 - 9。

表 10 - 9 填充剂的类型和用量对 NR 硫化胶定伸应力和硬度的影响

填充剂用量/质量份	炭黑品种						碳酸钙		陶土
	HAF	FEF	SRF	FT	MT	MPG	细粒子	粗粒子	
300％定伸应力/MPa									
14	9.0	9.8	7.0	4.2	4.0	6.2	3.2	2.9	5.7
28	15.7	18.0	12.0	5.8	7.1	12.0	4.3	3.2	8.1
42	23.0	—	17.2	9.1	10.5	18.1	7.1	3.3	10.1
56	—	—	—	8.9	—	—	6.8	2.8	11.6

（续表）

填充剂 用量/质量份	炭黑品种						碳酸钙		陶土
	HAF	FEF	SRF	FT	MT	MPG	细粒子	粗粒子	
硬度（邵尔 A）									
14	58	56	52	49	48	53	45	48	47
28	71	69	62	55	53	66	50	54	52
42	83	80	71	67	58	76	63	59	63
56	—	83	81	—	—	—	65	65	69
70	—	—	—	71	58	—	—	—	—

（2）拉伸强度

补强填充剂是影响拉伸强度的重要因素之一。总的来说，补强填充剂的粒径越小，比表面积越大，表面活性越大，其补强效果越好。

除了种类之外，补强填充剂的用量也对拉伸强度有显著的影响，但是对不同的橡胶，其规律也不尽相同。以结晶型橡胶（如天然橡胶）为基础的硫化橡胶，拉伸强度随填充剂用量增加，可出现单调下降，如图 10-5 所示。这是因为结晶型橡胶在拉伸时可产生拉伸结晶，具有自补强性，生胶强度较高，因此炭黑加入后拉伸强度的提高不明显。而对于非结晶型橡胶（如丁苯橡胶）为基础的硫化橡胶，其拉伸强度随填充剂的用量增加而增大，达到最大值，然后下降，见图 10-6。这是因为非结晶型橡胶生胶强度很低，所以炭黑对它的补强效果很明显。对于低不饱和度橡胶（如三元乙丙橡胶、丁基橡胶）为基础的硫化橡胶，其拉伸强度随填充剂用量增加，达到最大值后可保持不变。

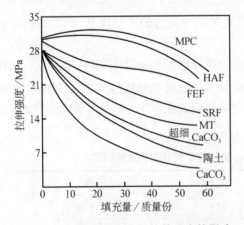

图 10-5　不同填料对 NR 拉伸强度的影响

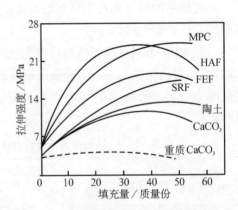

图 10-6　不同填料对 SBR 拉伸强度的影响

此外，使用表面活性剂和偶联剂对填料表面进行处理可以改善填料与大分子间的界面亲和力，不仅有助于填料的分散，而且可以改善硫化胶的力学性能。

（3）断裂伸长率

补强填充剂用量的增加会降低硫化胶的断裂伸长率，特别是高补强性的填充剂（如粒径小、结构度高的炭黑），会使断裂伸长率大大降低。

（4）撕裂强度

补强填充剂的种类对硫化胶的撕裂强度具有不同的影响，各向同性的补强填充剂，如炭黑、白炭黑、白艳华、立德粉和氧化锌等，能够使得硫化胶获得较高的撕裂强度；而各向异性的填料，如陶土、碳酸镁等则不能得到高撕裂强度。以传统炭黑为例，随着粒径的减小，橡胶的撕裂强度增加，如图 10-7 所示。在粒径相同的情况下，结构度较低的炭黑更能提高硫化胶的撕裂强度。

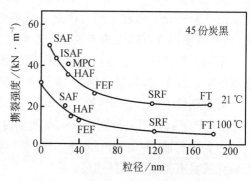

图 10-7　炭黑粒径对撕裂强度的影响

（5）回弹性

提高回弹性最直接、最有效的方法是提高胶料中的含胶率。因此，为了获得高回弹性，应尽量减少填充剂用量。但是为了保持一定的力学强度以及降低成本，还是要选用适当的填料。

对于炭黑来讲，粒径越小，表面活性越大，对硫化胶的回弹性越是不利。白炭黑的影响和炭黑的影响相似，但是比炭黑降低幅度小。当重质碳酸钙、陶土等惰性填料的填充量不超过 30 质量份时，对硫化胶的回弹性影响很小。

（6）耐疲劳与耐疲劳破坏

对于橡胶的耐疲劳性，在选用补强填充体系时，应尽可能选用补强性小的品种，用量也尽可能少。

而对于耐疲劳破坏性能，填充剂的类型和用量对其的影响，在很大程度上取决于硫化胶的疲劳条件。例如，选用结构度较高的炭黑，可提高硫化胶的耐疲劳破坏性；在应变一定的疲劳条件下，增加炭黑用量，硫化胶的耐疲劳破坏性降低；而在应力一定的条件下，增加炭黑用量，硫化胶的耐疲劳破坏性提高。同样，白炭黑也可以提高硫化胶的耐疲劳破坏性能。与橡胶没有亲和性的惰性填充剂，粒径越大，填充量越大，硫化胶的耐疲劳破坏性越差。

（7）耐磨耗性

对于耐磨耗性，填充剂的种类对硫化胶的耐磨耗性能影响不同。对于传统的炭黑，为提高硫化胶的耐磨耗性能，其用量存在一个最佳值，天然橡胶中的最佳用量为 45~50 质量份；异戊橡胶和非充油丁苯橡胶中为 50~55 质量份；充油丁苯橡胶中为 60~70 质量份；顺丁橡胶中为 90~100 质量份。此外，通常随着炭黑粒径减小、表面活性和分散性的增加，硫化胶的耐磨耗性提高。例如，在 EPDM 中添加 50 质量份的 SAF 炭黑的硫化胶，其耐磨耗性比填充等量 FEF 炭黑的耐磨性高一倍。

3. 软化体系对机械性能的影响

（1）拉伸强度

一般情况下，少量软化剂（不超过 5 质量份）能使得硫化胶的拉伸强度增大，主要是少量软化剂可以改善补强填充剂的分散性。而当加入大量的软化剂后，橡胶的拉伸强度下降。此外，软化剂的种类对拉伸强度也有不同的影响。芳烃油对非极性的不饱和橡胶（如聚异戊二烯橡胶、顺丁橡胶、丁苯橡胶)的拉伸强度影响较小;而石蜡油则有不良的影响;环烷油的影响介于两者之间。因此非极性的不饱和二烯类橡胶应使用含环烷烃的芳烃油,而不应使用含石蜡烃的芳烃油。芳烃油的用量为 5～15 质量份为宜。

不饱和度低的石蜡油和环烷油则对饱和的非极性橡胶(如丁基橡胶、乙丙橡胶)拉伸强度的影响较小,其用量分别为 10～25 质量份和 10～50 质量份。

对于极性不饱和橡胶(如丁腈橡胶、氯丁橡胶),最好采用芳烃油和酯类软化剂(如DBP、DOP 等),其用量分别为 5～30 质量份和 10～50 质量份。

高黏度的油、古马隆树脂、苯乙烯-茚树脂等树脂和高分子低聚物类的软化剂,也能保证硫化胶具有指定的拉伸强度。

(2) 断裂伸长率

一般情况下,软化剂的使用,可以增大硫化胶的断裂伸长率。

(3) 撕裂强度

一般来说,软化剂的加入会降低硫化胶的撕裂强度。不同种类的软化剂对撕裂强度的影响不同。例如,石蜡油对丁苯橡胶硫化胶的撕裂强度极为不利,而芳烃油则可保证丁苯橡胶硫化胶具有较高的撕裂强度。随芳烃油用量增加,丁苯橡胶硫化胶的撕裂强度变化如表 10-10 所示。

表 10-10　SBR-1500 硫化胶的撕裂强度与芳烃油用量的关系(CV 体系)

芳烃油用量/质量份	0	10	20	30	40	50
撕裂强度/(kN·m⁻¹)	64	61	59	54	55	45

对于丁腈橡胶和氯丁橡胶,应使用芳烃含量高于 50%～60% 的高芳烃油,而不能使用石蜡环烷烃油。

(4) 回弹性

一般来说,增加软化剂或增塑剂的用量,会降低硫化胶的回弹性(除三元乙丙橡胶),并且软化剂与橡胶的相容性越小,硫化胶的回弹性越差。例如,在丁基橡胶中添加芳烃油,硫化胶的回弹性最差,而添加石蜡油的回弹性最佳。

(5) 耐疲劳与耐疲劳破坏

随着软化剂的加入,硫化胶的耐疲劳性能提高。但是,软化剂通常会降低硫化胶的耐疲劳破坏性,尤其是黏度低、对橡胶有稀释作用的软化剂。但是那些反应型软化剂则能增强橡胶分子的松弛特性,使拉伸结晶更容易,反而能提高耐疲劳破坏性。

(6) 耐磨耗性

软化剂通常会降低硫化胶的耐磨耗性能。例如,充油的 SBR-1712 硫化胶的磨耗量就比非充油的 SBR-1500 高 1～2 倍。不同软化剂对硫化胶的耐磨性有不同的影响,对于天然橡胶和丁苯橡胶,应尽量采用芳烃油,以避免耐磨耗性能的过多损失。

4. 硫化及防护体系对机械性能的影响

(1) 硬度和定伸应力

随交联密度增加,不论是纯胶硫化胶还是填充炭黑的硫化胶,其定伸应力直线增加,如图 10-8 所示。

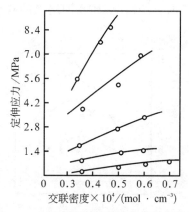

图 10‑8 交联密度对硫化胶定伸应力的影响

此外,不同类型的交联键对定伸应力也有不同的影响。当交联密度增大时,以碳‑碳交联键为主的硫化胶,定伸应力迅速增大,而以多硫键为主的硫化胶,定伸应力增大的速度非常缓慢。总的说来,交联密度增大到一定程度时,定伸应力按下列顺序递减:—C—C—>—C—S—C—>—C—S$_x$—C—。但是,交联键类型对硫化胶硬度的影响较小。

在配方设计中,为了保持硫化胶定伸应力恒定不变,需要减少多硫键含量。而减少硫黄用量时,应当增加促进剂的用量,使硫黄用量和促进剂用量之积(硫黄用量×促进剂用量)保持恒定。

(2) 拉伸强度

对常用的软质硫化胶而言,一般随交联密度增加,拉伸强度增大,并出现一个极大值,然后随着交联密度的进一步增加,拉伸强度急剧下降,如图 10‑9。

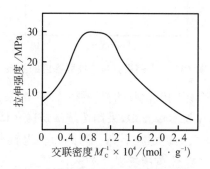

图 10‑9 拉伸强度与交联密度的关系

当交联密度相等时,随着硫化网络中交联键键能(碳—碳键>单硫键>多硫键)增加,硫化胶的拉伸强度减小,如图 10‑10 所示。在外加应力下,键能较小的弱键容易断裂,起到释放应力的作用,从而减轻应力集中的程度,使橡胶交联网络能均匀地承受较大的应力。因此含有弱键的硫化胶有着更显著的拉伸强度。另外,对于能产生拉伸结晶的橡胶而言(如 NR),弱键的断裂,还有利于主链的取向结晶,进一步提高了硫化胶的拉伸强度。因此,为得到较高的拉伸强度,在选用硫化体系时,应尽可能采用硫黄‑促进剂的传统硫化体系,并适当提高硫黄用量,同时促进剂选择噻唑类(如 M、DM)与胍类并用,并适当增加用量。但上述规律并不适用于所有的情况,如添加炭黑的硫化胶强度对交联键类型的依赖关系就比较小。

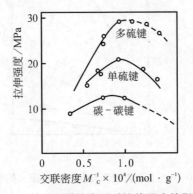

图 10-10　交联键类型对拉伸强度的影响

(3) 撕裂强度

交联密度对撕裂强度的影响与对拉伸强度的影响相似,都是随着交联密度增大,硫化胶的撕裂性能逐渐增大,并最终达到极大值,进而急剧降低。需要指出的是,最佳撕裂强度的交联密度比拉伸强度达到最佳的交联密度要低,如图 10-11。

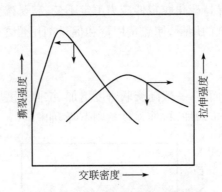

图 10-11　撕裂强度与交联密度的关系

同样,交联键的类型也会影响硫化胶的撕裂强度。一般来说,多硫键含量多的硫化胶具有较高的撕裂强度,例如在天然橡胶中,采用传统硫黄硫化体系的硫化胶的撕裂强度明显要比采用有效硫黄硫化体系的硫化胶要高。因此为获得较高的撕裂强度,应尽量使用传统的硫黄-促进剂硫化体系。硫黄用量以 2.0~3.0 质量份为宜,促进剂选用中等活性、平坦性较好的品种,如 DM、CZ 等。

(4) 回弹性

橡胶分子链间的交联可以减少或消除橡胶分子链间彼此的滑移,因此有利于硫化胶回弹性的提高;但是过量的交联,分子链被紧密束缚,缺乏必要的运动性,硫化胶的回弹性反而降低。

在不同的交联键类型中,由于多硫键键能较小,对分子链段的运动束缚力较小,因此硫化胶回弹性较高。一般情况下,随多硫键含量增加,回弹性也随之增大。例如,选用硫黄/次磺酰胺(如 S/CZ=2/1.5)或硫黄/胍类促进剂(如 S/DOTG=4/1.0)的硫化体系,硫化胶的回弹性较高,滞后损失较小。

(5) 耐疲劳与耐疲劳破坏

随着交联密度的增加,硫化胶的耐疲劳性能降低;采用有效硫化体系,即容易产生单硫键的硫化体系,硫化胶的耐疲劳性能较好。

对于耐疲劳破坏性,交联密度对其的影响与其疲劳条件有关,如对于应力一定的疲劳条件来说,交联密度增加能提高硫化胶的耐疲劳破坏性能;而对于应变一定的疲劳条件来说,则应降低硫化胶的交联密度。对于含较多多硫键的硫化体系,硫化胶的耐疲劳破坏性较高。

(6) 耐磨耗性

硫化胶的耐磨耗性随交联密度的增加有一个最大值。各种橡胶在不同的使用条件下,其最佳交联密度也不同。天然橡胶和异戊橡胶在卷曲磨耗时,最佳交联程度为 M_{300} =14 MPa～20 MPa;顺丁橡胶在 M_{300} 不高时,主要是疲劳磨耗,其最佳交联程度比天然橡胶明显降低;丁苯橡胶的最佳交联程度介于天然橡胶和顺丁橡胶之间。

交联键类型也对橡胶的耐磨耗性能有影响,单硫键含量较多的体系,其硫化胶的耐磨耗性能较好。一般来说,硫黄+促进剂 CZ 体系的硫化胶耐磨耗性较好,对于天然橡胶,硫黄用量为 1.8～2.5 质量份;顺丁橡胶为主的胶料,硫黄用量为 1.5～1.8 质量份。采用 DTDM+硫黄(低于 1.0 份)+促进剂 NOBS 体系硫化得到的硫化胶耐磨耗性和其他力学性能都比较好。

在胶料中添加防老剂,可以提高硫化胶的耐磨耗性。防老剂最好采用能防止疲劳老化的品种。防老剂 4010NA 具有防止疲劳老化的效果,但因为喷霜使其应用受到限制。除 4010NA 外,UOP588(6PPD)、DTPD、DTPD/H 等也有一定的防止疲劳老化的效果。

10.2.3　产品成本与配合体系的关系

在保证产品质量和工艺性能的前提下,合理降低橡胶产品的成本,提高制品的竞争力,是实际生产中所关注的重要问题之一。因此,在设计配方的时候,需要对成本进行合理计算。

1. 密度与配方单价的计算

配方成本不单是单位质量原材料价格的简单计算,还必须考虑其应用是以体积还是以质量为基准。其中,以体积为基准的配方成本计算占大多数,这是因为制品密度大小对单位体积成本影响很大。有时单位重量成本虽然很低,但由于密度大,使得单个或单位长度制品的重量增大,结果单位制品成本不但不便宜,有时甚至更高。因此在比较不同种胶料的成本时,必须要使用胶料的体积成本。

(1) 配方密度的计算

在计算配方密度之前,需要先确定每种组分的量和每种组分的密度。具体计算方法为:① 确定配方中各种配合剂的重量,求出配方总重量;② 用各种配合剂的重量分别除以其密度,计算出各自的体积,再求出总体积;③ 总重量除以总体积,即为配方的密度。相应的计算式:

$$配方的密度 = \frac{\sum 质量_i(份)}{\sum \dfrac{质量_i(份)}{密度_i}} \qquad (10-1)$$

式中:i 为每一种组分。

(2) 配方单价的计算

配方单位质量成本的计算:

$$配方单位质量成本 = \frac{\sum 质量_i(份) \times 单位质量成本_i}{\sum 质量_i(份)} \qquad (10-2)$$

配方单位体积成本的计算:

$$配方单位体积成本 = 配方单位质量成本 \times 配方的密度 \qquad (10-3)$$

一个特定的制品配方的实际成本计算需要知道该部件中胶料的体积、胶料的单位质量成本和胶料的密度,计算式如下:

$$制品成本 = 制品体积 \times 配方单位质量成本 \times 配方的密度 \qquad (10-4)$$

或者是

$$制品成本 = 制品体积 \times 配方单位体积成本 \qquad (10-5)$$

2. 低成本配方设计

(1) 生胶基体的替代

一般来说,生胶基体是制品配方中比例最大的组分,因此选择合适的生胶基体,或者对原有生胶基体进行部分替代,能够有效降低配方成本。

生胶基体的替代,主要包括:

① 选用价格低廉或者低密度的生胶/胶粉

例如,选用价格低廉的环氧化天然橡胶代替丁基橡胶。试验表明,环氧化天然橡胶气密性与丁基橡胶相近,而工艺性能则与天然橡胶接近,远优于丁基橡胶,且价格比丁基橡胶便宜 30% 左右。

此外,可以合理使用再生胶。研究表明,在轮胎胎面胶中,减少天然橡胶、增加再生胶,而在其他助剂变化不大的情况下,胶料的拉伸强度降低很小,而且胎面耐磨耗的平均耐久力增加。

将硫化后的废胶边及报废制品制成胶粉后掺用。试验表明,掺用 10% 的精细粉碎的普通胶粉(粒径 0.2~0.4 mm),硫化胶的性能可保持在容许的范围之内;如果对其进行表面处理,即使掺用量较大(25%),硫化橡胶的性能也不会明显下降。

在配方中采用密度小、可大量填充填料的生胶。例如三元乙丙橡胶,它是橡胶中填充能力最大的一种橡胶,填充 500 质量份中粒子热裂炭黑、半补强炭黑或快压出炭黑后,能够保持一定的物理性能,显著降低配方成本。氯化聚乙烯也是一个不错的选择,在填充了 300 质量份廉价无机填料后,仍能保持较好的拉伸性能。

② 用充油生胶来代替非充油生胶基体。例如,在使用性能允许的前提下,用充油丁

苯橡胶、充油顺丁橡胶替代非充油的丁苯橡胶、顺丁橡胶。一方面,从体积上,油能提高配方的体积,降低配方中生胶的含量,即降低配方的体积成本;另一方面,充油橡胶也能有效降低生胶的加工难度。

③ 用含炭黑/油的母炼胶替代不含炭黑/油的混炼胶。例如,选用 SBR1606 替代 SBR1500,尽管材料总价格上略有增加,但是能够有效节省混炼成本,提高混炼能力,最终降低制品的成本。

(2) 填充剂的增加

与生胶基体相比,填充剂一般都比较廉价。因此只要增加填充剂的用量,就能够降低配方的成本。例如,利用高结构度炭黑对胶料模量的增加,可以大量添加高结构度的炭黑,降低配方的成本,随后通过添加油,使模量降回原来的水平,并且提高加工性能,最终使得配方的成本降低。

此外,也可以添加廉价的填充剂,如碳酸钙和陶土等无机填料。通常这些无机填料的粒径较大,表面具有亲水性,与橡胶的相容性不好,因此其补强性能远不如炭黑,增加其用量往往会导致硫化胶性能大幅度下降。为改进无机填料和橡胶大分子的结合能力,增加其填充量,需要对它们进行各种表面改性处理。例如,用低分子量羧化聚丁二烯接枝的碳酸钙,可使硫化胶的撕裂强度、定伸应力和耐磨耗性明显提高,还能使胶料具有良好的抗湿性及电性能,并改善胶料的加工性能,增加填充量,部分取代半补强炭黑。经钛酸酯偶联剂处理的碳酸钙与沉淀法白炭黑并用,能改善三元乙丙橡胶的加工性能,增加填充量,减少白炭黑用量,在保持性能指标的前提下,降低胶料成本。

 延伸阅读:专用橡胶配方设计实例,请扫本章标题旁二维码浏览(P207)。

10.3　配方设计方法

10.3.1　配方设计的程序

在进行具体的配方设计之前,应该充分了解所要解决的问题是什么,是提高某些性能,还是降低产品成本,抑或是试验新胶种或新型助剂的适用性。在明确试验目的后,方可按以下配方设计的顺序,进行实际的配方试验。

1. 设计基础配方

基础配方又称标准配方,一般是以鉴定生胶和配合剂为目的。当某种橡胶和配合剂首次面世时,应以此检验其基本的加工性能和物理性能。

基础配方仅包括最基本的组分,由这些基本的组分组成的胶料,既可以反映出胶料的基本工艺性能,又可反映硫化胶的基本物理性能。因此在选定橡胶基体等主要材料后,首先设计基础配方,以了解所选材料的基本工艺性能和物理机械性能,进而在基础配方的基础上,再逐步完善、优化,以获得具有某些特性要求的性能配方。

在设计基础配方时,ASTM 规定的标准配方和合成橡胶厂提供的基础配方是很有参考价值的,最好是根据本单位的具体情况进行拟定,以本单位累积的经验数据为基础。不同部门的基础配方往往不同,但同一胶种的基础配方基本上大同小异。目前较有代表性的基础配方实例是 ASTM 提出的各类橡胶的基础配方。表 10 - 11 至表 10 - 24 为天然橡胶和各种合成橡胶的基础配方。

表 10 - 11 天然橡胶(NR)基础配方

原材料名称	NBS 标准试样编号	质量份	原材料名称	NBS 标准试样编号	质量份
NR	—	100.00	防老剂 PBN	377	1.00
氧化锌	370	5.00	促进剂 DM	373	1.00
硬脂酸	372	2.00	硫黄	371	2.50

注:硫化条件为 140 ℃×10 min,20 min,40 min,80 min。NBS 为美国国家标准局缩写。

表 10 - 12 丁苯橡胶(SBR)基础配方

原材料名称	NBS 标准试样编号	非充油 SBR 配方/质量份	充油 SBR 配方/质量份				
			充油量 25 质量份	充油量 37.5 质量份	充油量 50 质量份	充油量 62.5 质量份	充油量 75 质量份
非充油 SBR	—	100	—	—	—	—	—
充油 SBR	—	—	125	137.5	150	162.5	175
氧化锌	370	3	3.75	4.12	4.5	4.88	5.25
硬脂酸	372	1	1.25	1.38	1.5	1.63	1.75
硫黄	371	1.75	2.19	2.42	2.63	2.85	3.06
炉法炭黑	378	50	62.5	68.75	75	81.25	87.5
促进剂 NS[①]	384	1	1.25	1.38	1.5	1.63	1.75

① N-叔丁基-2-苯并噻唑次磺酰胺。注:硫化条件为 145 ℃×25 min,35 min,50 min。

表 10 - 13 氯丁橡胶(CR)基础配方

原材料名称	NBS 标准试样编号	纯胶配方/质量份	半补强炉黑(SRF)配方/质量份
CR(W 型)	—	100	100
氧化镁	376	4	4
硬脂酸	372	0.5	1
SRF	382		29
氧化锌	370	5	5
促进剂 NA - 22	—	0.35	0.5
防老剂 D	377	2	2

注:硫化条件为 150 ℃×15 min,30 min,60 min。

表 10－14　丁基橡胶(IR)基础配方

原材料名称	NBS 标准试样编号	纯胶配方/质量份	槽黑配方/质量份	高耐磨炭黑(HAF)配方/质量份
IIR		100	100	100
氧化锌	370	5	5	3
硫黄	371	2	2	1.75
硬脂酸	372	—①	3	1
促进剂 DM	373	—	0.5	—
促进剂 TMTD	374	1	1	1
槽法炭黑	375	—	50	—
HAF	378	—	—	50

① 生产中可使用硬脂酸锌,因此纯胶中可不使用硬脂酸。

注:硫化条件为 150 ℃×20 min,40 min,80 min;150 ℃×25 min,50 min,100 min。

表 10－15　丁腈橡胶(NBR)基础配方

原材料名称	NBS 标准试样编号	瓦斯炭黑配方/质量份
NBR	—	100
氧化锌	370	5
硬脂酸	372	1
硫黄	371	1.5
促进剂 DM	373	1
瓦斯炭黑	382	40

注:硫化时间为 150 ℃×10 min,20 min,40 min,80 min。

表 10－16　顺丁橡胶(BR)基础配方

原材料名称	NBS 标准试样编号	高耐磨炭黑(HAF)配方/质量份
BR	—	100
氧化锌	370	3
硫黄	371	1.5
硬脂酸	372	2
促进剂 NS	384	0.9
HAF	378	60
ASTM 型 103 油	—	15

注:硫化时间为 145 ℃×25 min,35 min,50 min。

表 10-17　异戊橡胶基础配方

原材料名称	NBS 标准试样编号	高耐磨炭黑(HAF)配方/质量份
IR	—	100
氧化锌	370	5
硫黄	371	2.25
硬脂酸	372	2
促进剂 NS	384	0.7
HAF	378	35

注:硫化时间为 135 ℃×20 min,30 min,40 min,60 min。纯胶配方采用天然橡胶基础配方。

表 10-18　三元乙丙橡胶(EPDM)基础配方

原材料名称	质量份	原材料名称	质量份
EPDM	100	促进剂 TMTD	1.5
氧化锌	5	硫黄	1.5
硬脂酸	1	HAF	50
促进剂 M	0.5	环烷油	15

注:硫化条件在第三单体为 DCDP 时为 160 ℃×30 min,40 min;第三单体为 ENB 时为 160 ℃×10 min,20 min。

表 10-19　氯磺化聚乙烯(CSM)基础配方

原材料名称	黑色配方/质量份	白色配方/质量份
CSM	100	100
SRF	40	—
一氧化铅	25	—
活性氧化镁	—	4
促进剂 DM	0.5	—
促进剂 DPTT	2	2
二氧化钛	—	3.5
碳酸钙	—	50
季戊四醇	—	3

注:硫化条件为 153 ℃×30 min,40 min,50 min。

表 10-20　氯化丁基橡胶(CIIR)基础配方

原材料名称	质量份	原材料名称	质量份
CIIR	100	HAF	50
硬脂酸	1	促进剂 TMTD	1

（续表）

原材料名称	质量份	原材料名称	质量份
促进剂 DM	2	氧化锌	3
氧化锌	2		

注:硫化条件为 153 ℃×30 min,40 min,50 min。

表 10‐21　聚硫橡胶（PSR）基础配方

原材料名称	ST① 配方/质量份	FA② 配方/质量份	原材料名称	ST① 配方/质量份	FA② 配方/质量份
PSR	100	100	氧化锌	—	10
SRF	60	60	促进剂 DM	—	0.3
硬脂酸	1	0.5	促进剂 DPG	—	0.1
过氧化锌	6	—			

① 该胶主要单体为二氯乙基缩甲醛,是美国固态聚硫橡胶牌号,不塑化也能包辊。

② 该胶主要单体为二氯乙烷、二氯乙基缩甲醛,是美国固态聚硫橡胶牌号,必须通过添加促进剂,在混炼前用开炼机薄通,进行化学塑解而塑化。

注:硫化条件为 150 ℃×30 min,40 min,50 min。

表 10‐22　丙烯酸酯橡胶（ACM）基础配方

原材料名称	质量份	原材料名称	质量份
ACM	100	防老剂 RD	1
快压出炭黑（FEF）	60	硬脂酸钠	1.75
硬脂酸钾	0.75	硫黄	0.25

注:硫化条件为一段硫化 166 ℃×10 min;二段硫化 180 ℃×8 h。

表 10‐23　混炼型聚氨酯橡胶（PUR）基础配方

原材料名称	质量份	原材料名称	质量份
PUR①	100	防老剂 Caytur4②	0.35
古马隆	15	硫黄	0.75
促进剂 M	1	HAF	30
促进剂 DM	4	硬脂酸镉	0.5

① 选择 AdipreneCM（美国 DuPont 公司产品牌号）

② 促进剂 DM 与氧化锌的复合物

注:硫化条件为 153 ℃×40 min,60 min。

表 10-24　聚醚橡胶(CO)基础配方

原材料名称	质量份	原材料名称	质量份
CO	100	铅丹	1.5
硬脂酸铅	2	防老剂 NBC	2
FEF	30	促进剂 NA-22	1.2

注:硫化条件为 160 ℃×30 min,40 min,50 min。

表 10-25　氟橡胶(FKM)基础配方

原材料名称	质量份	原材料名称	质量份
FKM(Viton 型)	100	氧化镁①	15
中粒热裂炭黑(MT)	20	硫化剂 Diak3#②	3.0

① 要求耐水时用 11 质量份氧化钙代替氧化镁,要求耐酸时用 PbO 作吸酸剂。

② N-N'-二亚肉桂基-1,6-己二胺。

注:硫化条件为一段硫化 150 ℃×30 min;二段硫化 250 ℃×24 h。

表 10-26　硅橡胶(Q)基础配方

原材料名称	Q	硫化剂 BPO
质量份	100	0.35

注:硫化条件为一段硫化 125 ℃×30 min;二段硫化 250 ℃×24 h。

2. 设计性能配方

性能配方又称技术配方,是在基础配方的基础上全面考虑各种性能的搭配后,进行的配方设计,其目的是满足产品的性能要求和工艺要求,提高某种特性等。通常研制产品时所做的实验配方就是性能配方。

3. 设计实用配方

实用配方又称生产配方。在实验室条件下研制的配方,其试验结果并不是最终的结果,往往在投入生产时会产生一些工艺上的问题,如焦烧时间短、压出性能不好和压延粘辊等,这就需要在不改变基本性能的条件下,进一步调整配方。在某些情况下不得不采取稍稍降低物理性能和使用性能的方法来调整工艺性能,也就是说在物理性能、使用性能和工艺性能之间进行协调。

综上所述,可以看出配方设计并不局限于实验室的试验研究,而是包括如下几个研究阶段:

(1)研究、分析同类产品和近似产品生产中所使用的配方。

(2)制定基本配方,并在这个基础上连续改进配方。

(3)根据确定的计划,在实验室条件下制定出改进配方的胶料,并进行试验,选出其中最优的配方,作为下一步试制配方。

(4)在生产或中间生产的条件下进行中试,制备胶料进行工艺(混炼、压出、压延等)和物理性能试验。

(5)进行试生产,做出试制品,并按照标准和技术条件进行试验。

根据上述各个试验阶段所得到的试验数据,就可以帮助选定最后的生产配方。如不满足要求,则应继续进行试验研究,直到取得合乎要求的指标为止。

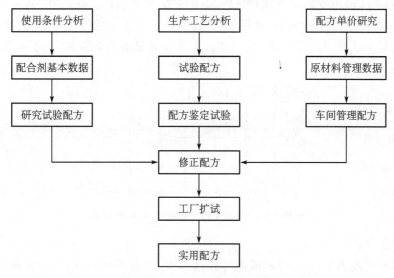

图 10 - 12　配方设计流程图

10.3.2　配方设计的数学方法

如前所述,在研究橡胶配方设计之前,我们都需要确定要研究的基本配方,这可以根据实际生产中原始配方来定,也可以拟定一个新的配方。有了原始配方之后,再通过一定的数学方法,进一步设计及研究配方中的某些因素,包括原料的种类、用量对橡胶性能的影响,并最终选定最优配方。橡胶配方设计的数学方法,包括单因素变量的试验方法和多因素变量的试验方法。

常用的单因素变量试验方法有黄金分割法(0.618法)、平分法(对分法)、分批试验法(均匀分批试验法、比例分割分批试验法)、分数法(斐波那契法)、爬山法和抛物线法等。单因素变量法比较简单,特别是用来鉴定新材料或生产中原材料变动时,只做较少的试验就可做出判断,见效快,试验数据易于处理,通过图表直观比较即可得出结论。正因为如此,这种方法在配方试验中仍然有一定的价值。

多因素试验设计方法很多,如纵横对折法、坐标转换法、平行线法、矩形法、多角形试验设计法、三角形对影法、列线图法、等高线图形法、正交试验设计法、组合试验设计法、中心复合试验设计法和均匀设计法等。现代配方优化设计又提出了专家系统及模型辅助决策系统自组织原理等概念,并且将神经网络技术、Internet/Intranet 等技术应用到了橡胶配方设计与优化之中。

1. 单因素配方设计

单因素配方试验设计主要就是研究某单一试验因子,如促进剂、炭黑、防老剂或某一新型原材料,在某一变量区间内,确定哪一个值的性能最优。这要根据实际经验恰当选定该因子的实际变量区间,然后在该范围内以最少的试验次数迅速找出最佳用量值。

随着应用数学技术的普及,人们已将众多优化方法运用到了单因素试验设计方法之中,其简单原理如下。

性能指标 $f(x)$ 是变量 x 在变量区间 $[a,b]$ 中的函数,假设 $f(x)$ 在 $[a,b]$ 区间内只有一个极值点,即 $x=x_0$ 时 $f(x_0)$ 取得极值,在这种情况下这个极值点(最大值或最小值)即是要寻求的目标试验点,见图 10-13。如何以较少的试验次数快速寻到 x_0 点,有如下几种试验方法。

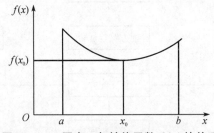

图 10-13　因素 x 与性能函数 $f(x)$ 的关系

(1) 黄金分割法

设一线段长度为 L,将它分割成两部分,长的一段为 $X=0.618L$,则这种分割称为黄金分割。

这个方法的要点是先在配方试验范围 $[a,b]$ 的 0.618 点做第一次试验,再在其对称点(试验范围的 0.382 处)做第二次试验,比较两点试验的结果,去掉"坏点"以外的部分。在剩下的部分继续取已试验点的对称点进行试验、比较和舍取,逐步缩小试验范围。应用此法,每次可以去掉试验范围的 0.382,因此,可以用较少的试验配方,迅速找出最佳变量范围,即:

如果 a 为试验范围的小点,b 为试验范围的大点,则可通俗地写成:

$$第一点 = 小点 + 0.618 \times (大点 - 小点) \tag{10-6}$$

$$第二点 = 小点 + 大点 - 第一点 \tag{10-7}$$

式(10-6)和式(10-7)叫作对称公式。

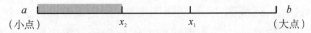

用 $f(x_1)$ 和 $f(x_2)$ 分别表示在 x_1 和 x_2 两个试验点上的试验结果。如果 $f(x_1)$ 比 $f(x_2)$ 好,则 x_1 是好点,于是把试验范围的 $[a,x_2]$ 消去,剩下 $[x_2,b]$。

如果 $f(x_1)$ 比 $f(x_2)$ 差,则 x_2 是好点,就应消去 $[x_1,b]$,而保留 $[a,x_1]$。

下一步是在余下的范围内找好点。在前一种情况中,x_1 的对称点为 x_2。如在 x_3 处安排第三次试验,用对称公式计算时:$x_3 = x_2 + b - x_1$。在后一种情形中,第三个试验点应是好点 x_2 的对称点:$x_3 = a + x_1 - x_2$。

如果 $f(x_1)$ 和 $f(x_2)$ 一样,可同时划掉 $[a,x_2]$ 和 $[x_1,b]$,仅留下中间的 $[x_2,x_1]$,然后在范围 $[x_2,x_1]$ 中用对称公式继续试验。

此法的每一步试验配方都要根据上次配方试验的结果决定,各次试验的原料及工艺条件都要严格控制,否则无法决定取舍方向,使试验陷入混乱。

（2）平分法

如果在试验范围内,目标函数是单调的,要找出满足一定条件的最优点,可以用平分法,即每次试验点都取在范围的中点上,将试验范围对分为两半。平分法和黄金分割法相似,都是通过逼近最佳范围来取得目标值。但平分法逼近最佳范围的速度更快,在试验范围内每次都可以去掉试验范围的一半,而且取点方便。

平分法的应用条件:

① 要求胶料物理性能要有一个标准或具体指标,否则无法鉴别试验结果好坏,以决定试验范围的取舍。

② 要知道原材料的化学性能及其对胶料物理性能的影响规律。能够从试验结果中直接分析该原材料的量是取大了或是取小了,并作为试验范围缩小的判别原则。

（3）分数法

分数法又称斐波那契法,也适合单峰函数的方法。它和黄金分割法的不同之处在于先给出试验点数（或者知道试验范围或精确度,这时试验总数就可以算出来）。在这种情况下,用斐波那契法比黄金分割法方便。分数法以 n 次试验来缩短给定的试验区间,与黄金分割法不同的是,它的区间长度缩短率为变值,其值大小由斐波那契法数列决定。首先介绍斐波那契数列:

$1,1,2,3,5,8,13,21,34,55,89,144\cdots$,用 $F_0,F_1,F_2\cdots$ 依次表示上述数串,它们满足递推关系:

$$F_n = F_{n-1} + F_{n+2}(n \geqslant 2) \tag{10-8}$$

当 $F_0 = F_1 = 1$ 确定以后,斐波那契数列就完全确定了。

如果以上述数列中的前一数为分子,后一个数为分母,则可得一批渐近分数,这批分数为 $1/2,2/3,3/5,5/8,8/13,13/21,21/34,34/55,\cdots$

由于某种条件的限制而只能做几次配方试验的情况下,采用分数法较好。如果只能做一次试验,就用 $1/2$,其精确度即为这一点与实际最佳点的最大可能距离,即 $1/2$。如果只能做两次试验,则用 $1/2,2/3$,其精确度为 $1/3$。做 n 次试验就用 F_n/F_{n+1},其精确度为 $1/F_{n+1}$。式中 F_n 为斐波那契数列的数。

假如配方试验范围是由一些不连续的、间隔不等的点组成,试验点只能取某些特定数时,只能采取分数法。把某些物理性能的优选变为排列序号的优选,问题便可迎刃而解。

（4）分批试验法

前面讲的黄金分割法、平分法和分数法有个共同的特点,就是要根据前面的试验结果,安排后面的试验,这样安排试验的方法叫作序贯试验法。它的优点是总的试验数目很少,缺点是试验周期长,可能要用很多时间。

与序贯试验法相反,我们也可以把所有可能的试验同时都安排下去,根据试验结果,找出最好点。这种方法叫作同时法。如果把试验范围等分若干份,在每个分点上做试验,就叫均分法。同时法的优点是试验总时间短,缺点是总的试验数比较多。

(5) 爬山法

爬山法是配方设计者常用的古老方法。对工厂中的生产配方进行大幅度调整,可能会给生产带来很大的损失时,采用爬山法比较好。

做法是先找一个起点 a,这可根据配方经验去估计或采用原生产配方作为起点。在 a 点向该原材料增加的方向 b 做试验,同时向该原材料减少的方向 c 做试验。如果 b 点好,就增加原材料,如果 c 点好,就减少原材料,这样一步一步地提高。如爬到某点 e,再增减时效果反而不好,则 e 点就是所要寻找的原材料最佳量。起点的位置关系很大,起点选得好可省去许多试验;试验范围的大小是否正确关系亦很大;步长大小也会直接影响试验配方的效果。上述三个方面,都直接与配方设计者本身的实践经验有关。在实践中,往往采取"两头小、中间大"的办法,也就是说,先在各个方向上用小步试探一下,找出有利于寻找目标的方向;当方向确定后,再根据具体情况跨大步;到快接近最好点时再改为小步。如果由于估计不正确,大步跨过最佳点,可退回一步,在这一步内改小步进行。一般来说,越接近变量的最佳范围,胶料质量随原材料的变化越缓慢。

和其他方法比较,爬山法接近最佳范围的速度慢,但适宜大生产中的配方做小范围内的调整,较为稳妥可靠。此法对配方设计者的经验依赖性很大,经验丰富的设计者往往经过几次调整便能奏效。

(6) 抛物线法

在用其他方法试验已将配方试验范围缩小以后,如果还希望深化,进一步精益求精,这时可应用抛物线法。

这种方法是利用做过 3 点试验后的 3 个数据,做此 3 点的抛物线,以抛物线顶点横坐标做下次试验依据,如此连续进行试验,如图 10-14。

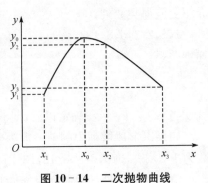

图 10-14 二次抛物曲线

该法使用二次函数去逼近原来的函数,并取该二次函数的极值点作为新的近似点,即利用 3 个点上的函数值来构造二次函数。准确来说,在 x_1、x_2、x_3 个点上各试得数据 y_1、y_2、y_3,写出这 3 点 (x_1, y_1)、(x_2, y_2)、(x_3, y_3) 的抛物线方程:

$$y = \frac{(x-x_2)(x-x_3)}{(x_1-x_2)(x_1-x_3)} \cdot y_1 + \frac{(x-x_1)(x-x_3)}{(x_2-x_1)(x_2-x_3)} \cdot y_2 + \frac{(x-x_1)(x-x_2)}{(x_2-x_1)(x_3-x_2)} \cdot y_3$$

$$(10-9)$$

求出抛物线的极值点

$$x_0 = \frac{1}{2} \cdot \frac{y_1(x_2^2-x_3^2) + y_2(x_3^2-x_1^2) + y_3(x_1^2-x_2^2)}{y_1(x_2-x_3) + y_2(x_3-x_1) + y_3(x_1-x_2)} \qquad (10-10)$$

以 x_0 为近似目标函数最优点,下一个试验点在 x_0 处。x_0 处的试验结果计为 y_0,再用 (x_0, y_0) 和它相近的两点构造二次多项式,求近似值最优点,直到满足一定精度为止。

橡胶配方中原材料的用量往往有一个较佳范围,如果试验范围选得太窄,应用此法则无意义,如果试验范围选得太宽,则反复运算太多,故最好是在最佳胶料质量范围附近。

若目标函数为某一已知的函数关系,即可利用插值迭代法求取一定精度的最优值,具体计算可由电子计算机完成。

2. 多因素配方设计

在大多数的橡胶配方研究中,需要同时考虑两个或两个以上的变量因子对橡胶性能的影响规律,这就是多因素橡胶配方试验设计的问题。

借助于统计数学的数理统计方法,可以改变传统试验设计法中试验点分布不合理、试验次数多、不能反映因子间交互作用等诸多缺点。

在众多的橡胶配方试验设计法中,有正交试验设计法和均匀设计法等。借助于计算机技术的应用,可使这些方法大大简化,更有利于科学试验设计方法的推广应用。关于这些设计方法,国内外已出版了许多这方面的专著,这里就不做深入介绍。

习 题

1. 配合体系对橡胶加工的工艺性能有什么影响?
2. 补强体系对橡胶加工的工艺性能有什么影响?
3. 软化体系对橡胶加工的工艺性能有什么影响?
4. 举例说明橡胶基体是如何影响硫化胶的物理机械性能的。
5. 举例说明补强体系是如何影响硫化胶的物理机械性能的。
6. 举例说明软化体系是如何影响硫化胶的物理机械性能的。
7. 举例说明硫化体系是如何影响硫化胶的物理机械性能的。
8. 举例说明防护体系是如何影响硫化胶的物理机械性能的。
9. 配方设计的数学方法有哪些?
10. 表 10 - 27 为某防水卷材的配方。

表 10 - 27 某防水卷材的配方

某橡胶	100	硬脂酸	1	陶土	30
环烷油	25	促进剂 M	0.5	硫黄	2
氧化锌	5	白艳华	40	白炭黑	30
促进剂 CZ	2	促进剂 TMTD	0.8	邻苯二甲酸酐	1

要求胶料具有优异的耐候性(日光曝晒 3 年不出现裂纹):

(1) 请为该配方选择合适的橡胶基体,并写出其相应的化学结构式。

(2) 请分别写出氧化锌、硬脂酸、环烷油和邻苯二甲酸酐在该配方中所起的主要作用。

(3) 请根据分子结构和硫化速度对上述促进剂进行归类。

(4) 请根据上述配方,写出适合开炼机混炼的加料顺序,并指出合适的混炼工艺和混炼温度。

知识拓展

中国橡胶工业奠基人——薛福基

　　薛福基字德安,1894年10月19日生于江苏江阴泗河乡塘头桥的西浜村,15岁时,赴上海和昌盛批发所当学徒。两年后,到日本大阪鸿茂祥进出口商行工作。三年后,成了鸿茂祥经理。

　　薛福基虽身在国外,却时刻关注着国家与民族的命运。他曾多次回乡探亲,目睹封建社会的衰败及战乱给中国带来的深重灾难,暗暗立下实业救国的宏愿。他利用中华总商会会长职务之便,有意结交工商界、新闻界人士,考察日本企业发展情况及经营管理经验,了解到日货胶鞋在中国旺销的信息,立志回国创办橡胶制品业。

图 10-15　薛福基

　　1926年起,薛福基回到上海积极筹建橡胶厂。1928年,大中华厂的厂房修建完成,机器安装停当,学习人员次第回到上海,薛福基被任命为经理。是年10月30日正式开工试生产,一举成功,当天做出合格质优套鞋80双,质量可与日本"地铃"牌媲美。大中华橡胶厂宣告诞生了。

　　随着中国国内公路逐渐开辟,汽车需求量不断增加,中国尚无能力生产汽车轮胎。薛福基认为:轮胎是交通、国防急需物品,研制轮胎乃国人当务之急,制造汽车轮胎的心情越来越迫切。他说,制造不制造轮胎不是我们大中华厂一家的私事、小事,而是关系到国计民生的大事。

　　1934年10月第一条32×6"双钱"牌轮胎生产出来,质量可与世界名牌"邓禄普"争雄,在橡胶工业发展史上谱写了灿烂的篇章。首批国产"双钱"牌轮胎在市场上亮相,给充满"洋货"的上海带来极大的冲击。很快,大中华便形成人力车、自行车、汽车轮胎的批量生产能力,并为笕桥空军学校制造过飞机轮胎,突破了外国厂商对中国轮胎市场的垄断。

　　薛福基还扶助江阴乡亲去上海办厂,先后建起数十家橡胶厂,形成了一个强有力的民族工业团体。其中"双钱"牌橡胶系列产品,更是誉满大上海,畅销全中国,成为橡胶制品中的"王牌"而载入史册。

　　薛福基目光远大,为了使我国橡胶工业发展后继有人和造福乡梓,他于1934年创办了尚仁初级商科职业学校,这是我国最早的职业学校之一。1935年9月尚仁初级商科职业学校落成开学,聘请著名教育家、国学大师唐文治的入室弟子王绍曾为校长,并设立了图书馆、实验室、打字室、商业银行和实习商店。

　　1937年8月13日上午,日军悍然挑起战端,淞沪大战爆发。中国军队奋起还击,双方在外滩上空展开激烈空战,有两枚重磅炸弹坠落在热闹区大世界游乐场面前,薛福基的车正好经过,他被弹片击中后脑,胆肝亦被震伤。经中西医多方抢救无效逝世,年仅44岁,英年早殇,赍志而殁,令人扼腕痛惜。

第11章 橡胶材料的回收利用

11.1 概 论

废旧橡胶是固体废物的一种,其主要来源为废轮胎、胶管、胶带和密封件等工业制品,其中废旧轮胎的数量最多,此外还有橡胶生产过程中产生的边角料。随着橡胶资源的不断减少,污染的日益严重,废旧橡胶的回收和利用越来越受到各国的重视。废旧橡胶制品是除废旧塑料以外位居第二位的废旧聚合物材料,2011 年全世界废旧轮胎的年产量约2 200 万吨,而我国已经达到了 800 万吨,居世界之首。2014 年,我国废旧轮胎的产生量已经达到 1 000 万吨以上。

大量废轮胎的堆积,不仅造成资源的浪费,而且极易引起火灾,产生大量温室气体CO_2和有毒气体。直接焚烧橡胶则会对空气、水和土壤等人类生存环境造成污染。20 世纪 70 年代以来,随着科技的发展及人们对环境保护和资源利用的考虑,开始把废旧橡胶作为新的黑色黄金,将其作为燃料、胶粉和再生胶等加以利用。

11.2 橡胶材料的物理循环利用

物理回收循环利用技术主要是指废弃高聚物的修复、简单再生利用和改性再生利用。

11.2.1 废弃橡胶制品的直接利用

直接对废弃橡胶制品进行利用,主要是将废旧橡胶制品以原有的形状或者近似原形加以利用,包括对橡胶制品的修复利用,这是废弃橡胶制品利用中最有效、最直接和最经济的利用方式。例如,翻修轮胎就是直接利用废旧轮胎进行修复的。一条轮胎胎面磨光,只用去整条轮胎经济价值的 30%,还有 70% 可再利用。轮胎翻修不仅节约资源、延长轮胎使用寿命,而且减少了对环境的污染。因此,世界各国都普遍重视轮胎的翻修工作。目前,轮胎翻修主要局限于卡车轮胎、客车轮胎及轻型轿车轮胎,这些轮胎约占报废轮胎的22% 左右,经过一次翻修的轮胎寿命一般为新胎寿命的 60%~90%,平均行驶里程可以达到新轮胎的 75%~100%。在使用保养良好的情况下,一条轮胎可多次翻修。如尼龙帘线轮胎可翻修 2~4 次,钢丝子午线轮胎可翻修 4~6 次,而飞机轮胎则可翻修 10 次以上。总的翻胎寿命为新胎的 1~2 倍,而所耗原材料仅为新胎的 15%~30%。最近开发出翻胎新工艺,翻新胎面材料为聚氨酯,其性能优越。这一工艺技术必将促进轮胎翻修的进一步发展。

废旧轮胎的直接利用还有很多,如做人工鱼礁、船只和码头的护舷、车辆等的缓冲材料以及高速公路隔音墙。另外,废旧橡胶还有防止重金属污染的作用,如英国将废旧轮胎投入被原子能发电站排出水污染的河中,发现重金属污染很快消除。据分析,这是因为水银和轮胎中的硫黄及其他化合物反应,生成硫化银的缘故。

11.2.2 橡胶硫化胶粉的制备与利用

废旧橡胶通过机械粉碎可以加工成不同细度的橡胶粉,作为一种特殊的弹性体粉末材料被广泛应用于橡胶制品、塑料制品、建筑材料和公路建设等行业。

胶粉的主要生产方法有常温粉碎法、低温粉碎法、湿法或溶液法三种。

常温粉碎法是指在常温下,采用辊筒或其他设备对废旧橡胶进行机械剪切、粉碎的方法。该法的投资少、工艺流程短、能耗低,是目前国际上采用最为广泛的、最经济实用的胶粉生产方法。美国每年胶粉产量的63%是由常温粉碎法生产的。

低温粉碎法根据所采用的冷冻介质不同可分为液氮低温粉碎法和空气膨胀制冷粉碎法。它们都是利用低温作用,使橡胶达到玻璃化温度而变脆,然后用机械力将其粉碎。液氮法中液氮消耗量大,成本高;空气膨胀制冷粉碎法采用的制冷介质为空气,较液氮法节能、节水、效率高,成本较低。

湿法或溶液法是选择合适的液体介质使橡胶变脆,然后在胶体磨上进行研磨粉碎。按其使用液体介质分为水悬浮粉碎法和溶剂膨胀粉碎法两种。水悬浮粉碎法是将表面处理的粗制胶粉分散在水中形成悬浮液,然后进行研磨、干燥得到细致胶粉。溶剂粉碎法则采用有机溶剂使粗制胶粉溶胀后再进行研磨,然后除去溶剂,干燥得到细致胶粉。湿法或溶剂法生产的胶粉粒度细,应用性能好。但是这两个方法的生产要求高,需要大量液体介质。

不同粒度的胶粉应用范围不同,表 11-1 列出了部分胶粉的使用范围。

表 11-1 胶粉的使用范围

胶粉直径(目)	用　途
8～20	跑道、道路垫层、电板、草坪、铺路弹性层、运动场地
30～40	再生胶、改性胶粉、铺路、生产胶板
40～60	橡胶制品填充用、塑料改性
60～80	汽车轮胎、橡胶制品、建筑材料
80～200	橡胶制品、军工产品
200～500	SBS 材料改性、汽车保险杠、电视机外壳、军工产品

11.3　废弃橡胶材料的再生

废弃橡胶的再生过程是废胶在配合剂(软化剂、活化剂和增粘剂等)、氧、热和机械剪切的综合作用下,交联橡胶分子链的部分分子链和交联点发生断裂、降解,形成具有一定可塑度、能重新使用的橡胶的过程。再生胶一般是黑色或者其他颜色的块状固体,也有液体和颗粒状的,具有一定的塑性和补强作用,容易与生胶和配合剂混合,加工性能好,在橡胶制品中能替代部分生胶,降低制品成本,改善胶料的加工性能。例如,再生胶可以替代部分生胶用于轮胎、胶鞋、胶管和胶板等橡胶制品。对于要求不高的橡胶制品,也可单独使用再生胶,如油毡、冷贴卷材、电缆防护层和铺路沥青等。

橡胶再生方法可分为物理、化学、生物和机械再生方法。

物理再生法是指不添加额外的化学试剂,单独利用外力、热、微波、超声波和射线等破坏废橡胶的交联网络,形成具有一定可塑性的再生胶的方法,包括微波脱硫、超声波脱硫、电子束辐射脱硫、远红外线脱硫和剪切流动场反应控制技术等。

化学再生法是指在废弃橡胶中,加入某些化学再生助剂,在一定的温度条件下,废橡胶中的交联网络发生破坏,从而形成具有一定可塑度的橡胶的方法,化学再生法主要有油法(直接蒸气静态法)、水油法(蒸煮法)和高温动态脱硫法。因其使用大量的化学药品,如二硫化物、硫醇等,会对大气和水源造成极其严重的污染。目前化学再生法有瑞典的TCR 再生法、De. Link 橡胶再生工艺和 RV 橡胶再生法等。软化剂、活化剂和增粘剂等是橡胶再生过程中主要的配合剂,其中软化剂能够对胶粉粒子进行渗透、溶胀,并对胶料增粘和增塑,常用的软化剂有煤焦油、松焦油、松香和妥尔油等。活化剂在高温下能分解产生自由基,与形成的橡胶分子自由基结合,阻止橡胶分子交联键断裂后再交联,起加快降解的作用,大大缩短脱硫时间,减少软化剂的用量,提高再生胶的质量。常用的活化剂包括硫酚类、硫酚锌盐类、苯胺硫化物、多烷基苯酚硫化物类、芳烃二硫化物及苯酚亚酚类。国外多选用硫酚类,我国多选用芳烃二硫化物。增粘剂是为了增加再生胶的粘性以获得良好的加工性能的助剂,常用的是松香。

微生物再生法是指在微生物的作用下,橡胶的硫化交联网络发生破坏,失去弹性,呈现生胶的特性的一种再生方法。微生物再生法的污染小、成本低,对废橡胶的再生具有重要的意义。

机械再生法包括快速脱硫工艺再生、低温塑化再生和密炼机再生等,是机械力和再生剂共同作用生产再生胶的方法。

除上述几类再生方法外,超临界二氧化碳(CO_2)再生技术也是一种新的废橡胶再生方法。

11.4　废弃橡胶材料的化学回收

废旧橡胶的化学回收,主要是利用废橡胶的热分解,回收得到液体燃料和化学品,是一种有前途的再生利用技术。通过该技术得到的液体燃料质量符合燃油标准,可作燃料,也可作催化裂化原料生产高质量汽油。化学品主要为炭黑,可用于制备橡胶沥青混合物,也可作为固体燃料,或作为沥青、密封产品的填充剂和添加剂。废旧轮胎热分解主要包括热解和催化降解。热解的反应器主要有固定床裂解反应器、流化床裂解反应器、回转炉裂解反应器和管式炉裂解反应器四种。

热解主要有常压惰性气体热解、真空热解和熔融盐热解三种工艺。

11.4.1　常压惰性气体热解工艺

常压惰性气体热解工艺一般是在惰性气体介质中进行的,该工艺的主要影响因素是热解温度。热解温度不仅影响热解产品中的气体、液体和固体主要成分的比例,也影响其中各个组成的成分。研究表明,废橡胶加热到 500 ℃,可以得到 3% 的气体、55% 的油和 35% 的固体残留物,其中液态油中含有 51% 的芳烃和 33% 的粗石脑油。当热解温度上升到 900 ℃时,可得到 21% 的气体、14% 的油和 52% 的固体残留物,其中液态油中含有芳香烃油的含量高达 85%。为提高热解效率,也可以加入合适的催化剂,降低裂解温度,促进废橡胶的热解反应。

11.4.2　真空热解工艺

在减压条件下,热解反应可以在较低的温度下进行。液体热解产物收率更高,其中芳香烃含量较高,这样会更有利于燃料油的利用。在 510 ℃、总压 2 kPa～—20 kPa 的条件下真空热解,可得到 55% 的油、35% 的固体和 10% 的气体。

11.4.3　熔融盐热解工艺

熔融盐热解方法通常采用氧化锂和氧化钾共熔物作加热介质,熔融盐的传热效果好,固体和液体充分接触,因而可以在较低的热解温度下得到较好的热解产物。如在 500 ℃条件下熔融盐热解,可得到 12% 的气体、47% 的油和 41% 的固体残留物,其中液态油中含有 21% 的芳烃、34% 的链烯烃和 45% 的石脑油。由于废橡胶中的硫黄及其他含硫化合物会和熔融盐反应,气体中 H_2S 的含量极低,有利于热解产物的再利用。

废旧轮胎热分解生产燃料及化学品在发达国家已实现了工业化。该方法不仅能够处理大量的废旧轮胎,没有污染物排放,保护环境,而且节约、回收了能源,并有可观的经济效益。但是热解工艺的不足之处是设备投资高,所得回料和化学品质量还有待提高,需进一步开发利用。

11.5　废弃橡胶材料的能量回收

废旧橡胶的能量回收是指焚烧废旧橡胶获取高热能并加以有效利用的过程。废弃物的焚烧可以减少其 80% 的质量和 90% 以上的体积,使可燃废料成为惰性残渣再进行填埋处理。废旧轮胎是一种由橡胶、炭黑、化学助剂以及纤维、钢丝等组成的混合物;其燃烧热约为 3 300 kJ/kg,是一种高热值燃料,与优质煤相当,一般可替代煤作为燃料在原来的燃烧煤设备中进行利用。废旧轮胎作为燃料利用是目前发达国家如美国、日本和德国等处理废旧轮胎最为经济合理的方法,主要用于焙烧水泥。在水泥焙烧过程中,钢丝变成氧化铁,硫黄变成石膏,所有燃烧残渣都成了水泥的组成原料,不影响水泥质量,不会产生黑烟、臭气,无二次公害。在日本有 50% 的废旧轮胎被作为燃料来焙烧水泥,就此,日本每年可节约焙烧水泥的重油约 $1×10^9$ L。废旧轮胎也可以与其他燃料或作为废弃物、生活垃圾一起混合燃烧使用,用作发电。

11.6　几种特种橡胶的回收

特种橡胶通常是指具有特殊性能或特殊用途的合成橡胶,其废品的产量较小,但是由于价格昂贵,所以特种橡胶的回收利用经济效益较高。特种橡胶的回收利用的方法和难易有别于以丁苯橡胶、顺丁橡胶为主的废旧轮胎的回收利用。下面介绍几种特种橡胶的回收利用。

11.6.1　硅橡胶再生

硅橡胶由于具有耐高温性能、回弹性好和生理惰性优异等特点,被广泛用作耐高温材料和生物医学材料等。由于硅橡胶价格较高,如将不合格的硅橡胶制品以及生产边角料当作废物抛弃,则会造成较大的浪费。下面是硅橡胶的再生方法:

(1) 机械法。将不合格的硅橡胶制品和生产下脚料经挑选、清洗、去除杂物、干燥后,剪成小块,置于开炼机上以小辊距(≤0.2 mm)反复精炼破碎,最后用试样筛筛选、分类制成硅胶粉。

(2) 热裂解法。选用机械法制得的细度为 40 目的硅橡胶胶粉置于热解器中,在一定热解条件下热解,然后在开炼机上精炼(1∶1.1 速比的开炼机上)。

(3) 化学法。选用机械法制得的细度为 20 目的硅橡胶胶粉加入化学改性剂(如RDSIR),在低于 50 ℃的温度下搅拌 15 min,再在开炼机上精炼(1∶1.1 速比的开炼机上)。

11.6.2　丁基橡胶再生

由于丁基橡胶不饱和度小,耐热性好,采用一般脱硫再生工艺时,再生胶很难脱硫,达不到预期效果。目前国内已有采用化学助剂的方法,不用脱硫工序即可生产质量水平较高的丁基再生胶。如将粗碎后的胶粒放进高速脱硫机(1 440 r/min),先进行 2~3 min 高速搅拌粉碎,然后加入脱硫配方进行均匀拌油,总时间约 5 min。一般脱硫配方为丁基废胶 100 份,松香 2 份,精油酸 6 份,420 活化剂 1.5 份。

辐照法是生产丁基再生橡胶的另一方法,利用辐照的能量使橡胶大分子链断裂产生自由基,该自由基可以引发大分子链裂解。放射性同位素 Co 辐射源及高能电子加速器均可用于制备丁基再生胶。辐照再生方法工艺的关键是确定辐照量和辐照时间。对废旧丁基橡胶来说主要是辐照吸收剂量。辐射剂量由 $5×10^7$ mGy 增至 $15×10^7$ mGy 时,硫黄硫化体系的再生胶的可塑性增大;对于用树脂硫化的丁基橡胶胶囊,其再生胶的可塑度随吸收剂量的增加而明显增加,并在一定可塑度范围内,具有最好的力学性能。如果采用高能电子加速器作为辐射源,所得的丁基再生胶具有较好的性能。

由废旧丁基内胎生产的丁基再生胶,可直接掺入丁基内胎配料,以代替部分丁基橡胶,掺入量一般为 15% 左右。也可以和树脂、填充剂、软化剂共混制成减震隔音的橡胶阻尼片材,应用于空调、冰箱和汽车等,还能作为建筑材料用的防水材料、嵌缝胶和胶粘剂等。

11.6.3　乙丙橡胶再生

乙丙橡胶分为二元乙丙橡胶和三元乙丙橡胶,属于饱和或低不饱和结构。二元乙丙橡胶分子的饱和度高,一般用过氧化物硫化,采用螺杆连续脱硫工艺。三元乙丙橡胶一般用硫黄硫化,硫黄硫化体系中单硫交联键所占的比例较高,采用传统的水油法工艺在相同的温度条件,乙丙橡胶废料胶料再生脱硫时间要长很多;采用微波脱硫和超声波脱硫法,可缩短脱硫时间,但是再生胶的质量不高。

11.6.4　丁腈橡胶再生

目前有不少耐油制品,为了降低成本,非常需要丁腈再生橡胶,因为它可以提高耐油性能,比任何添加剂都好。但丁腈橡胶具有极性,非常难脱硫,下面介绍它的再生步骤和几种普遍的再生方法。

(1)原料选择。丁腈再生橡胶原料(废胶),不能和其他胶种混合再生,最好按品种分类,并要了解该原料的成分及组成。例如丁腈还是丁腈橡胶和聚氯乙烯混合物,在制造过程中是否有树脂硫化等,上述因素对脱硫效果的影响较大。

(2)粉碎。丁腈橡胶极易粉碎,任何形式均可。

(3)脱硫。脱硫方法有四种:轧炼法、油法、水油法、动态法。如轧炼法,一般配方为纯丁腈胶粉 100 份,固体煤焦油 35 份,脂肪醇 10 份,其他适量。分三段轧炼,第一段 15 min,第二段 6 min,第三段 5 min,总计 26 min,可使得丁腈橡胶再生。

11.6.5　氟橡胶再生

氟橡胶由于具有耐高温、耐腐蚀和耐油等特性而被广泛用于化工、航空和航天等领域。氟橡胶价格高,因此将生产过程中的边角和不合格品回收再利用具有较大的经济价值。一般先将不合格的氟橡胶制品和边角经挑选、清洗、去除杂物、干燥后,剪成小块,置于开炼机上以小辊距破碎制得粗胶粉,并根据不同的条件进行再生处理。

(1)机械法。将粗胶粉直接置于开炼机上反复薄通一定次数即得氟橡胶再生橡胶。

(2)化学法。粗胶粉 80 g 加入含有乙酸和高锰酸钾的 850 mL 丙酮中,经 4 h 溶解搅拌,加入 100 mL 浓碳酸钠溶液,使之沉淀。沉淀经水洗、干燥即得氟橡胶再生橡胶。

(3)机械化学法。先将氯化亚铁溶于乙醇中,苯肼溶于苯中,再在开炼机上以小辊距薄通粗胶粉,同时加入氯化亚铁和苯肼进行再生。也可选用 RDFPM 氟橡胶专用再生剂。

一般氟橡胶再生工艺如下:精炼机→投入废氟橡胶→投入 RDFPM 氟橡胶再生剂→薄通,即完成橡胶的再生。

11.6.6　丙烯酸酯橡胶再生

丙烯酸酯橡胶的基本特性是在高温(175～200 ℃)下耐燃油、耐润滑油的性能极好,并且耐多种气体,但是耐水、耐寒性稍差,主要应用于汽车工业,制造各种密封件、隔膜、油封和特种胶管等汽车配件。随着汽车工业的发展,汽车保有量的迅猛增大,该橡胶消耗量也将随之增加。同时丙烯酸酯橡胶也是价格较高的橡胶,在目前世界经济现状下,丙烯酸酯废旧橡胶的再生及其应用对降低汽车配件材料成本,提高企业的经济效益是非常有意义的。使用 RDS-丙烯酸酯再生剂制造丙烯酸酯再生橡胶的工艺方法简单环保,用橡胶厂现有的设备条件均能完成。一般丙烯酸酯橡胶再生工艺如下:开放式炼胶机或精炼机→投入废橡胶→RDS-丙烯酸酯橡胶再生剂→薄通数次。

11.6.7　氯丁橡胶再生

将废氯丁橡胶硫化胶先粗碎到 0.85~0.60 mm(20~30 目),选择合适的溶剂将其溶胀。一般选用乙酸乙酯作为溶剂,比例为 1:7(胶:溶剂),这是因为考虑到乙酸乙酯对氯丁橡胶硫化胶溶胀效果较好和毒性较小。四氯呋喃、甲苯、甲乙酮虽有更好的溶胀效果,但是会造成环境污染,一般不采用。

胶粒在带搅拌器的密闭容器中浸泡和溶胀 24 h,经充分溶胀的胶粒体积可增长 4~7倍。将溶胀的胶粒用油田高压泵抽提至可以动的金属催化剂的筛网上,该筛网由不同网眼的钢网和青铜网叠置而成。过筛的浆液收集于金属容器中,使用的筛网逐级变细,分别为 0.85 mm(20 目)、0.6 mm(30 目)、0.43 mm(40 目)、0.25 mm(60 目)、0.18 mm(80目),经过 5 次筛网过筛的物料送入鼓式干燥器内真空干燥并回收乙酸乙酯。该技术的关键在于溶胀和金属合金筛网的逐级粉碎,据报道脱硫效果达 43.5%。

习　题

1. 为什么要进行橡胶的循环利用?
2. 硫化橡胶的回收方法有哪些?
3. 简单叙述硫化胶粉的制备方法及其应用。
4. 什么是废弃橡胶的再生?
5. 硫化橡胶的化学回收方法有哪些? 简述之。
6. 以轮胎为例,说明为什么可以进行废弃高分子的能量回收?
7. 简单叙述硅橡胶的回收利用。
8. 简单叙述氟橡胶的再生利用。
9. 简述丙烯酸酯再生橡胶的制备。
10. 在橡胶材料广泛应用的今天,我们还可以采取哪些措施减少人类活动对环境的破坏?

知识拓展

橡胶降解新技术

常见的橡塑材料在自然环境中难以降解,对环境造成了不可忽视的影响。大量的废弃橡胶产品引发的环境问题已成为"百年难题",严重影响环境和人类发展。

传统橡胶降解方法多以自由基机理为主,常需要高温、高压的反应条件,能耗巨大,因此开发全新的橡胶降解方法具有重要意义。

近年来,研究人员发现,在烷基锂/N,N,N′,N′-四甲基乙二胺体系中,二烯烃类橡胶会发生快速降解,橡胶的数均分子量在几分钟内从几十万下降到几千。在适宜条件下,分子量可降低数百倍,并且迅速由橡胶转变为具有相当低黏度的液体低聚物。

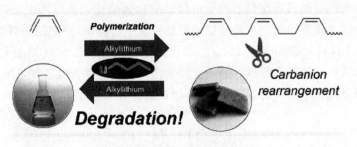

图 11-1　烷基锂催化剂对二烯烃类的聚合和降解

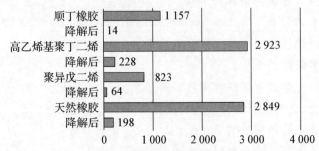

图 11-2　不同橡胶在降解前后分子量的变化
（数值为数均分子量,单位为 1×10^2 Da）

研究人员通过调节反应条件,可以在很宽的范围内精确控制聚合物的分子量。多种橡胶均可使用此方法进行降解,包括顺丁橡胶(PB)、高乙烯基聚丁二烯(HVPB)、聚异戊二烯橡胶(PI)和天然橡胶(NR)等,其中顺丁橡胶降解最为彻底,产物最低分子量约1 400,其余橡胶也发生了明显的降解,但降解程度略有不同。降解反应的主要产物为末端具有共轭双键的低聚物。据此,研究人员提出了一个可能的反应机理,即烯丙基碳原子发生共振和重排的过程,导致C—C键的裂解,并生成末端基团上有共轭双键的产物。

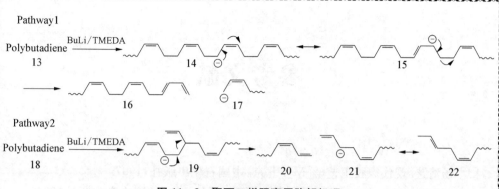

图 11-3　聚丁二烯阴离子降解机理

该工作为聚合物降解提供了新的见解,也为低聚物的制备和聚合物的回收利用
提供了新的思路。

（参考文献：Tang J，Xie T，Yuan Y，et al. Degradation of Polydienes Induced
by Alkyllithium：Characterization and Reaction Mechanism[J]. Macromolecules,
2021，54(3).）

参考文献

[1] 杨清芝. 现代橡胶工艺学[M]. 北京：中国石化出版社，1997.

[2] 贾红兵，宋晔，杭祖圣. 高分子材料[M]. 2版. 南京：南京大学出版社，2013.

[3] 潘祖仁. 高分子化学[M]. 5版. 北京：化学工业出版社，2012.

[4] 梁星宇，周木英. 橡胶工业手册（第三分册）[M]. 北京：化学工业出版社，1992.

[5] 吕百龄，刘登祥，李和平. 实用橡胶手册[M]. 北京：化学工业出版社，2001.

[6] 武卫莉，杨秀英. 橡胶加工工艺学[M]. 哈尔滨：哈尔滨工业大学出版社，2012.

[7] Drobny J G. Handbook of thermoplastic elastomers[M]. Amsterdam：Elsevier，2014.

[8] 杨顺根，白仲元. 橡胶工业手册，修订版，第九分册（下册），橡胶机械[M]. 北京：化学工业出版社，1992.

[9] 王艳秋. 橡胶塑炼与混炼[M]. 北京：化学工业出版社，2006.

[10] 王文英. 橡胶加工工艺[M]. 北京：化学工业版社，1993.

[11] 张安强. 橡胶塑炼与混炼[M]. 北京：化学工业出版社，2012.

[12] 周建辉. 密炼机混炼时填充量的确定[J]. 橡胶工业，2000，47(10)：607 - 609.

[13] Donnet J - B. Carbon black：science and technology[M]. Boca Raton：CRC Press，1993.

[14] 刘建国，龚元姑. 橡胶加工系列：橡胶生产基础[M]. 北京：化学工业出版社，2012.

[15] 翁国文，杨慧. 橡胶技术问答——原料·工艺·配方篇[M]. 北京：化学工业出版社，2010.

[16] 傅政. 橡胶材料及工艺学[M]. 北京：化学工业出版社，2013.

[17] Treloar L R G. The physics of rubber elasticity[M]. USA：Oxford University Press，1975.

[18] 张馨，游长江. 橡胶压延与挤出[M]. 北京：化学工业出版社，2012.

[19] 侯亚合，游长江. 橡胶硫化[M]. 北京：化学工业出版社，2012.

[20] 谢德伦. 橡胶挤出成型[M]. 北京：化学工业出版社，2005.

[21] Mark J E，Erman B，Roland M. The Science and Technology of Rubber[M]. New York：Academic press，2013.

[22] 张殿荣，辛振祥. 橡胶基础知识：现代橡胶配方设计[M]. 北京：化学工业出版社，2001.

[23] Wang J，Jia H，Ding L，et al. Utilization of silane functionalized carbon nanotubes - silica hybrids as novel reinforcing fillers for solution styrene butadiene

rubber[J]. Polymer Composites,2013,34(5):690-696.

[24] Wang J,Jia H,Zhang J,et al. Bacterial cellulose whisker as a reinforcing filler for carboxylated acrylonitrile-butadiene rubber[J]. Journal of materials science,2014,49 (17):6093-6101.

[25] 于清溪. 橡胶原材料手册[M]. 北京:化学工业出版社,1996.

[26] Wang J,Jia H,Zhang J,et al. Bacterial cellulose whisker as a reinforcing filler for carboxylated acrylonitrile-butadiene rubber[J]. Journal of materials science,2014,49 (17):6093-6101.

[27] Yin B,Wang J,Jia H,et al. Enhanced mechanical properties and thermal conductivity of styrene-butadiene rubber reinforced with polyvinylpyrrolidone-modified graphene oxide[J]. Journal of materials science,2016,51(12):5724-5737.

[28] 梁守智,钟延熏,张丹秋. 橡胶工业手册(第四分册)[M]. 北京:化学工业出版社,1992.

[29] 谢忠麟,杨敏芳. 橡胶制品实用配方大全[M]. 北京:化学工业出版社,1999.

[30] Zhang X,Wang J,Jia H,et al. Multifunctional nanocomposites between natural rubber and polyvinyl pyrrolidone modified graphene[J]. Composites Part B: Engineering,2016,84:121-129.

[31] 聂恒凯. 橡胶材料与配方[M]. 北京:化学工业出版社,2009.

[32] 翁国文. 实用橡胶配方技术[M]. 北京:化学工业出版社,2008.

[33] 方绍芬. 橡胶工程师手册[M]. 北京:机械工业出版社,2012.

[34] 缪桂韶. 橡胶配方设计[M]. 广州:华南理工大学出版社,2000.